高等职业教育系列教材

计算机电路基础

第 2 版

张志良　主编
张颖逸　参编

机械工业出版社

本书根据职业教育的发展和教学需要以及当前高职学生特点编写，内容覆盖面较宽，但难度较小。本书共 8 章，内容包括电路基本分析方法、正弦交流电路、常用半导体器件及其特性、放大电路基础、直流稳压电路、数字逻辑基础、常用集成数字电路和振荡与信号转换电路。

本书可作为高职高专院校计算机专业"电工电子"课程的教材，也可作为相关专业课程学习的参考用书。

本书配有电子课件，需要的教师可登录机械工业出版社教育服务网（www.cmpedu.com）免费注册，审核通过后下载，或联系编辑索取（微信：15910938545，电话：010-88379739）。

图书在版编目（CIP）数据

计算机电路基础/张志良主编 . —2 版 . —北京：机械工业出版社，2021.1
高等职业教育系列教材
ISBN 978-7-111-67327-9

Ⅰ. ①计… Ⅱ. ①张… Ⅲ. ①电子计算机-电子电路-高等职业教育-教材 Ⅳ. ①TP331

中国版本图书馆 CIP 数据核字（2021）第 015023 号

机械工业出版社（北京市百万庄大街 22 号 邮政编码 100037）
策划编辑：和庆娣 责任编辑：和庆娣
责任校对：张艳霞 责任印制：常天培
北京虎彩文化传播有限公司印刷

2021 年 2 月第 2 版·第 1 次
184mm×260mm·15 印张·370 千字
0001-1500 册
标准书号：ISBN 978-7-111-67327-9
定价：55.00 元

电话服务	网络服务
客服电话：010-88361066	机 工 官 网：www.cmpbook.com
010-88379833	机 工 官 博：weibo.com/cmp1952
010-68326294	金 书 网：www.golden-book.com
封底无防伪标均为盗版	机工教育服务网：www.cmpedu.com

前　言

本书第 1 版自 2012 年出版以来，获得很多院校和许多老师的认可，在此表示由衷的感谢！

"计算机电路基础"是计算机专业学生学习电工、模拟电子技术和数字电子技术等基础知识和基本概念的一门非常重要的专业基础课，原本是分成 2~3 门课来讲授的。近年来，许多高职院校的计算机专业将其压缩为一门"计算机电路基础"，以腾出时间加强计算机软件课程的学习，但各院校的教学大纲并不一致（原因是各院校计算机专业的侧重面不一样）。另外，要在一门课内（课时有限）把电工、模拟电子技术和数字电子技术的内容整合好、分配好，是比较难处理的。

本次改版，是根据高职教学的需要和一些任课教师的意见，从如下几个方面展开：

1）在"整合好、分配好"上下功夫，把握内容分寸，把握难度分寸，满足教师的教学需求和学生的学习需求。既要融入电工、模拟电子技术和数字电子技术的基本概念、基础知识，内容又不能过多，还要针对计算机专业的特点，侧重与计算机专业有关的内容。

2）力求做到"内容广、难度浅、适用面宽"。既有利于学生较全面地学习"计算机电路基础"，又便于计算机专业的不同教学要求的学校和老师选用。

3）删除和精简了部分习题。便于学生能更有针对性地掌握相关知识。

4）鉴于各院校对电工电子实验要求和课程安排的不同，将第 1 版中"第 9 章 电路基础实验"内容改为配套的电子资源，需要的教师可以登录机械工业出版社教育服务网（www.cmpedu.com）免费获取。

本书是机械工业出版社组织出版的"高等职业教育系列教材"之一，可作为高职（包括高等职业本科和应用型本科）计算机专业"电工电子"课程的教材，也可作为相关专业及课程学习的参考用书。

本书由上海电子信息职业技术学院张志良主编，张颖逸参编，全书由张志良统稿。

限于编者水平，书中难免有疏漏和不足之处，恳请读者批评指正。

编　者

目　　录

第1章　电路基本分析方法

【本章要点】
- 电路基本物理量：电流、电压和电功率
- 电容元件和电感元件的伏安关系
- 电压源、电流源及其等效互换
- 欧姆定律应用的扩展
- 基尔霍夫电流定律和基尔霍夫电压定律
- 叠加定理应用
- 戴维南定理应用
- 换路定律
- 一阶电路的三要素法
- 微分电路和积分电路

电，作为一种优越的能量形式和信息载体已成为当今社会不可或缺的重要组成部分。而电的产生、传输和应用又必须通过电路来实现。

电路是由各种电气元器件按一定方式连接，并可提供电流传输路径的总体，可由电源、负载、连接导线和控制器件组成。

1.1　电路基本物理量

描述电路的基本物理量主要有电流、电压和电功率。

1.1.1　电流

1. 电流

在物理学中，我们学过，电荷的定向移动就形成了电流。并且将正电荷运动的方向定义为电流的实际方向。而电流的大小是指单位时间内通过导体横截面的电荷量。

2. 电流分类

电流一般可分为两大类：直流电流和交流电流。

（1）直流电流。凡是电流方向不随时间变化的电流称为直流电流。电流值可以全为正值，也可以全为负值。在直流电流中又可分为两种：

1）稳恒直流。凡电流方向和大小均保持不变的电流称为稳恒直流，如图1-1a所示。本章主要分析研究稳恒直流。

2）脉动直流。电流方向不变，但大小变化的直流电流称为脉动直流，如图1-1b所示。大小变化的脉动直流可以是周期性的，也可以是非周期性的。

（2）交流电流。凡电流方向随时间而变化的电流称为交流电流。即电流值有正有负的是交流电流。交流电流一般又可分为两类：

1）正弦交流。按正弦规律变化的交流电流称为正弦交流，如图1-1c所示，正弦交流将在第2章中分析。

2）非正弦交流。不按正弦规律变化的交流电流称为非正弦交流电流，如图1-1d所示。非正弦交流电流也有周期性和非周期性之分。

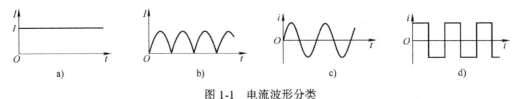

图1-1 电流波形分类

a）稳恒直流 b）脉动直流 c）正弦交流 d）非正弦交流

3. 电流定义式

电流定义式为
$$i = \frac{dq}{dt} \tag{1-1}$$

式中，dq 和 dt 均为数学中的微分符号，表示在很小的时间 dt 内，通过导体横截面的电荷量 dq。

对于稳恒直流，则可表示为
$$I = \frac{q}{t} \tag{1-1a}$$

电流的单位是安[培]，用符号 A 表示。它表示1秒(s)内通过导体横截面的电荷为1库仑(C)。

4. 电流的参考方向

在分析电路时，对某一电流的实际方向可能一时很难确定，或其方向是不断变化的。因此，需要有一个电流参考方向与其比较，这样，可使求解实际电流方向问题简化。

（1）电流参考方向表达方式。

电流参考方向的表达方式通常有两种：一种是以实线箭头表示，如图1-2所示；另一种是用双下标表示，例如 i_{AB}，表示电流参考方向为从 A 流向 B。

（2）电流实际方向和正负值的确定。

电流参考方向确定后，若电流的实际方向与参考

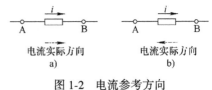

图1-2 电流参考方向

a）$i>0$ b）$i<0$

方向相同，则电流为正值；若电流的实际方向与参考方向相反，则电流为负值。或者，已知电流的正负，就可根据电流正负确定电流的实际方向。若电流为正值，则电流的实际方向与参考方向相同；若电流为负值，则电流的实际方向与参考方向相反。

（3）注意事项。

1）电流参考方向可以任意选定。

2）不规定电流参考方向而分析电流正负是没有意义的。

【例1-1】 已知电路和电流参考方向如图1-3所示，且 $I_a = I_c = 1\ A$，$I_b = I_d = -1\ A$，试指出电流的实际方向。

解：$I_a = 1\ A > 0$，I_a 的实际方向与参考方向相同，即由 A→B。

$I_b = -1\ A < 0$，I_b 的实际方向与参考方向相反，即由 B→A。

$I_c = 1\,A > 0$，I_c 的实际方向与参考方向相同，即由 B→A。

$I_d = -1\,A < 0$，I_d 的实际方向与参考方向相反，即由 A→B。

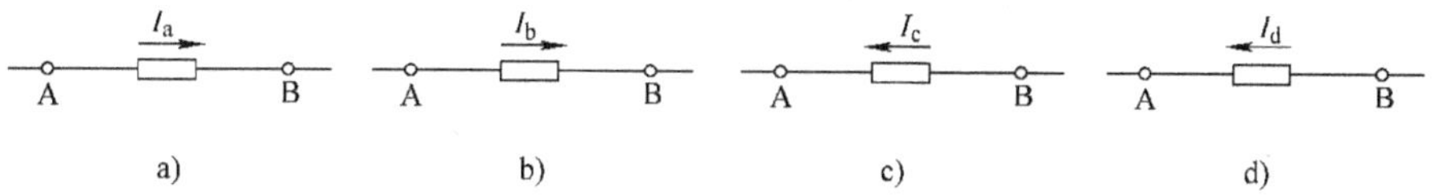

图 1-3　例 1-1 电路

1.1.2　电压

电路中的另一个重要物理量是电压。电压是使电流流通的必要条件。

1. 电压的定义

在物理学中，我们已知，要使正电荷 q 从 A 点移到 B 点，必须对其做功。电场力做功 W_{AB} 与该电荷 q 的比值定义为 A、B 两点间电压(或称电压降)。

$$U_{AB} = \frac{W_{AB}}{q} \tag{1-2}$$

电压的单位为伏[特]，用符号 V 表示。$U_{AB} = 1\,V$，表示将 1 库仑(C)正电荷从 A 点移到 B 点所做的功为 1 焦耳(J)。

2. 电位

在电路中任选一点 O 为零电位参考点，则某点 A 到该参考点 O 之间的电压称为 A 点相对于 O 点的电位，记作 φ_A(或 U_A)。

$$\varphi_A = U_{AO} \tag{1-3}$$

电位与电压是两个既有联系又有区别的概念。电位是对电路中某零电位参考点而言，其值与参考点选取有关。电压则是对电路中某两个具体点而言，其值与参考点选取无关。电压与电位的关系可用下式表示：

$$U_{AB} = U_A - U_B = \varphi_A - \varphi_B \tag{1-4}$$

因此可以得出，两点间电压即两点间电位差。若取 B 点作为零电位参考点，则 A 点电位即为 AB 两点间电压，$\varphi_A = U_A = U_A - U_B$。

3. 电压参考方向

电压与电流相同，也必须确定参考方向。

（1）电压参考方向表达方式。

电压参考方向的表达方式通常有两种：一种是用"+""–"极性表示，此时电压参考方向是由"+"指向"–"；另一种是用双下标表示，例如 U_{AB}，表示电压参考方向为由 A 指向 B。

（2）电压实际方向和正负值的确定。

若电压的实际方向与参考方向相同，则电压为正值；若电压的实际方向与参考方向相反，则电压为负值。或者，若电压为正值，则电压的实际方向与参考方向相同。若电压为负值，则电压的实际方向与参考方向相反。因此，$U_{AB} = -U_{BA}$。

（3）注意事项。

1）电压参考方向可以任意确定。

2）电压实际方向是客观存在的，并不因电压参考方向的不同而有所改变。

3

3）不规定电压参考方向而分析电压正负是没有意义的。

【例1-2】 已知电路如图1-4所示，$U_1 = 3\,V$，$U_2 = -3\,V$，试指出电路电压的实际方向。并求 U_{AB}、U_{BA}、U_{CD}、U_{DC}。

解： 图1-4a：$U_1 = 3\,V$，电压实际方向 A→B，$U_{AB} = U_1 = 3\,V$，$U_{BA} = -U_{AB} = -3\,V$。

图1-4b：$U_2 = -3\,V$，电压实际方向 D→C，$U_{CD} = U_2 = -3\,V$，$U_{DC} = -U_{CD} = -(-3)\,V = 3\,V$。

【例1-3】 已知电路如图1-5所示，以 O 为电位参考点，$\varphi_A = 30\,V$，$\varphi_B = 20\,V$，$\varphi_C = 5\,V$，试求 U_{AB}、U_{BC}、U_{CA}。

解： $U_{AB} = \varphi_A - \varphi_B = (30-20)\,V = 10\,V$

$U_{BC} = \varphi_B - \varphi_C = (20-5)\,V = 15\,V$

$U_{CA} = \varphi_C - \varphi_A = (5-30)\,V = -25\,V$

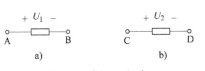

图1-4 例1-2电路   图1-5 例1-3电路

4. 关联参考方向

电流参考方向和电压参考方向的选定是相互独立的，可任意选定。不确定电流和电压的参考方向，就无法确定电流值和电压值的正负。为了方便起见，对一段电路或一个电路元件，电流和电压参考方向通常选为一致，称为关联参考方向。即电流的参考方向从电压的正极性端流入，从负极性端流出。若两者参考方向不一致，则称为非关联参考方向。

需要指出的是，本书电流和电压的方向，若无特殊说明，均指关联参考方向。

1.1.3 电功率

电功率是电路分析中常用到的一个复合物理量。

1. 定义

电能对时间的变化率称为电功率，可表示为

$$p(t) = \frac{dW}{dt} \tag{1-5}$$

根据式(1-2)和式(1-1)，又可得出

$$p(t) = \frac{d(uq)}{dt} = u\frac{dq}{dt} = ui \tag{1-5a}$$

电功率的单位为瓦[特]，用符号 W 表示。

在直流情况下，式(1-5a)可表示为

$$P = UI \tag{1-5b}$$

2. 吸收功率和发出功率

在物理学中，电压、电流和电功率恒为正值。在电路中，我们已经引入了正负电压、正负电流的概念，同时也要引入正负功率的概念。定义：$p>0$ 时为吸收功率，$p<0$ 时为发出功率。为此在具体计算时，式(1-5a)也可写为

$$p = \pm ui \tag{1-5c}$$

式中正负号的取法：当 u 与 i 参考方向一致（关联参考方向）时，取"＋"号；当 u 与 i 参考方向相反（非关联参考方向）时，取"－"号。按照式(1-5c)计算得出的功率值，若为正值，则为吸收功率；若为负值，则为发出功率。

【例1-4】 已知电路如图 1-6 所示，$U=5\text{ V}$，$I=2\text{ A}$，试求电路中元件的功率，并指出其属于吸收功率还是发出功率？

解：图 1-6a：电压和电流参考方向相同，$P=UI=5\times2\text{ W}=10\text{ W}$，$p>0$，吸收功率。

图 1-6b：电压和电流参考方向相反，$P=-UI=-5\times2\text{ W}=-10\text{ W}$，$p<0$，发出功率。

图 1-6c：电压和电流参考方向相反，$P=-UI=-5\times2\text{ W}=-10\text{ W}$，$p<0$，发出功率。

图 1-6d：电压和电流参考方向相同，$P=UI=5\times2\text{ W}=10\text{ W}$，$p>0$，吸收功率。

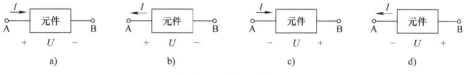

图 1-6　例 1-4 电路

从例 1-4 解可以看出，应用式(1-5c)时，正负号的取法，仅与 ui 的参考方向有关，与数值正负无关。至于该电压、电流数值，则不论正负，代入式(1-5c)，然后根据功率计算结果值的正负，确定是吸收功率还是发出功率。

3. 电阻元件的功率

在物理学中，我们学过，电阻元件的功率有 3 个计算公式：

$$P_\text{R}=\pm U_\text{R}I_\text{R}=I_\text{R}^2R=\frac{U_\text{R}^2}{R} \tag{1-6}$$

其中后面两个计算式，虽然在电路中引入了正负电压、电流的概念，但 U_R^2 和 I_R^2 恒为正值，而电阻 R 又为正实常数，因此 P_R 恒为正值。在第一个计算式中，曾规定，当 U_R 与 I_R 参考方向一致时，取正号；参考方向相反时，取负号。因此计算出来的电阻功率恒为正值，即电阻总是吸收功率，电阻是耗能元件。

4. 功率平衡

能量转换和守恒定律是自然界的基本规律之一。在一个完整的电路中，能量转换当然要遵循这一规律。因此，在一个完整电路中的任一瞬间，吸取电能的各元件功率总和等于发出电能的各元件功率总和，称为"功率平衡"。

5. 电能

电能与功率是两个完全不同的概念。电能是一种能量，单位是焦[耳]；电功率是能量消耗或传递的速率，单位是瓦[特]。式(1-5)反映了它们之间的关系。在实际应用中，电能的单位为千瓦时（kW·h），1 kW·h 的电能（1 kW·h = 1000 W×3600 s = 3.6×10⁶ J）俗称为1 度电。

6. 额定值

电气设备的额定值是指设备安全和经济运行时的使用值，在一定工作条件下的额定电压、额定电流和额定功率，通常由制造厂商规定。电气设备只有在额定值运行情况下，才能保证它的使用寿命和使用质量。低于额定值，则一般达不到电气设备的性能指标；高于额定值，轻则影响使用寿命，重则有可能造成设备损坏。例如，某灯泡额定电压为220 V，额定功率为40 W 等。若接到110 V 电压上，则灯泡昏暗，达不到既定的亮度；若接到380 V 电压上，则灯泡过亮且很快损坏。

【复习思考题】

1.1　叙述电流分类概况。

1.2　电流实际方向、参考方向与电流值的正负有何关系？

1.3　电压与电位有什么区别？

1.2　电路元件

电路中的理想元件主要有电阻 R、电感 L、电容 C、电压源 U_S 和电流源 I_S。

1.2.1　电阻元件

电阻元件简称电阻。实际上电阻这个名词代表双重含义，既代表电阻元件又表示电阻参数。

1. 定义

元件两端电压 u_R 与流过元件电流 i_R 的比值称为电阻。其定义可用下式表示：

$$R = \frac{u_R}{i_R} \tag{1-7}$$

电阻的物理意义是元件对电流流通呈现阻碍作用。

2. 特点

1）对电流有阻碍作用。

2）电流通过电阻元件要消耗电能，即电阻是耗能元件。

3）电流流过电阻后，电压必定降低。即电流流过电阻会产生电压降，在电阻两端有一定电压。

3. 单位

电阻的单位为欧［姆］，用希腊字母 Ω 表示。对较大的电阻，工程上常用 $k\Omega(10^3\Omega)$、$M\Omega(10^6\Omega)$ 表示。

4. 电阻的伏安特性

电阻的伏安特性是指电阻两端的电压 u_R 与流过电阻的电流 i_R 之间的函数关系。以 u_R 为横坐标、i_R 为纵坐标，画出电阻的伏安特性，如图 1-7 所示。图 1-7a 为线性电阻伏安特性。所谓"线性"是指电阻两端电压 u_R 与流过电阻的电流 i_R 呈线性关系，服从在物理中学过的欧姆定律 $i_R = u_R/R$，其特性图形为一条直线，斜率为 $1/R$。因此，斜率大，电阻小；斜率小，电阻大。图 1-7b 为非线性电阻的伏安特性，即电阻两端电压 u_R 与流过电阻的电

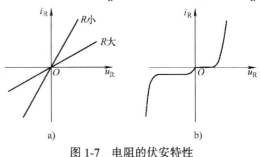

图 1-7　电阻的伏安特性
a）线性电阻　b）非线性电阻

6

流i_R不呈线性关系，其特性曲线不是一条直线，例如二极管的伏安特性曲线。

5. 电导

在电路中，电阻的倒数称为电导，用字母 G 表示。单位为西[门子]，符号为 S，1 S = $1/\Omega$。

$$G = \frac{1}{R} \tag{1-8}$$

6. 电阻的串联和并联

（1）电阻串联。电阻串联电路如图 1-8 所示。电阻串联的等效电阻（总电阻）等于每个串联电阻之和。

$$R = R_1 + R_2 + \cdots + R_n \tag{1-9}$$

（2）电阻并联。电阻并联电路如图 1-9 所示。电阻并联的等效电阻（总电阻）的倒数等于并联各电阻倒数之和。

$$\frac{1}{R} = \frac{1}{R_1} + \frac{1}{R_2} + \cdots + \frac{1}{R_n} \tag{1-10}$$

两个电阻并联时，有

$$R = \frac{R_1 R_2}{R_1 + R_2} \tag{1-11}$$

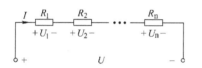

图 1-8　电阻串联电路

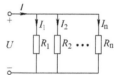

图 1-9　电阻并联电路

式（1-11）被通俗地称为"上乘下加"，但需要指出的是，"上乘下加"形式仅适用于两个电阻并联，不适用于 3 个或 3 个以上电阻并联。

电阻并联的特点是并联后等效电阻变小。等效电阻小于并联电阻中最小的电阻，即 $R < \min[R_1, R_2, \cdots, R_n]$。$n$ 个等值电阻 R 并联后，等效电阻为 R/n。

【例 1-5】 已知电阻并联电路如图 1-10a 所示，$R_1 = 2\,\Omega$，$R_2 = 3\,\Omega$，$R_3 = 6\,\Omega$，试求其并联等效电阻。

解： $R = \dfrac{1}{\dfrac{1}{R_1} + \dfrac{1}{R_2} + \dfrac{1}{R_3}} = \dfrac{1}{\dfrac{1}{2} + \dfrac{1}{3} + \dfrac{1}{6}}\,\Omega = 1\,\Omega$

也可以先将其中两个电阻并联，再将并联后的等效电阻与剩下的一个电阻并联，如图 1-10b、c 所示。$R_{23} = R_2 /\!/ R_3 = (3 /\!/ 6)\,\Omega = 2\,\Omega$，$R = R_{23} /\!/ R_1 = (2 /\!/ 2)\,\Omega = 1\,\Omega$。

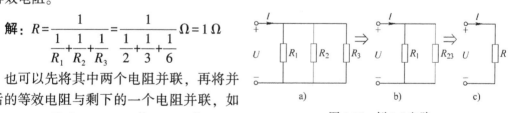

图 1-10　例 1-5 电路

若应用函数型计算器，利用其倒数相加后求倒数可很方便地求出多个电阻并联后的等效电阻。

【例 1-6】 已知电路如图 1-11a 所示，$R_1 = R_4 = 4\,\Omega$，$R_2 = R_5 = 2\,\Omega$，$R_3 = 1\,\Omega$，试求 ab 端等效电阻。

解：初看图 1-11a 电路，一下很难看清电路电阻串、并联的结构，一般可按下列步骤操作：

（1）标节点。如图 1-11b 所示，将所有连接节点用字母标明。

（2）编序号。编序号的原因是有的题目没给出电阻序号，仅给出电阻阻值，而部分电阻的阻值是相同的，在下一步骤改画电路时导致无法区分。且即使电阻阻值不同，改画电路时也难免遗漏。图 1-11a 中电路的电阻已编序号。

（3）改画电路。改画电路的方法是按已标明的电路连接点依次画出电路。

1）在图 1-11b 中，从节点 a 到节点 b，第一条支路 R_1，画出 R_1；第二条支路 R_4，画出 R_4；第三条支路是 acb，需经过节点 c；三者之间的关系是并联。

2）从节点 a 到节点 c，有两条支路 R_2 和 R_5，始节点为 a，终节点为 c，因此，R_2 与 R_5 的连接关系为并联，画出 R_2 和 R_5，如图 1-11c 所示。

3）从节点 c 到节点 b，只有一条支路 R_3，画出 R_3，如图 1-11c 所示。

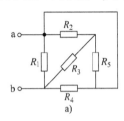 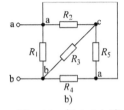 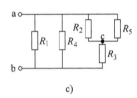

图 1-11　例 1-6 电路

至此，已经能够在电路中看清各电阻的连接关系，电路改画完毕。在改画电路过程中，若一次看不清电路连接关系，可多次改画，直到按习惯画法能看清电路串/并联结构为止。

（4）计算等效电阻。

$$R_{ab} = R_1 /\!/ R_4 /\!/ \left[(R_2 /\!/ R_5) + R_3 \right] = 4 /\!/ 4 /\!/ \left[(2 /\!/ 2) + 1 \right] \Omega = 1\ \Omega$$

1.2.2　电容元件

电容元件简称电容。实际上"电容"这个名词代表双重含义，既代表电容元件，又表示电容参数。

1. 定义

一个二端元件其存储的电荷 q 与其端电压 u 的比值称为电容。

$$C = \frac{q}{u} \tag{1-12}$$

若 q 与 u 呈线性关系，则电容 C 称为线性电容。线性电容的电容量为一常量，与其两端电压大小无关。非线性电容如电子技术中 PN 结的结电容。

电容的单位为法［拉］，用字母 F 表示。1F 表示电容存储电荷 1 库仑（C），两端电压为 1 伏特（V）。法［拉］单位偏大，通常用微法（μF）、纳法（nF）和皮法（pF）表示。

$$1\ \text{F} = 10^6\ \mu\text{F} = 10^9\ \text{nF} = 10^{12}\ \text{pF}$$

2. 电容元件的伏安关系

设电容 C 两端电压为 u_C，流过的电流为 i_C，如图 1-12 所示，则有：

图 1-12　电容元件 C

$$i_C(t) = \frac{\mathrm{d}q}{\mathrm{d}t} = \frac{\mathrm{d}(Cu_C)}{\mathrm{d}t} = \pm C\frac{\mathrm{d}u_C(t)}{\mathrm{d}t} \tag{1-13}$$

上式中正、负号取法：若 i_C 与 u_C 参考方向一致，取"+"号；若相反，取"-"号。式(1-13)表明：任一时刻电容中的电流 $i_C(t)$ 与该时刻电容两端电压 $u_C(t)$ 的变化率 $\mathrm{d}u_C(t)/\mathrm{d}t$ 成正比，而与该时刻电容两端电压无关。若电压恒定不变(即直流电压)，则 $\mathrm{d}u_C(t)/\mathrm{d}t = 0$，其电流为 0，即**电容对直流相当于开路**。

式(1-13)也可变换为积分形式：

$$u_C(t) = \pm\frac{1}{C}\int i_C(t)\,\mathrm{d}t \tag{1-14}$$

由于电容电压的变化是个充电或放电过程，因此应用式(1-14)计算 u_C 时，与电容初始电压值有关，写成定积分形式：

$$u_C(t) = u_C(t_0) \pm \frac{1}{C}\int_{t_0}^{t} i_C(t)\,\mathrm{d}t \tag{1-15}$$

其中，$u_C(t_0)$ 为 t_0 时刻电容的初始电压，$u_C(t)$ 为电容 C 从时刻 t_0 开始充电(此时 i_C 与 u_C 参考方向一致，取"+"号)或放电(此时 i_C 与 u_C 参考方向相反，取"-"号)至 t 时刻的电压。

3. 电容储能

电容是储能元件，其储藏的能量可用下式计算：

$$W_C(t) = \frac{1}{2}Cu_C^2(t) \tag{1-16}$$

上式表明，电容储能与电容量 C 和电容电压的二次方成正比。

4. 电容连接

电容连接的形式也有串联和并联之分。

(1) 电容并联。电容并联电路如图 1-13a 所示，其等效电容(总电容)等于各个电容之和。

$$C = C_1 + C_2 + \cdots + C_n \tag{1-17}$$

(2) 电容串联。电容串联电路如图 1-13b 所示，其等效电容的倒数等于各电容倒数之和。

$$\frac{1}{C} = \frac{1}{C_1} + \frac{1}{C_2} + \cdots + \frac{1}{C_n} \tag{1-18}$$

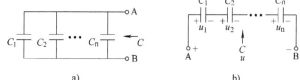

图 1-13 电容并联和串联
a) 电容并联 b) 电容串联

两个电容串联时，等效电容 $C = \dfrac{C_1 C_2}{C_1 + C_2}$，类似于两个电阻并联"上乘下加"，但需要注意的是，该计算公式仅适用于两个电容串联，而不适用于 3 个或 3 个以上电容串联。

【例 1-7】 已知电容电路如图 1-14 所示，$C_1 = 60\,\mu\mathrm{F}$，$C_2 = 20\,\mu\mathrm{F}$，$C_3 = 10\,\mu\mathrm{F}$，试求等效电容。

解： C_2 与 C_3 并联后，等效电容为：$C_{23} = C_2 + C_3 = (20 + 10)\,\mu\mathrm{F} = 30\,\mu\mathrm{F}$

C_{23} 与 C_1 串联后，等效电容为：$C = \dfrac{C_1 C_{23}}{C_1 + C_{23}} = \dfrac{60 \times 30}{60 + 30}\,\mu\mathrm{F} = 20\,\mu\mathrm{F}$

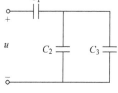

图 1-14 例 1-7 电路

1.2.3 电感元件

电感元件简称电感。实际上"电感"这个名词代表双重含义，既代表电感元件，又表示电感参数。

1. 定义

一个二端元件，其交链的磁通链 ψ 与其电流 i 的比值称为电感。

$$L = \frac{\psi}{i} \tag{1-19}$$

若磁通链 ψ 与 i 呈线性关系，则电感 L 称为线性电感。线性电感的电感量为一常量，与其流过的电流大小无关。电感线圈中的介质为铁磁性物质时，属非线性电感。

电感的单位为亨[利]，用字母 H 表示。1H 表示磁通链为 1 韦伯(Wb)的电感中的电流为 1 A。电感的单位通常也用毫亨(mH)和微亨(μH)表示。

$$1H = 10^3 mH = 10^6 \mu H$$

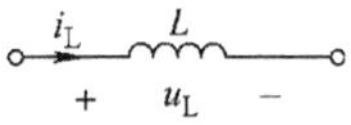

2. 电感元件的伏安关系

设电感 L 两端的电压为 u_L，流过的电流为 i_L，如图 1-15 所示，

图 1-15　电感元件 L

则有：

$$u_L(t) = \frac{d\psi}{dt} = \pm \frac{d(Li_L)}{dt} = \pm L \frac{di_L(t)}{dt} \tag{1-20}$$

式中正、负号取法：若 i_L 与 u_L 参考方向一致，取"+"号；若相反，取"–"号。式(1-20)表明，任一时刻电感两端电压 $u_L(t)$ 与该时刻电感中电流的变化率 $di_L(t)/dt$ 成正比，而与该时刻电感中的电流无关。若电感中电流恒定不变(即稳恒直流电流)，则 $di_L(t)/dt = 0$，其两端电压为 0，即**电感对直流相当于短路**。

式(1-20)也可变换为积分形式：

$$i_L(t) = \pm \frac{1}{L} \int u_L(t) dt \tag{1-21}$$

由于电感中电流的变化是个充电或放电过程。因此应用式(1-21)计算 i_L 时，与电感中初始电流值有关，写成定积分形式：

$$i_L(t) = i_L(t_0) \pm \frac{1}{L} \int_{t_0}^{t} u_L(t) dt \tag{1-22}$$

其中，$i_L(t_0)$ 为 t_0 时刻电感的初始电流，$i_L(t)$ 为电感从时刻 t_0 开始充电(此时 i_L 和 u_L 参考方向一致，取"+"号)或放电(此时 i_L 和 u_L 参考方向相反，取"–"号)至 t 时刻的电流。

3. 电感储能

电感是储能元件，其储藏的能量可用下式计算：

$$W_L(t) = \frac{1}{2} L i_L^2(t) \tag{1-23}$$

上式表明，电感储能与电感量 L 和电感中电流的二次方成正比。

1.2.4 电压源和电流源

电源模型主要有电压源和电流源。

1. 电压源

理想化的电压源在任何情况下，端电压均能按给定规律变化，与外电路无关。给定规律既可以是直流，也可以是交流。理想电压源输出电流取决于外电路。图 1-16a 为理想电压源符号，"+""–"为其电压极性(参考方向)，u_S 可理解为时间 t 的函数，$u_S = u_S(t)$，当电压源为直流时，可用 U_S 表示。

实际电压源由理想电压源与电阻串联组合，如图 1-16b 所示。串联电阻 R_S 也称为实际电压源的内阻或输出电阻。实际电压源接负载 R 时如图 1-16c 所示。设其两端电压为 U，输出电流为 I，则输出电压 U 与输出电流 I 的函数关系为：$U = U_S - IR_S$，做出其伏安特性曲线，是一条斜率为 $-R_S$、截距为 U_S 的直线，如图 1-16d 所示。R_S 越大，输出电流 I 增大时，在 R_S 上的压降越大，端电压 U 下降越大；R_S 越小，越接近理想电压源特性；$R_S = 0$ 时，即为理想电压源。常见的实际电压源如发电机、新电池、稳压电源等，其内阻 R_S 很小，接近于理想电压源特性。

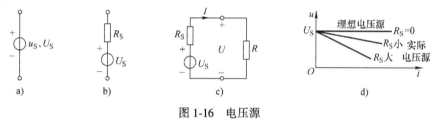

图 1-16　电压源

a）符号　b）实际电压源　c）与外电路连接　d）伏安特性

2. 电流源

电流源是另一种电源。理想化的电流源在任何情况下，输出电流均能按给定规律变化，与外电路无关。给定规律既可以是直流，也可以是交流。理想电流源端电压取决于外电路。图 1-17a 为理想电流源符号，箭头方向为其电流参考方向。i_S 可理解为时间 t 的函数，$i_S = i_S(t)$，当电流源为直流时，可用 I_S 表示。

实际电流源由理想电流源与电阻并联组合，如图 1-17b 所示。并联电阻 R_S 也称为实际电流源的内阻或输出电阻。实际电流源接负载 R 时，如图 1-17c 所示，设其两端电压为 U，输出电流为 I，则 $I = I_S - \dfrac{U}{R_S}$，做出其伏安特性曲线，是一条斜率为 $-\dfrac{1}{R_S}$、截距为 I_S 的直线，如图 1-17d 所示。R_S 越小，输出电压 U 增大时，在 R_S 上的分流越大，输出电流越小；R_S 越大，越接近理想电流源特性；$R_S \rightarrow \infty$ 时，即为理想电流源。

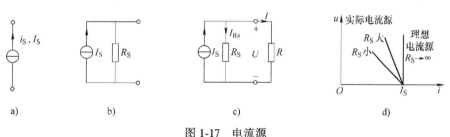

图 1-17　电流源

a）符号　b）实际电流源　c）与外电路连接　d）伏安特性

3. 电压源与电流源等效互换

（1）等效网络概念。与外部连接只有两个端点的电路称为二端网络。如图 1-18 所示。实际上，每一个二端元件，例如电阻、电容等，就是一个最简单的二端网络。

若一个二端网络的端口电压、电流与另一个二端网络的端口电压、电流相同，则这两个二端网络互为等效网络。如图 1-19 所示，二端网络 N_1 的端电压为 u_1，流进电流为 i_1；另一个二端网络 N_2 的端电压为 u_2，流进电流为 i_2。若 $u_1 = u_2$，$i_1 = i_2$，则 N_1 与 N_2 互为等效二端网络。

需要指出的是：等效网络是对外等效，对内不等效。即输出电压和输出电流(包括数值和参考方向)相等。对内一般是不相等的，即内部电路结构可以不同，但对外部电路的作用(影响)是完全相同的。

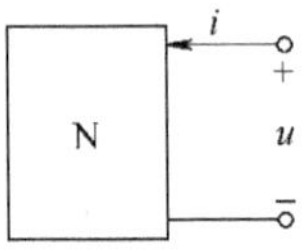

图 1-18 二端网络　　　图 1-19　等效二端网络示意图

（2）电压源与电流源等效互换。电压源与电流源之间可相互等效互换，如图 1-20 所示。其中，$U_S = I_S R_S$，电源内阻 R_S 相同。电压源电压参考方向与电流源电流参考方向的关系为：若电压源 A 端为正极性，则电流源电流参考方向指向 A 端。即电压源电压参考方向正极性端即电流源电流参考方向电流流出端。

【例 1-8】　已知电流源电路如图 1-21a、c 所示，试将其等效变换为电压源。

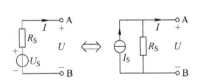

图 1-20　电压源与电流源等效互换

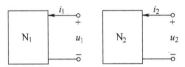

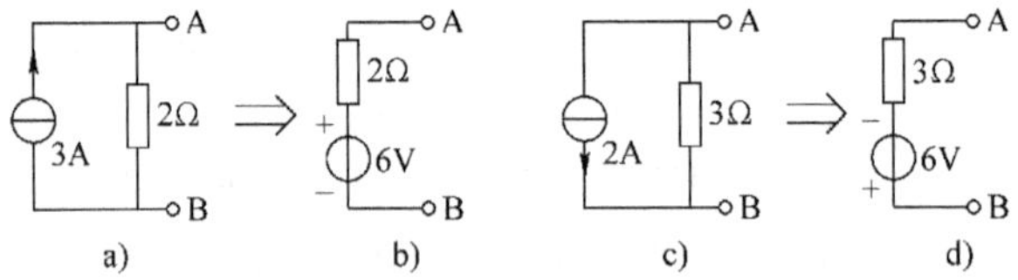

图 1-21　例 1-8 电路

解：图 1-21a、c 电流源电路分别等效为图 1-21b、d 所示电压源电路。其中：

图 1-21a 电路，$U_S = I_S R_S = 3 \times 2\,\text{V} = 6\,\text{V}$，电流从 $2\,\Omega$ 的 A 端流向 B 端，因此电压源极性 A 端为正，B 端为负。

图 1-21c 电路，$U_S = I_S R_S = 2 \times 3\,\text{V} = 6\,\text{V}$，电流从 $3\,\Omega$ 的 B 端流向 A 端，因此电压源极性 B 端为正，A 端为负。

【例 1-9】　已知电压源电路如图 1-22a、c 所示，试将其等效变换为电流源。

解：图 1-22a、c 电压源电路分别等效为图 1-22b、d 所示电流源电路。其中：

图 1-22a 电路，$I_S = \dfrac{U_S}{R_S} = \dfrac{10}{5}\,\text{A} = 2\,\text{A}$，电流从 10 V 电压源正极性端流出，指向 A 端，因此，电流源 I_S 的参考方向也指向 A 端。

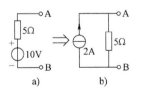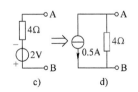

图 1-22　例 1-9 电路

图 1-22c 电路，$I_S = \dfrac{U_S}{R_S} = \dfrac{2}{4}\,\text{A} = 0.5\,\text{A}$。电

流从 2 V 电压源正极性端流出，指向 B 端，因此，电流源 I_S 的参考方向也指向 B 端。

【复习思考题】

1.4　电阻元件有什么特点？

1.5　什么叫线性电阻和非线性电阻？

1.6　电导与电阻有什么关系？电导的单位是什么？

1.7　写出电容元件和电感元件两端电压与流过电流的微分关系式和积分关系式，其中"＋"、"－"号如何取法？与电阻相比有什么区别？

1.8　定性画出实际电压源的伏安特性曲线，电压源内电阻对伏安特性有什么影响？

1.9　定性画出实际电流源的伏安特性曲线，电流源内电阻对伏安特性有什么影响？

1.3　电路基本定律

电路基本定律有欧姆定律和基尔霍夫定律。

1.3.1　欧姆定律

1. 欧姆定律

欧姆定律早在初中物理中已学过，但在电路分析中，由于引入电流电压的参考方向和负电流负电压概念，欧姆定律的内涵扩展了，应用下式表示：

$$u = \pm iR \tag{1-24}$$

正负号取法：当 u 与 i 的参考方向相同时取正号，相反时取负号。当电流电压均为直流时，可用下式表示：

$$U = \pm IR \tag{1-24a}$$

【例 1-10】　已知电路如图 1-23 所示，$R_1 = 5\,\Omega$，$R_2 = 10\,\Omega$，$I_1 = 2\,A$，$I_2 = 3\,A$，试求电压 U_1、U_2 值；若 $I_1 = -2\,A$，$I_2 = -3\,A$，试再求电压 U_1、U_2 值。

解：图 1-23a 电路中，I_1 与 U_1 参考方向相同，因此：$U_1 = +I_1 R_1 = 2 \times 5\,V = 10\,V$

若 $I_1 = -2\,A$ 时，只需用负值代入：$U_1 = +I_1 R_1 = (-2) \times 5\,V = -10\,V$

图 1-23b 电路中，I_2 与 U_2 参考方向相同，因此：$U_2 = -I_2 R_2 = -3 \times 10\,V = -30\,V$

若 $I_2 = -3\,A$，则 $U_2 = -I_2 R_2 = -(-3) \times 10\,V = 30\,V$

【例 1-11】　已知电路同上例，$U_1 = 4\,V$，$U_2 = -9\,V$，试求 I_1、I_2。

解：图 1-23a，$I_1 = \dfrac{U_1}{R_1} = \dfrac{4}{2}\,A = 2\,A$

图 1-23b，$I_2 = -\dfrac{U_2}{R_2} = -\dfrac{-9}{3}\,A = 3\,A$

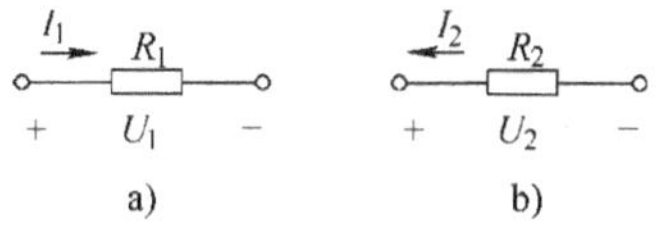

图 1-23　例 1-10 和例 1-11 电路

2. 电阻串联电路的分压概念

电阻串联电路如图 1-24 所示。若在电阻串联电路两端施加电压，则每个串联电阻上的电压按电阻大小进行分配。电阻值大，分得电压大；电阻值小，分得电压小。按比例线性分配电压，称为分压。即：

$$U_1 = \frac{R_1 U}{R}, \quad U_2 = \frac{R_2 U}{R}, \quad \cdots, \quad U_n = \frac{R_n U}{R} \tag{1-25}$$

$$U_1 : U_2 : \cdots : U_n = R_1 : R_2 : \cdots : R_n \tag{1-25a}$$

需说明的是，应用式(1-25)计算每个电阻上电压时，也有正负号取值问题，当 U_1，$U_2, \cdots, U_n$ 与总电压 U 的电压参考方向相同时取正号，相反时取负号。

【例1-12】 已知电阻串联电路如图 1-25 所示，$R_1 = 60\,\Omega$，$R_2 = 40\,\Omega$，$U = 10\,\mathrm{V}$，试求电路等效电阻 R 和 U_1、U_2 值。

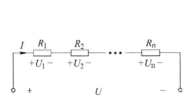

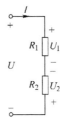

图 1-24　电阻串联电路　　　图 1-25　例 1-12 和例 1-13 电路

解：$R = R_1 + R_2 = (60 + 40)\,\Omega = 100\,\Omega$

求 U_1、U_2 值可有两种方法：一种方法是先求出电流 I，再求出分电压 U_1、U_2；另一种方法是直接利用分压公式求出电压 U_1、U_2。现要求用后一种方法，因为在本书后续内容和后续课程中，熟练应用分压公式将会带来很大方便。

$$U_1 = \frac{R_1 U}{R_1 + R_2} = \frac{60 \times 10}{60 + 40}\,\mathrm{V} = 6\,\mathrm{V}$$

$$U_2 = \frac{-R_2 U}{R_1 + R_2} = \frac{-40 \times 10}{60 + 40}\,\mathrm{V} = -4\,\mathrm{V}$$

计算 U_2 时，取负号的原因是 U_2 与 U 的参考方向相反。

【例1-13】 电路同上例，已知 $R_1 = 160\,\Omega$，$R_2 = 40\,\Omega$，$U_1 = 16\,\mathrm{V}$，试求 U、U_2 值。

解：$U = \dfrac{U_1(R_1 + R_2)}{R_1} = \dfrac{16 \times (160 + 40)}{160}\,\mathrm{V} = 20\,\mathrm{V}$

$$U_2 = \frac{-R_2 U}{R_1 + R_2} = \frac{-40 \times 20}{160 + 40}\,\mathrm{V} = -4\,\mathrm{V}$$

3. 电阻并联电路的分流概念

电阻并联电路如图 1-26 所示。若流入电阻并联电路的总电流为 I，则每个并联电阻中的电流按电导大小进行分配，电导大(电阻值小)，分得电流多；电导小(电阻值大)，分得电流少。即按电阻大小成反比例分配，称为分流。

$$I_1 = \frac{G_1 I}{G}, \quad I_2 = \frac{G_2 I}{G}, \quad \cdots, \quad I_n = \frac{G_n I}{G} \tag{1-26}$$

$$I_1 : I_2 : \cdots : I_n = G_1 : G_2 : \cdots : G_n \tag{1-26a}$$

图 1-26　电阻并联电路

式(1-26)中，G 为电阻并联电路总电导(总电阻值的倒数)；$G_1, G_2, \cdots, G_n$ 为各并联电导(各电阻值的倒数)。需要说明的是，应用式(1-26)计算分流时，也有正负号取值问题，当 $I_1, I_2, \cdots, I_n$ 与总电流 I 的参考方向相同(顺向)时取正号，相反(逆向)时取负号。

两个电阻并联时，有：

$$I_1 = \frac{R_2 I}{R_1 + R_2}, \quad I_2 = \frac{R_1 I}{R_1 + R_2} \tag{1-27}$$

【例1-14】 已知电阻并联电路如图1-27所示，$R_1 = 30\,\Omega$，$R_2 = 60\,\Omega$，$I = 3\,A$，试求电路等效电阻 R 和 I_1、I_2 值。

解：
$$R = \frac{R_1 R_2}{R_1 + R_2} = \frac{30 \times 60}{30 + 60}\Omega = 20\,\Omega$$

求 I_1、I_2 值有两种方法：一种方法是先求出总电阻 R 和端电压 U，然后再应用欧姆定律求每个电阻中的电流；另一种方法是直接利用分流公式(1-27)求出电流 I_1、I_2。现要求用后一种方法，因为在本书后续内容和后续课程中，熟练应用分流公式将会带来很大方便。

$$I_1 = \frac{R_2 I}{R_1 + R_2} = \frac{60 \times 3}{30 + 60}\,A = 2\,A$$

$$I_2 = \frac{-R_1 I}{R_1 + R_2} = \frac{-30 \times 3}{30 + 60}\,A = -1\,A$$

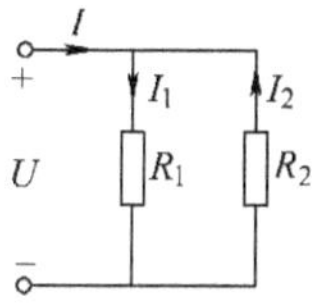

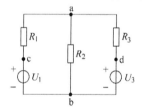

图1-27　例1-14和例1-15电路

计算 I_2 时，取负号的原因是 I_2 与 I 的参考方向相反（逆向）。

【例1-15】 电路同上例，已知 $R_1 = 6\,\Omega$，$R_2 = 4\,\Omega$，$I_1 = 1.44\,A$，试求 I、I_2 值。

解：
$$I = \frac{I_1(R_1 + R_2)}{R_2} = \frac{1.44 \times (6 + 4)}{4}\,A = 3.6\,A$$

$$I_2 = \frac{-R_1 I}{R_1 + R_2} = \frac{-6 \times 3.6}{6 + 4}\,A = -2.16\,A$$

1.3.2　基尔霍夫定律

基尔霍夫定律包括基尔霍夫电流定律(Kirchhoff's Current Law, KCL)和基尔霍夫电压定律(Kirchhoff's Voltage Law, KVL)。在叙述 KCL 和 KVL 之前先介绍电路中几个名称概念。

(1) 支路：电路中具有两个端钮(称为二端元件)且通过同一电流的每个分支(至少包含一个元件)，称为支路。在图1-28中，acb、ab、adb 均为支路。其中 acb、adb 支路中有电源称为含源支路，ab 支路中无电源称为无源支路。

(2) 节点：3条或3条以上支路的连接点，称为节点。在图1-28中，a、b 均为节点。

图1-28　支路、节点、回路和网孔

(3) 回路和网孔：电路中任一闭合路径，称为回路。在图1-28中，abca、adba、adbca 均为回路。其中 abca 和 adba 又称为网孔，内部不含有支路的回路称为网孔。

需要说明的是，有些书中将每一个二端元件定义为支路，将每一个二端元件之间的连接点定义为节点，主要是为了便于计算机分析线性电路，本书不予采用。

(4) 网络：一般把包含较多元件的电路称为网络。实际上，网络就是电路，两个名词可以通用。

1. 基尔霍夫电流定律

在任一时刻，任一节点上，所有支路电流的代数和恒为零。即：

$$\sum i = 0 \tag{1-28}$$

在直流电路中，式(1-28)也可写作

$$\sum I = 0 \tag{1-28a}$$

在图1-29中，若设电流流进节点a为正，流出节点a为负，则有 $\sum I = I_1 + I_4 + I_5 - I_2 - I_3 = 0$。若全部移项至等式右边，则 $\sum I = -I_1 - I_4 - I_5 + I_2 + I_3 = 0$，此时，变为电流流进节点a为负，流出节点a为正。即式(1-28)中电流正负号取决于节点电流的参考方向。若该节点电流参考方向为流进节点，则流进电流取正号，流出电流取负号；若该节点电流参考方向为流出节点，则流出电流取正号，流进电流取负号。

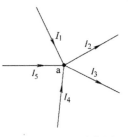

图1-29　KCL示意图

若将 $\sum I$ 中流进、流出节点的电流分置于等号两边，则有：

$$\sum I_\text{入} = \sum I_\text{出} \tag{1-28b}$$

上式表示，在任一时刻，流入一个节点的电流之和等于流出该节点的电流之和。

从基尔霍夫电流定律可以得出两个推论。

推论1：任一时刻，穿过任一假设闭合面的电流代数和恒为零。

如图1-30a所示，虚线框内为假设闭合面，该假设闭合面可视作一个大节点，则 $I_1 + I_2 - I_3 = 0$。即KCL可推广应用于任一假设闭合面。

推论2：若两个网络之间只有一根导线连接，则该连接导线中电流为0。

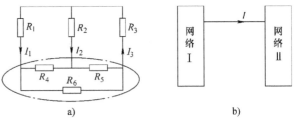

图1-30　KCL推论示意图

如图1-30b所示，网络Ⅰ与网络Ⅱ之间只有一根导线连接，设网络Ⅰ流进网络Ⅱ的电流为 I，但无网络Ⅱ流进网络Ⅰ的电流，根据KCL，则 $I = 0$。

2. 基尔霍夫电压定律

在任一时刻，沿任一回路，所有支路电压的代数和恒等于零。即：

$$\sum u = 0 \tag{1-29}$$

在直流电路中，式(1-29)也可写作：

$$\sum U = 0 \tag{1-29a}$$

如图1-31所示电路，按绕行方向（即电压参考方向），根据KVL可得：

$$\sum U = U_{AB} + U_{BC} + U_{CD} + U_{DE} + U_{EF} + U_{FA}$$
$$= -I_1 R_1 - U_{S1} + I_2 R_2 - I_3 R_3 + U_{S2} + I_4 R_4 = 0$$

式中每一段电压为：$U_{AB} = -I_1 R_1$，$U_{BC} = -U_{S1}$，$U_{CD} = I_2 R_2$，$U_{DE} = -I_3 R_3$，$U_{EF} = U_{S2}$，$U_{FA} = I_4 R_4$。元件电压降正、负号按下述方法确定：与绕行方向相同，取正号；与绕行方向相反，取负号。

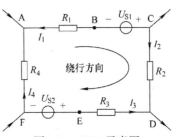

图1-31　KVL示意图

移项得：$U_{S1} - U_{S2} = -I_1 R_1 + I_2 R_2 - I_3 R_3 + I_4 R_4$

写成一般形式：

$$\sum U_S = \sum IR \tag{1-29b}$$

式(1-29b)是KVL的另一种表达形式。其含义为：在任一时刻，沿任一回路，所有电压源的电压代数和等于该回路其他元件电压降的代数和。实际上是将式(1-29a)中的电压分成两部分，一部分为电压源电压的代数和(移项后将改变原来的正负号)，另一部分为其他元件电压降的代数和，并将这两部分电压分写在等式两边。但需要注意的是，应用式(1-29b)时，电压源电压正、负号与元件电压降正、负号的确定方法不同。电压源电压，与绕行方向相同，取负号；与绕行方向相反，取正号。

【例 1-16】 已知电路如图 1-31 所示，$R_1 = 5\,\Omega$，$R_2 = 3\,\Omega$，$R_3 = 4\,\Omega$，$R_4 = 2\,\Omega$，$U_{S1} = -3\,V$，$U_{S2} = 4\,V$，$I_1 = -3\,A$，$I_2 = 4\,A$，$I_3 = 5\,A$，试求 I_4。

解：根据 KVL 可得：

$$\sum U = U_{AB} + U_{BC} + U_{CD} + U_{DE} + U_{EF} + U_{FA}$$
$$= -I_1 R_1 - U_{S1} + I_2 R_2 - I_3 R_3 + U_{S2} + I_4 R_4 = 0$$

进一步求解，并代入数据，可得：

$$I_4 = \frac{I_1 R_1 + U_{S1} - I_2 R_2 + I_3 R_3 - U_{S2}}{R_4} = \frac{(-3) \times 5 + (-3) - 4 \times 3 + 5 \times 4 - 4}{2}\,A = -7\,A$$

【例 1-17】 已知电路如图 1-32 所示，$R_1 = 10\,\Omega$，$R_2 = 5\,\Omega$，$R_3 = 5\,\Omega$，$U_{S1} = 13\,V$，$U_{S3} = 6\,V$，试求支路电流 I_1、I_2、I_3。

解：设定回路 I 和回路 II 绕行方向如图 1-32 所示，列出 KVL 方程：

回路 I：$I_1 R_1 + I_2 R_2 - U_{S1} = 0$　　　　　　①

回路 II：$-I_2 R_2 - I_3 R_3 + U_{S3} = 0$　　　　　②

对节点 A，列出 KCL 方程(设流进节点 A 为正)：

$$I_1 - I_2 + I_3 = 0 \qquad\qquad\qquad ③$$

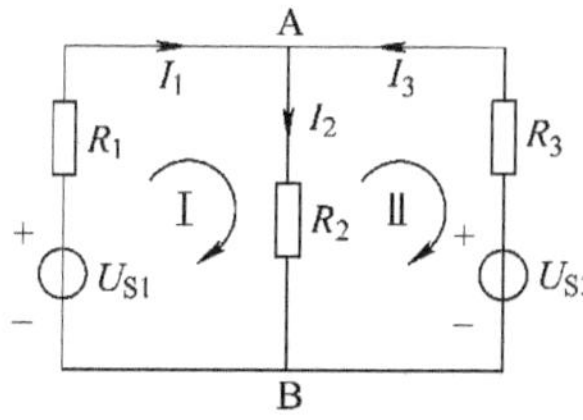

图 1-32　例 1-17 电路

联立求解①、②、③方程得：$I_1 = 0.8\,A$，$I_2 = 1\,A$，$I_3 = 0.2\,A$。

上例中，以支路电流 I_1、I_2、I_3 为未知数，列出 KCL、KVL 方程的求解方法，称为支路电流法。支路电流法是求解电路的基本方法。

需要说明的是：根据 KCL，上例还可列出节点 B 的 KCL 方程：$-I_1 + I_2 - I_3 = 0$，但该方程与方程③关联，可由方程③移项而得，不是独立方程。同时，根据 KVL，还可列出由元件 U_{S1}、R_1、R_3、U_{S3} 组成回路的 KVL 方程：$I_1 R_1 - I_3 R_3 + U_{S3} - U_{S1} = 0$，但该方程与方程①、②关联，可由方程①、②相加而得，不是独立于①、②的方程。因此，对于具有 m 条支路、n 个节点的电路，只能列出 $[m-(n-1)]$ 个独立 KVL 方程。对于具有 n 个节点的电路，只能列出 $(n-1)$ 个独立的节点电流方程。

【例 1-18】 已知电路如图 1-33 所示，$R_1 = R_3 = R_4 = R_6 = 2\,\Omega$，$R_2 = R_5 = R_7 = 1\,\Omega$，$U_{S1} = 12\,V$，$U_{S2} = 8\,V$，$U_{S3} = 6\,V$，试求 U_{AB}、U_{AC}。

解：首先确定 KVL 绕行方向，设如图中顺时针虚线方向，且同时设定其为电流 I 参考方向。则可列出 KVL 方程：

$$-U_{S1} + U_{S2} = I(R_1 + R_2 + R_3 + R_4 + R_5 + R_6)$$

$$I = \frac{-U_{S1} + U_{S2}}{R_1 + R_2 + R_3 + R_4 + R_5 + R_6} = \frac{-12 + 8}{2 + 1 + 2 + 2 + 1 + 2}\,A = -0.4\,A$$

则：$U_{AB} = I(R_1 + R_2 + R_3) + U_{S1}$
$$= [(-0.4) \times (2 + 1 + 2) + 12]\,V = 10\,V$$

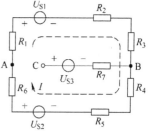

图 1-33　例 1-18 电路

另解：$U_{AB} = -I(R_6+R_5+R_4)+U_{S2} = [-(-0.4)\times(2+1+2)+8]\,V = 10\,V$

由于 C 端开路，BC 支路中电流 I_{BC} 为 0，因此

$$U_{AC} = U_{AB}+U_{BC} = U_{AB}-U_{S3} = (10-6)\,V = 4\,V$$

从上例中还可得出基尔霍夫电压定律的两个推论。

推论 1：两点间电压是定值，与计算时所沿路径无关。例如图 1-33 中，计算 U_{AB} 可按 R_1、U_{S1}、R_2、R_3 路径，也可按 R_6、U_{S2}、R_5、R_4 路径，均等于 10 V。

推论 2：KVL 可推广应用于任一不闭合电路。即任一时刻，电路中任意两点间电压等于由起点至终点沿某一路径各支路电压的代数和。例如图 1-33 中不闭合回路 ABC，$U_{AC} = U_{AB}+U_{BC} = IR_1+U_{S1}+IR_2+IR_3+I_{BC}R_7-U_{S3}$。

【复习思考题】

1.10 用欧姆定律计算电流和电压时，正、负号如何确定？

1.11 KCL 有哪两个推论？

1.12 $\sum U=0$ 和 $\sum U_S = \sum IR$ 中电压源 U_S 的正、负号取法有何不同？

1.4 电路基本分析方法

电路分析方法很多，其中最常用和最重要的是叠加定理和戴维南定理。

1.4.1 叠加定理

叠加定理是线性电路的一个重要定理，是分析线性电路的基础和重要方法。

叠加定理：有多个独立电源共同作用的线性电路，任一支路电流（或电压）等于每个电源单独作用时在该支路产生的电流（或电压）的代数和（叠加）。

现以图 1-34 为例加以说明。图 1-34a 电路中，有两个电源 U_S 和 I_S 共同作用，支路电流 I_1 和 I_2 可分别由电压源 U_S 单独作用时产生的 I_1'、I_2'（如图 1-34b 所示）和由电流源 I_S 单独作用时产生的 I_1''、I_2''（如图 1-34c 所示）叠加而成，即 $I_1 = I_1'+I_1''$，$I_2 = I_2'+I_2''$。

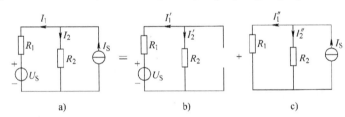

图 1-34 叠加定理示意图

需要说明的是：

1）叠加定理只能用来计算线性电路中的电流和电压，不适用于非线性电路或计算线性电路功率。

2）所谓一个电源单独作用，其他电源不作用是指不作用的电源置零，即电压源短路（如图 1-34c 所示），电流源开路（如图 1-34b 所示）。

3）求电流（或电压）代数和（叠加）时，一个电源单独作用时的电流（或电压）参考方向与多个电源共同作用时的电流（或电压）参考方向相同时取"+"号，相反时取"–"号。

4）应用叠加定理时，为便于求解，宜画出叠加定理求解电路，且电路格式、元件位置以不变为宜，如图 1-34b、c 所示。而且一个电源单独作用时的电流（或电压）参考方向宜与多个电源共同作用时的电流（或电压）参考方向一致，此时求代数和（叠加）时，均取"+"号，不易出错。

【例 1-19】 已知电路如图 1-34a 所示，$R_1 = 200\,\Omega$，$R_2 = 100\,\Omega$，$U_S = 24\,V$，$I_S = 1.5\,A$，试求支路电流 I_1 和 I_2。

解： 画出的叠加定理求解电路如图 1-34b、c 所示。

对于图 1-34b 电路，有：$-I_1' = I_2' = \dfrac{U_S}{R_1 + R_2} = \dfrac{24}{200 + 100}\,A = 0.08\,A$

对于图 1-34c 电路，有：$I_1'' = \dfrac{I_S R_2}{R_1 + R_2} = \dfrac{1.5 \times 100}{200 + 100}\,A = 0.5\,A$，$I_2'' = \dfrac{I_S R_1}{R_1 + R_2} = \dfrac{1.5 \times 200}{200 + 100}\,A = 1\,A$

因此，$I_1 = I_1' + I_1'' = (0.5 - 0.08)\,A = 0.42\,A$，$I_2 = I_2' + I_2'' = (0.08 + 1)\,A = 1.08\,A$。

【例 1-20】 已知电路如图 1-35a 所示，$R_1 = 20\,\Omega$，$R_2 = R_4 = 10\,\Omega$，$R_3 = 30\,\Omega$，$U_S = 20\,V$，$I_S = 3\,A$，试用叠加定理求电阻 R_4 两端电压 U。

解： 画出的叠加定理求解电路如图 1-35b、c 所示。

$$U' = \frac{U_S R_4}{R_2 + R_4} = \frac{20 \times 10}{10 + 10}\,V = 10\,V$$

求解 U'' 时，若看不清图 1-35c 电路，可将其改画为图 1-35d 形式的电路。

$$U'' = I_S \frac{R_2 R_4}{R_2 + R_4} = 3\,A \times 5\,\Omega = 15\,V$$

$$U = U' + U'' = (10 + 15)\,V = 25\,V$$

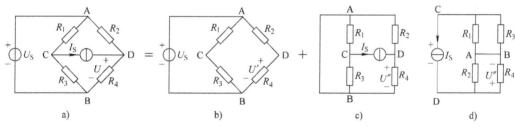

图 1-35　例 1-20 电路

1.4.2　戴维南定理

戴维南定理是关于线性含源二端电路的一个重要定理。

1. 戴维南定理

戴维南定理：任何一个线性含源二端电阻网络 N_S（如图 1-36a 所示），对外电路来讲，都可以用一个电压源和一个电阻相串联的模型（如图 1-36b 所示）等效替代。电压源的电压等于该网络 N_S 的开路电压 u_{OC}（如图 1-36c 所示）；串联电阻等于该网络内所有独立电源置零（独立电压源短路，独立电流源开路）后所得无源二端网络的等效电阻（或称为入端电阻、输出电阻）R_0（如图 1-36d 所示）。

按戴维南定理求出的等效电路称为戴维南等效电路。为便于叙述，本节后续内容均以直流为例。

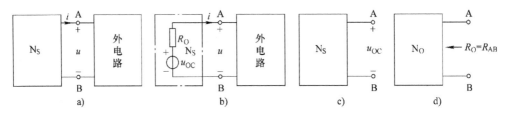

图 1-36　戴维南定理示意图

【例 1-21】　已知电路如图 1-37a 所示，$R_1 = 3\,\Omega$，$R_2 = 6\,\Omega$，$U_1 = 12\,\text{V}$，试求 AB 端戴维南等效电路。

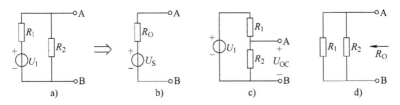

图 1-37　例 1-21 电路

解： 所求戴维南等效电路如图 1-37b 所示。

U_{OC} 即电阻 R_2 上分压得到的电压，如图 1-37c 所示，$U_S = U_{OC} = \dfrac{U_1 R_2}{R_1 + R_2} = \dfrac{12 \times 6}{3 + 6}\,\text{V} = 8\,\text{V}$

求 R_0 时，U_1 短路，如图 1-37d 所示，$R_0 = \dfrac{R_1 R_2}{R_1 + R_2} = \dfrac{3 \times 6}{3 + 6}\,\Omega = 2\,\Omega$

【例 1-22】　已知电路如图 1-38a 所示，$R_1 = 6\,\Omega$，$R_2 = 3\,\Omega$，$U_{S1} = 3\,\text{V}$，$U_{S2} = 6\,\text{V}$，试求 AB 端戴维南等效电路。

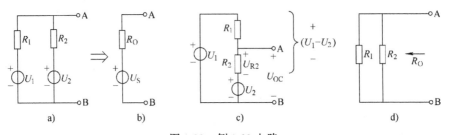

图 1-38　例 1-22 电路

解： 所求戴维南等效电路如图 1-38b 所示。

求 U_{OC} 电路如图 1-38c 所示。$U_{OC} = U_{R2} + U_2$，而 U_{R2} 可看作 $(U_1 - U_2)$ 的电压在电阻 R_2 上的分压，即 $U_{R2} = \dfrac{(U_1 - U_2) R_2}{R_1 + R_2}$。因此：

$$U_S = U_{OC} = \frac{(U_1 - U_2) R_2}{R_1 + R_2} + U_2 \tag{1-30}$$

$$= \left[\frac{(3-6) \times 3}{6+3} + 6 \right] \text{V} = 5\,\text{V}$$

R_0 的求法与例 1-21 相同，$R_0 = R_1 /\!/ R_2 = (3 /\!/ 6)\,\Omega = 2\,\Omega$

例 1-21 和例 1-22 形式的电路在电路分析中经常出现，可作为模块，在理解的基础上熟记并直接应用其结论。

【例 1-23】 已知电路如图 1-39a 所示，$R_1 = R_6 = 6\,\Omega$，$R_2 = R_3 = 3\,\Omega$，$R_4 = R_5 = 10\,\Omega$，$U_{S1} = 40\,V$，$U_{S2} = 22\,V$，$U_{S3} = 26\,V$，$U_{S4} = 20\,V$，试求流过电阻 R_6 中的电流 I。

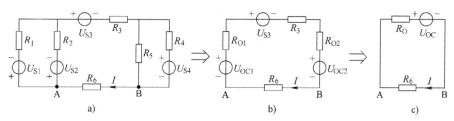

图 1-39　例 1-23 电路

解： 将图 1-39a 电路逐次等效转换为图 1-39b、c 电路。其中

$$U_{OC1} = -U_{S2} + \frac{[(-U_{S1}) - (-U_{S2})] R_2}{R_1 + R_2} = \left\{ (-22) + \frac{[(-40) - (-22)] \times 3}{6 + 3} \right\}\,V = -28\,V$$

$$R_{O1} = \frac{R_1 R_2}{R_1 + R_2} = \frac{6 \times 3}{6 + 3}\,\Omega = 2\,\Omega$$

$$U_{OC2} = \frac{U_{S4} R_5}{R_4 + R_5} = \frac{20 \times 10}{10 + 10}\,V = 10\,V$$

$$R_{O2} = \frac{R_4 R_5}{R_4 + R_5} = \frac{10 \times 10}{10 + 10}\,\Omega = 5\,\Omega$$

$$U_{OC} = -U_{OC1} + U_{S3} + U_{OC2} = [-(-28) + 26 + 10]\,V = 64\,V$$

$$R_0 = R_{O1} + R_3 + R_{O2} = (2 + 3 + 5)\,\Omega = 10\,\Omega$$

$$I = -\frac{U_{OC}}{R_0 + R_6} = -\frac{64}{10 + 6}\,A = -4\,A$$

【例 1-24】 已知电路如图 1-40a 所示，$R_1 = 1\,\Omega$，$R_2 = 2\,\Omega$，$R_3 = 3\,\Omega$，$R_4 = 4\,\Omega$，$R_L = 5\,\Omega$，$U_S = 6\,V$，试用戴维南定理求电阻 R_L 中的电流 I。

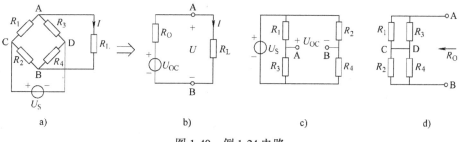

图 1-40　例 1-24 电路

解： 先求出图 1-40a 电路 AB 端的戴维南等效电路，如图 1-40b 所示，则 I 不难求出。
求 U_{OC} 时，按戴维南定理，将 AB 端外电路开路，并改画电路如图 1-40c 所示。

$$U_{OC} = U_{AB} = U_A - U_B = \frac{U_S R_3}{R_1 + R_3} - \frac{U_S R_4}{R_2 + R_4}$$

$$= U_S \left(\frac{R_3}{R_1 + R_3} - \frac{R_4}{R_2 + R_4} \right) = 6\,\text{V} \times \left(\frac{3}{1+3} - \frac{4}{2+4} \right) = 0.5\,\text{V}$$

求 R_0 时，按戴维南定理，将 U_S 短路，并改画电路如图 1-40d 所示。

$$R_0 = (R_1 /\!/ R_3) + (R_2 /\!/ R_4) = [(1 /\!/ 3) + (2 /\!/ 4)]\,\Omega = 2.08\,\Omega$$

因此，$I = \dfrac{U_{OC}}{R_0 + R_L} = \dfrac{0.5}{2.08 + 5}\,\text{A} = 0.0706\,\text{A}$

2. 戴维南等效电路参数的测定

戴维南等效电路的一个突出优点，是其参数便于测定。不需要了解其内部电路结构和参数，便可测定戴维南等效电路参数。

（1）测定戴维南等效电压 U_{OC}。测定 U_{OC} 电路如图 1-41a 所示，用电压表测量 AB 端开路电压即为 U_{OC}。需要注意的是，用于测量的电压表表头内阻 R_V 会影响测量准确度，R_V 越大，测量准确度越高，一般宜用电子式数字电压表。

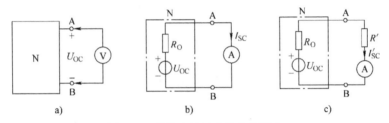

图 1-41 戴维南等效电路参数测定

（2）测定戴维南等效电阻 R_0。测定戴维南等效电阻 R_0，电路如图 1-41b 所示。用电流表直接测量 AB 端短路电流 I_{SC}，则 $R_0 = \dfrac{U_{OC}}{I_{SC}}$。若 I_{SC} 过大或某些被测电路不宜短路（以防损坏），则可按图 1-41c 所示电路，串入已知电阻 R' 后再测电流 I'_{SC}。此时 $R_0 = \dfrac{U_{OC}}{I'_{SC}} - R'$。

需要注意的是，用于测量的电流表表头内阻 R_A 会影响测量准确度，但一般电流表内阻很小，可忽略不计。在估计 R_0 较小或要求精度较高时，可将测量值减去 R_A。

3. 最大功率传输

在电子电路中，常需要分析负载在什么条件下获得最大功率。电子电路虽较为复杂，但其输出端一般引出两个端钮，可以看作一个有源二端网络，可应用戴维南定理解决这一问题。

分析最大功率传输问题的电路可按图 1-42 连接。若 $R_L \to 0$，则 $U \to 0$，$P_L \to 0$；若 $R_L \to \infty$，则 $I \to 0$，$P_L \to 0$。因此，必然存在某个 R_L 数值，其功率为最大值。

负载 R_L 上的功率：$P_L = I^2 R_L = \left(\dfrac{U_{OC}}{R_0 + R_L} \right)^2 R_L$

求导得：
$$\frac{\mathrm{d}P_L}{\mathrm{d}R_L} = \frac{U_{OC}^2}{(R_0 + R_L)^2}(R_0 - R_L) = 0$$

解得：

$$R_L = R_O \tag{1-31}$$

式(1-31)表明，当负载电阻等于电路的戴维南等效电阻时，负载能获得最大功率，这种状态称为负载与信号源阻抗匹配。将式(1-31)回代得：

$$P_{Lmax} = \frac{U_{OC}^2}{4R_L} \tag{1-32}$$

【例1-25】 已知某电路为有源二端线性电阻网络，未知其内部电路结构，测得其开路电压 $U_{OC} = 12\ V$，短路电流 $I_{SC} = 0.3\ A$。试求其戴维南等效电路，并求其能输出最大功率的条件和数值。

解： 画出所求的戴维南等效电路，如图1-42所示。其中，

$$R_O = \frac{U_{OC}}{I_{SC}} = \frac{12}{0.3}\ \Omega = 40\ \Omega$$

输出最大功率时，应接负载 $R_L = R_O = 40\ \Omega$

最大功率 $P_{Lmax} = \frac{U_{OC}^2}{4R_L} = \frac{12^2}{4 \times 40}\ W = 0.9\ W$

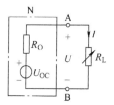

图1-42 最大功率传输示意图

【复习思考题】

1.13 叙述叠加定理及应用注意事项。

1.14 叙述戴维南定理。

1.15 何谓电源置零？

1.16 负载获得最大功率的条件是什么？

1.5 线性电路暂态分析

电路从一种稳定状态(稳态)变化到另一种稳定状态的中间过程称为电路过渡过程或暂态过程，简称暂态。

过渡过程在自然界普遍存在，例如车辆的起动和制动，需要有个过程，最后达到稳速或停止运行。在电路中，电容、电感的充、放电也存在上述物理现象。

引起电路过渡过程原因如下。

(1) 外因：电路换路。例如电路的接通或断开、电源的变化、电路参数的变化、电路结构的改变等。

(2) 内因：电路中含有储能元件。储能元件即电容 C 和电感 L，纯电阻电路不存在过渡过程。

1.5.1 换路定律

换路定律是描述电路换路的瞬间，储能元件电压或电流的变化规律。

1. 换路定律数学表达式

$$u_C(0_+) = u_C(0_-) \tag{1-33}$$

$$i_L(0_+) = i_L(0_-) \tag{1-34}$$

其中，$u_C(0_+)$、$i_L(0_+)$ 分别为换路后瞬间零时刻电容两端电压和电感中的电流；$u_C(0_-)$、

$i_L(0_-)$ 分别为换路前瞬间零时刻电容两端电压和电感中的电流。

需要说明的是 (0_+)、(0_-) 均为0。从数学意义上说，(0_-) 是在时间坐标0时刻负向无限趋近于0；(0_+) 是在时间坐标0时刻正向无限趋近于0。

2. 换路定律文字表述

式(1-33)的文字表述：在换路瞬间，电容两端电压不能跃变。

式(1-34)的文字表述：在换路瞬间，电感中的电流不能跃变。

3. 产生换路定律结论的原因和条件

产生换路定律结论的原因是激励电源的功率不可能为∞。电容储能为 $W_C(t) = \frac{1}{2}Cu_C^2(t)$，电感储能为 $W_L(t) = \frac{1}{2}Li_L^2(t)$。在激励电源功率为有限值前提下，换路时电容储能和电感储能不能跃变，电容两端电压 $u_C(t)$ 和电感中的电流 $i_L(t)$ 必定为时间 t 的连续函数，即 $u_C(t)$ 和 $i_L(t)$ 不能跃变。

因此，产生换路定律结论的原因也是条件：激励电源的功率不可能为∞。实际上，这个条件总是满足的。

4. 换路定律推论

（1）从式(1-33)中可以推出：若电路换路前，电容两端电压为0[未储能，即 $u_C(0_-) = 0$]，则换路瞬间，电容相当于短路[即 $u_C(0_+) = u_C(0_-) = 0$]。

需要说明的是，在1.2.2节中，曾得出"电容对直流相当于开路"，这两种表述有矛盾吗？回答是：没有矛盾。"电容对直流相当于开路"是指电路达到稳态后，此时电容已充放电完毕；而"电容两端电压为0，换路瞬间相当于短路"是在暂态过程初始瞬间，即仅在 (0_+) 时刻相当于短路，而且条件是电容未储能。

（2）从式(1-34)中可以推出：若电路换路前，电感中电流为0[未储能，即 $i_L(0_-) = 0$]，则换路瞬间，电感相当于开路[即 $i_L(0_+) = i_L(0_-) = 0$]。

需要说明的是，在1.2.3节中，曾得出"电感对直流相当于短路"是指电路达到稳态后；而上述推论是指暂态初始瞬间，即仅在 (0_+) 时刻相当于开路，而且条件是电感未储能。

5. 注意事项

除 $u_C(0_+) = u_C(0_-)$、$i_L(0_+) = i_L(0_-)$ 外，电路中其余电流电压参数均不存在 $f(0_+) = f(0_-)$。

6. 电压和电流初始值计算

求解电路暂态过程的钥匙是换路定律，而应用换路定律的关键是求出 $u_C(0_-)$ 和 $i_L(0_-)$。

$u_C(0_-)$ 和 $i_L(0_-)$ 是电路换路前 u_C 和 i_L 的数值，此时电路保持原始稳定状态（稳态），可按照和应用欧姆定律、KCL、KVL 和其他已经学过的电路定律或解题方法求解。

【例1-26】已知电路如图1-43a所示，$R_1 = 10\ \Omega$，$R_2 = 20\ \Omega$，$U_S = 10\ V$，且换路前电路已达稳态，试求：(1)$t = 0$ 时刻，S 开关从位置1合到位置2，求 $u_C(0_+)$、$i_C(0_+)$；(2)设 S 开关换路前合在位置2，且已达到稳态。$t = 0$ 时刻，S 开关从位置2合到位置1，再求 $u_C(0_+)$、$i_C(0_+)$。

解：（1）换路前，S 在位置1且已达稳态时，电容已充电完毕，如图1-43b所示，此时电容充电电流 $i_C(0_-) = 0$。

$$u_C(0_-) = U_S - i_C(0_-)R_1 = U_S = 10 \text{ V}$$

换路后，如图 1-43c 所示，按换路定律：$u_C(0_+) = u_C(0_-) = U_S = 10 \text{ V}$，

$$i_C(0_+) = -\frac{u_C(0_+)}{R_2} = -\frac{U_S}{R_2} = -\frac{10}{20} \text{A} = -0.5 \text{ A}$$

（2）换路前，S 在位置 2 上且已达到稳态时，电容已放电完毕，如图 1-43c 所示，此时 $i_C(0_-) = 0$，$u_C(0_-) = 0$。

换路后，如图 1-43b 所示，按换路定律：$u_C(0_+) = u_C(0_-) = 0$，电容相当于短路。

$$i_C(0_+) = \frac{U_S - u_C(0_+)}{R_1} = \frac{10 - 0}{10} \text{A} = 1 \text{ A}$$

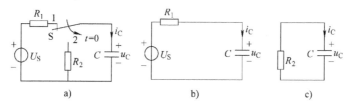

图 1-43　例 1-26 电路

【例 1-27】　已知电路如图 1-44a 所示，$R_1 = 10 \ \Omega$，$R_2 = 20 \ \Omega$，$U_S = 10 \text{ V}$，且换路前，电路已达稳态，试求：（1）$t = 0$ 时刻，S 开关从位置 1 合到位置 2，求 $i_L(0_+)$ 和 $u_L(0_+)$；（2）设 S 开关换路前合在位置 2，且以达到稳态。$t = 0$ 时刻，S 开关从位置 2 合到位置 1，再求 $i_L(0_+)$ 和 $u_L(0_+)$。

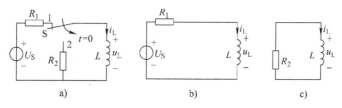

图 1-44　例 1-27 电路

解：（1）换路前，如图 1-44b 所示，电感已充电完毕，达到稳态，对直流相当于短路，即 $u_L(0_-) = 0$，此时

$$i_L(0_-) = \frac{U_S}{R_1} = \frac{10}{10} \text{A} = 1 \text{ A}$$

换路后，如图 1-44c 所示，按换路定律：$i_L(0_+) = i_L(0_-) = 1 \text{ A}$，

$$u_L(0_+) = -i_L(0_+)R_2 = (-1 \times 20) \text{ V} = -20 \text{ V}$$

（2）换路前，如图 1-44c 所示，电感已放电完毕，$i_L(0_-) = 0$，$u_L(0_-) = 0$。换路后，如图 1-44b 所示，$i_L(0_+) = i_L(0_-) = 0$，电感相当于开路。

$$u_L(0_+) = -i_L(0_+)R_1 + U_S = (-0 \times 10 + 10) \text{ V} = 10 \text{ V}$$

从上述两例中，可以得出，电路达到稳态后，电压电流初始值计算有如下规律：

1）无论有源还是无源，恒有：$i_C = 0$（电容对直流相当于开路），$u_L = 0$（电感对直流相当于短路）。

2）RC 有源电路电容电压 u_C 充至最大值（按 $i_C = 0$ 计算）。例如图 1-43b 电路中，$u_C = U_S$。

3）RL 有源电路电感电流 i_L 达到最大值（按 $u_L = 0$ 计算）。例如图 1-44b 电路中，$i_L = \dfrac{U_S}{R_1}$。

另外，求解换路后的初始值：RC 电路，应从 $u_C(0_+) = u_C(0_-)$ 入手；RL 电路，应从 $i_L(0_+) = i_L(0_-)$ 入手。

【例 1-28】 已知电路分别如图 1-45a、b 所示，电路已达稳态。$t = 0$ 时，S 开关断开。试求 $u_C(0_+)$ 和 $i_L(0_+)$ 表达式。

解：图 1-45a 电路：

$$u_C(0_-) = U_{R2}(0_-) = \frac{U_S R_2}{R_1 + R_2}$$

$$u_C(0_+) = u_C(0_-) = \frac{U_S R_2}{R_1 + R_2}$$

图 1-45b 电路：

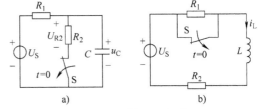

图 1-45 例 1-28 电路

$$i_L(0_-) = \frac{U_S}{R_2}$$

$$i_L(0_+) = i_L(0_-) = \frac{U_S}{R_2}$$

1.5.2 一阶电路暂态响应

只含有一个动态元件（即储能元件 L 或 C）的电路可用一阶微分方程描述和求解，这种电路称为一阶电路。

据理论分析和数学推导，一阶电路的暂态响应只要求得初始值[用 $f(0_+)$ 表示]、新的稳态值[用 $f(\infty)$ 表示]和时间常数 τ，就可以直接写出其全响应表达式，称为一阶电路三要素法。三要素法的一般形式：

$$f(t) = \underbrace{f(\infty)}_{\text{稳态分量}} + \underbrace{[f(0_+) - f(\infty)]\,e^{-\frac{t}{\tau}}}_{\text{暂态分量}} = \underbrace{f(0_+)e^{-\frac{t}{\tau}}}_{\text{零输入响应}} + \underbrace{f(\infty)(1 - e^{-\frac{t}{\tau}})}_{\text{零状态响应}} \tag{1-35}$$

1. 初始值 $f(0_+)$

求解 $f(0_+)$ 应充分利用换路定律，并从换路定律入手。RC 电路，先求 $u_C(0_-)$，$u_C(0_+) = u_C(0_-)$；RL 电路，先求 $i_L(0_-)$，$i_L(0_+) = i_L(0_-)$。若采用其他方法，虽然也可求解，但易出错，相对麻烦。

2. 稳态值 $f(\infty)$

电路达到稳态后，充电电路，电容电压和电感电流已达最大值；放电电路，电容电压和电感电流已达最小值。电容相当于开路，电感相当于短路，然后按前几节中直流电路的分析方法求解 $f(\infty)$。

3. 时间常数 τ

时间常数 τ 反映了电路过渡过程的快慢，即储能元件充、放电速度的快慢。放电电路中，τ 表示储能元件储能量从初始值 $f(0_+)$ 按指数曲线放电下降到 $\{f(\infty) + 0.368[f(0_+) - f(\infty)]\}$

时所需的时间；充电电路中，τ 表示储能元件储能量从初始值 $f(0_+)$ 按指数曲线充电上升到 $\{f(0_+)+0.632[f(\infty)-f(0_+)]\}$ 时所需的时间，如图 1-46 所示。τ 越小，放电时下降速率越快；充电时上升速率越快。表 1-1 为时间常数 τ 整数倍时充、放电值。从理论上讲，过渡过程要到 $t\rightarrow\infty$ 时结束。但实际上经过 $3\tau\sim5\tau$，就可以认为过渡过程基本上结束了。

τ 值计算方法：RC 电路，$\tau=RC$；RL 电路，$\tau=\dfrac{L}{R}$。R 的单位为 Ω，C 的单位为 F，L 的单位为 H，按上述两式计算后 τ 的单位为 s。关键是如何理解和求解上述表达式中的 "R"。该 "R" 应理解为换路后从动态元件（C 或 L）两端看进去的戴维南电路等效电阻。

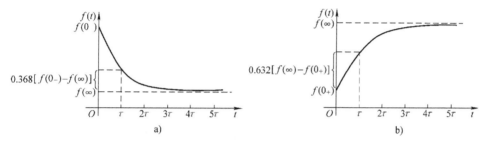

图 1-46　充、放电指数曲线和时间常数 τ 的关系
a) 放电　b) 充电

表 1-1　时间常数 τ 整数倍时的充、放电值

充、放电时间	0	τ	2τ	3τ	4τ	5τ	...	∞
充电 $f(t)$	$f(0_+)$	$f(0_+)+0.632$ $[f(\infty)-f(0_+)]$	$f(0_+)+0.865$ $[f(\infty)-f(0_+)]$	$f(0_+)+0.950$ $[f(\infty)-f(0_+)]$	$f(0_+)+0.982$ $[f(\infty)-f(0_+)]$	$f(0_+)+0.993$ $[f(\infty)-f(0_+)]$	...	$f(\infty)$
放电 $f(t)$	$f(0_+)$	$f(\infty)+0.368$ $[f(0_+)-f(\infty)]$	$f(\infty)+0.135$ $[f(0_+)-f(\infty)]$	$f(\infty)+0.050$ $[f(0_+)-f(\infty)]$	$f(\infty)+0.018$ $[f(0_+)-f(\infty)]$	$f(\infty)+0.007$ $[f(0_+)-f(\infty)]$	...	$f(\infty)$

4. 零输入响应

一阶电路暂态响应中有两种特殊情况，一种是电路断开电源，不再输入新的能量，依靠储能元件原有储能产生过渡过程，称为零输入响应。这种电路一定是储能元件放电电路，最终放电放光，储能为 0，即 $f(\infty)=0$。此时，式（1-35）可写为

$$f(t)=f(0_+)e^{-\frac{t}{\tau}} \tag{1-35a}$$

5. 零状态响应

一阶电路暂态响应中另一种特殊情况是电路储能元件初始储能为零，即 $f(0_+)=0$。接通电源后，储能元件由零开始充电，最终充至最大值，称为零状态响应。此时，式（1-35）可写为

$$f(t)=f(\infty)(1-e^{-\frac{t}{\tau}}) \tag{1-35b}$$

【例 1-29】 已知电路如图 1-47a 所示，$R_1=4\ \text{k}\Omega$，$R_2=8\ \text{k}\Omega$，$U_S=12\ \text{V}$，$C=1\ \mu\text{F}$，电路已达稳态。（1）$t=0$ 时，S 开关断开，试求 $u_C(t)$、$i_C(t)$，并定性画出其波形。（2）若 S 开关原断开，且电路已处于稳态。$t=0$ 时合上，试再求图中 $u_C(t)$、$i_C(t)$ 和波形。

解：（1）S 开关原合上，后断开，属于零输入响应。因此：

$$u_C(0_+) = u_C(0_-) = \frac{U_S R_2}{R_1 + R_2} = \frac{12 \times 8}{4 + 8} \text{ V} = 8 \text{ V}$$

$$\tau = R_2 C = (8 \times 10^3 \times 1 \times 10^{-6}) \text{ s} = 0.008 \text{ s}$$

$$u_C(t) = u_C(0_+) e^{-\frac{t}{\tau}} = 8 e^{-\frac{t}{0.008}} \text{ V} = 8 e^{-125t} \text{ V}$$

$$i_C(t) = -\frac{u_C(t)}{R_2} = -\frac{8 e^{-125t}}{8 \times 10^3} \text{ A} = -e^{-125t} \text{ mA}$$

或 $$i_C(t) = C \frac{\mathrm{d}u_C}{\mathrm{d}t} = \left[1 \times 10^{-6} \times \frac{\mathrm{d}(8 e^{-125t})}{\mathrm{d}t} \right] \text{ A} = -e^{-125t} \text{ mA}$$

定性画出 $u_C(t)$、$i_C(t)$ 波形图如图 1-47b、c 所示。

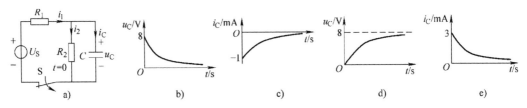

图 1-47 例 1-29 电路和波形

（2）S 开关原断开，后合上，属于零状态响应。因此：

$$u_C(\infty) = \frac{U_S R_2}{R_1 + R_2} = \frac{12 \times 8}{4 + 8} \text{ V} = 8 \text{ V}$$

$$\tau = (R_1 /\!/ R_2) C = (8 /\!/ 4) \text{ k}\Omega \times 1 \text{ }\mu\text{F} = 0.00267 \text{ s}$$

$$u_C(t) = u_C(\infty)(1 - e^{-\frac{t}{\tau}}) = 8(1 - e^{-\frac{t}{0.00267}}) \text{ V} = 8(1 - e^{-375t}) \text{ V}$$

$$i_C(t) = i_1(t) - i_2(t) = \frac{U_S - u_C(t)}{R_1} - \frac{u_C(t)}{R_2} = \left[\frac{12 - 8(1 - e^{-375t})}{4 \times 10^3} - \frac{8(1 - e^{-375t})}{8 \times 10^3} \right] \text{ A} = 3 e^{-375t} \text{ mA}$$

或 $$i_C(t) = C \frac{\mathrm{d}u_C}{\mathrm{d}t} = \left\{ 1 \times 10^{-6} \times \frac{\mathrm{d}[8(1 - e^{-375t})]}{\mathrm{d}t} \right\} \text{ A} = 3 e^{-375t} \text{ mA}$$

定性画出 $u_C(t)$、$i_C(t)$ 波形图如图 1-47d、e 所示。

【例 1-30】 已知电路如图 1-48a 所示，$R_1 = 15 \text{ }\Omega$，$R_2 = R_3 = 10 \text{ }\Omega$，$U_S = 10 \text{ V}$，$L = 16 \text{ mH}$，电路已达稳态。$t = 0$ 时，S 开关闭合。试用三要素法求 $i_L(t)$，并画出波形图。

解： $$i_L(0_+) = i_L(0_-) = \frac{U_S}{R_1 + R_2} = \frac{10}{10 + 15} \text{ A} = 0.4 \text{ A}$$

$$i_L(\infty) = \frac{U_S}{R_1 + (R_2 /\!/ R_3)} \times \frac{R_3}{R_2 + R_3}$$
$$= \left[\frac{10}{15 + (10 /\!/ 10)} \times \frac{10}{10 + 10} \right] \text{ A} = 0.25 \text{ A}$$

$$\tau = \frac{L}{(R_1 /\!/ R_3) + R_2}$$
$$= \frac{16}{[(15 /\!/ 10) + 10] \times 10^3} \text{ s} = 0.001 \text{ s}$$

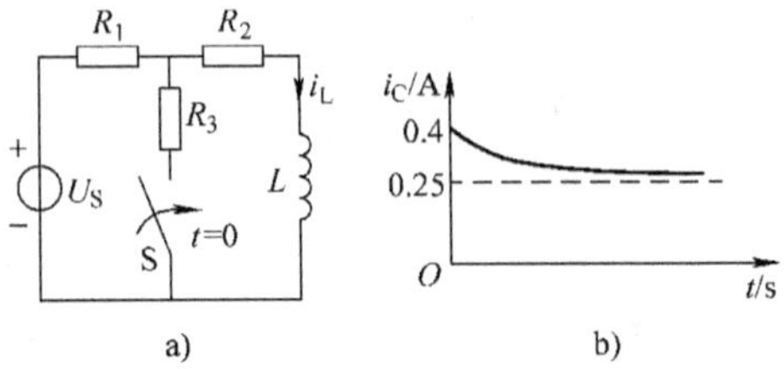

图 1-48 例 1-30 电路和波形

$$i_L = i_L(\infty) + [i_L(0_+) - i_L(\infty)]e^{-\frac{t}{\tau}} = [0.25 + (0.4 - 0.25)e^{-1000t}] \text{ A} = [0.25 + 0.15e^{-1000t}] \text{ A}$$

画出的 i_L 波形图如图 1-48b 所示。

1.5.3 微分电路和积分电路

输出和输入电压之间构成微分关系或积分关系的电路称为微分电路或积分电路。微分电路和积分电路在电子技术中有着较为广泛的应用。

1. 微分电路

（1）电路形式和输入输出电压波形。微分电路如图 1-49 所示，RC 串联电路，从电阻端输出。u_I 为输入电压，u_O 为输出电压，其波形分别如图 1-50a、b 所示，其中 τ_a 是输入电压方波脉冲的宽度，U_a 为输入电压方波脉冲的幅度。

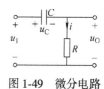

图 1-49　微分电路

（2）输入和输出电压关系：

$$u_O = RC\frac{\mathrm{d}u_I}{\mathrm{d}t} \tag{1-36}$$

（3）微分电路条件：

$$\tau = RC \ll \tau_a \tag{1-37}$$

（4）电路分析：

1）在 0_+ 时刻，u_I 加入方波脉冲，$u_C(0_+) = u_C(0_-) = 0$，$u_O(0_+) = -u_C(0_+) + u_I(0_+) = u_I(0_+) = U_a$。

2）经过 $3\tau \sim 5\tau$，电容充电基本完成，$u_C = u_I = U_a$，$u_O = 0$。由于 $\tau \ll \tau_a$，因此图 1-50b 中 u_O 的正向尖脉冲时间（即电容充电时间）很短。

3）至 τ_a 时刻，$u_I(\tau_{a+}) = 0$，$u_C(\tau_{a+}) = u_C(\tau_{a-}) = U_a$，$u_O(\tau_{a+}) = -u_C(\tau_{a+}) + u_I(\tau_{a+}) = -u_C(\tau_{a+}) = -U_a$，在图 1-50 中出现负向尖脉冲。

4）又由于 $\tau \ll \tau_a$，因此负向脉冲时间（即电容放电时间）很短。

5）以此类推，u_O 在 u_I 波形的上升沿和下降沿，分别输出正向尖脉冲和负向尖脉冲，且脉冲时间很短。

6）因电容充放电时间很短，在 τ_a 大部分时间里，$u_O \approx 0$，因此，$u_C \approx u_I$，$u_O = Ri = RC\frac{\mathrm{d}u_C}{\mathrm{d}t} \approx RC\frac{\mathrm{d}u_I}{\mathrm{d}t}$，输出电压与输入电压构成微分关系。

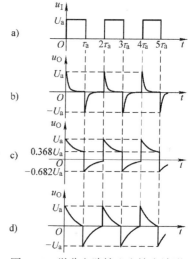

图 1-50　微分电路输入和输出波形
a）u_I 波形　b）u_O 波形
c）$\tau = \tau_a$　d）$\tau = \tau_a/3$

需要说明的是，微分电路的必要条件是 $\tau \ll \tau_a$，若不满足该条件，则输入输出电压间将不满足微分关系，图 1-50c、d 分别为 $\tau = \tau_a$ 和 $\tau = \tau_a/3$ 时的 u_O 波形。

2. 积分电路

（1）电路形式、输入和输出波形。积分电路如图 1-51a 所示，与微分电路不同的是 R 与 C 相互交换了位置。其输入和输出波形分别如图 1-51b、c 所示。

（2）输入和输出电压关系：

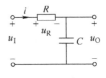

$$u_0 = \frac{1}{RC}\int u_\mathrm{I}\mathrm{d}t \qquad (1\text{-}38)$$

（3）积分电路条件：

$$\tau = RC \gg \tau_\mathrm{a} \qquad (1\text{-}39)$$

（4）电路分析：

1）在 $0 \sim \tau_\mathrm{a}$ 时段里，$u_\mathrm{I} = U_\mathrm{a}$，电容充电，$u_\mathrm{C}$ 按指数规律上升。

2）由于 $\tau \gg \tau_\mathrm{a}$，电容上电压尚未充足，方波脉冲已经结束，$u_\mathrm{I} = 0$，电容转入放电，u_C 再按指数规律下降。

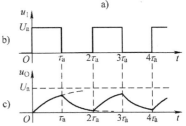

图 1-51　积分电路、输入和输出波形

3）又由于 $\tau \gg \tau_\mathrm{a}$，电容上电压尚未放完，又出现方波脉冲，$u_\mathrm{I} = U_\mathrm{a}$，电容再次转入充电。

4）依此类推，u_0 输出近似三角波。

5）由于 $\tau \gg \tau_\mathrm{a}$，电容上充电和放电均很小，$u_\mathrm{R} \gg u_\mathrm{C}$，因此，$u_\mathrm{R} \approx u_\mathrm{I}$，$u_0 = u_\mathrm{C} = \frac{1}{C}\int i\mathrm{d}t = \frac{1}{C}\int\frac{u_\mathrm{R}}{R}\mathrm{d}t \approx \frac{1}{C}\int\frac{u_\mathrm{I}}{R}\mathrm{d}t = \frac{1}{RC}\int u_\mathrm{I}\mathrm{d}t$，输出电压与输入电压构成积分关系。

需要说明的是，图 1-51a 所示积分电路输出三角波电压 u_0 的幅度很小，且为指数曲线，线性度很差，实用价值不大。在电子电路里，积分电路与有源放大器件组合，构成有源积分电路，三角波（或锯齿波）幅度很大，且线性度很好，带负载能力增强，在电子扫描电路中得到广泛应用。

【复习思考题】

1.17　引起电路过渡过程的原因是什么？

1.18　什么叫换路定律？产生换路定律结论的原因和条件是什么？

1.19　"电容对直流相当于开路"与"储能为零的电容在换路瞬间相当于短路"是否有矛盾？

1.20　如何理解"电感对直流相当于短路"与"储能为零的电感在换路瞬间相当于开路"？

1.21　时间常数 τ 的含义是什么？

1.22　为什么说过渡过程经过 $3\tau \sim 5\tau$ 就可以认为基本上结束？

1.23　如何求解时间常数 τ？表达式中的 R 应如何理解？

1.24　画出微分电路、输入和输出电压波形，写出输入和输出电压的关系式，指出其条件。

1.25　画出积分电路、输入和输出电压波形，写出输入和输出电压的关系式，指出其条件。

1.6　习题

1-1　已知电路如图 1-52 所示，$R_1 = R_2 = 2\,\Omega$，$R_3 = R_4 = 1\,\Omega$，$U_{\mathrm{S}1} = 5\,\mathrm{V}$，$U_{\mathrm{S}2} = 10\,\mathrm{V}$，试求 φ_A、φ_B、φ_C。

1-2 已知电路如图 1-53 所示，$R_1 \sim R_6$ 均为 $1\,\Omega$，$U_{S1} = 3\,V$，$U_{S2} = 2\,V$，试求分别以 d 点和 e 点为零电位参考点时 φ_a、φ_b 和 φ_c。

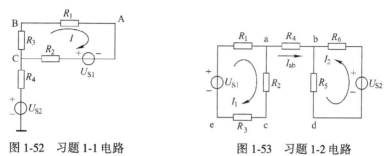

图 1-52 习题 1-1 电路 图 1-53 习题 1-2 电路

1-3 已知电路如图 1-54 所示，试求 ab 端等效电阻。

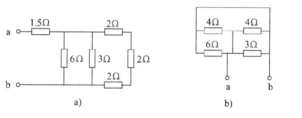

a) b)

图 1-54 习题 1-3 电路

1-4 已知电阻电路如图 1-55 所示，试求各电路的 ab 端等效电阻。

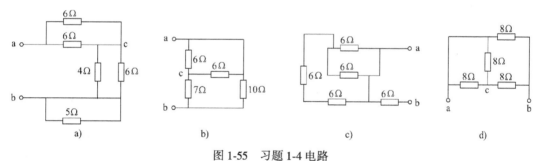

a) b) c) d)

图 1-55 习题 1-4 电路

1-5 已知电阻混联电路如图 1-56 所示，$R_1 = 3\,\Omega$，$R_2 = R_3 = R_7 = 2\,\Omega$，$R_4 = R_5 = R_6 = 4\,\Omega$，试求电路等效电阻 R。

1-6 已知电路如图 1-57 所示，$C_1 = C_4 = 6\,\mu F$，$C_2 = C_3 = 2\,\mu F$，试求开关 S 断开和闭合时 ab 间等效电容 C_{ab}。

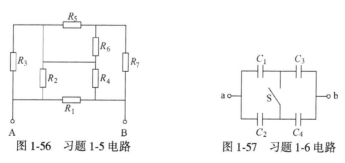

图 1-56 习题 1-5 电路 图 1-57 习题 1-6 电路

1-7 试应用电源等效变换化简图 1-58 所示电路。

1-8 已知电路如图 1-59 所示，$R_1 = R_2 = 100\,\Omega$，$R_3 = 50\,\Omega$，$U_{S1} = 100\,V$，$I_{S2} = 0.5\,A$，试利用电源等效变换求电阻 R_3 中的电流 I。

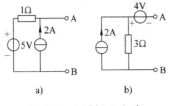

图 1-58 习题 1-7 电路

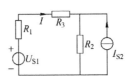

图 1-59 习题 1-8 电路

1-9 已知电路如图 1-60 所示，试将其等效为一个电压源电路并画出。

1-10 已知电路如图 1-61 所示，试将其等效为一个电流源电路并画出。

1-11 已知电路如图 1-62 所示，$R_1 = 1\,\Omega$，$R_2 = 3\,\Omega$，$R_3 = 10\,\Omega$，$R = 5\,\Omega$，$U_{S1} = 10\,V$，$U_{S2} = 6\,V$，$I_S = 0.5\,A$，试求 R 中的电流 I。

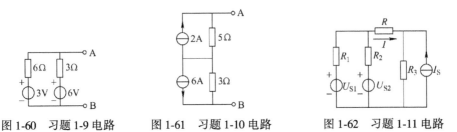

图 1-60 习题 1-9 电路　　图 1-61 习题 1-10 电路　　图 1-62 习题 1-11 电路

1-12 试应用分压公式求图 1-63 所示电路未知电压。

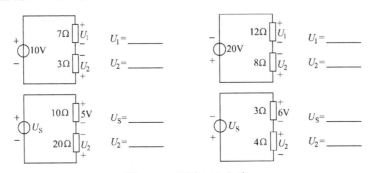

图 1-63 习题 1-12 电路

1-13 试应用分流公式求图 1-64 所示电路未知电流。

1-14 已知电路如图 1-65 所示。

图 1-65a 中，若 $R_1 \rightarrow \infty$，则 $U_1 = $ _____；

　　　　　　　若 $R_2 \rightarrow \infty$，则 $U_1 = $ _____。

图 1-65b 中，若 $R_1 \rightarrow \infty$，则 $I_1 = $ _____；

　　　　　　　若 $R_2 \rightarrow \infty$，则 $I_1 = $ _____。

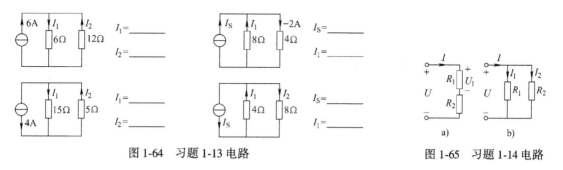

图 1-64　习题 1-13 电路

图 1-65　习题 1-14 电路

1-15　试求图 1-66 电路中的未知电流。

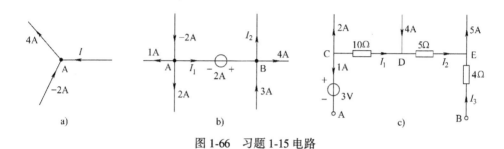

图 1-66　习题 1-15 电路

1-16　求图 1-67 中各未知电流 I。

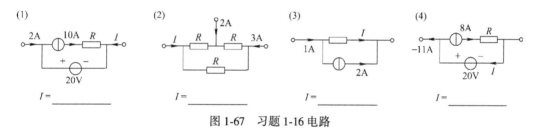

图 1-67　习题 1-16 电路

1-17　求图 1-68 中各 I、U_A、U_B 和 U_{AB}。

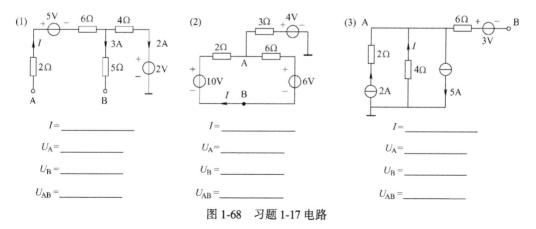

图 1-68　习题 1-17 电路

1-18　已知电路如图 1-69 所示，$U_{S1}=1\,\text{V}$，$U_{S2}=2\,\text{V}$，$U_{S3}=3\,\text{V}$，$I_S=1\,\text{A}$，$R_1=10\,\Omega$，$R_2=3\,\Omega$，$R_3=5\,\Omega$，试求 U_{ab}、U_{Is}。

1-19　已知电路如图 1-70 所示，$R_1=2\,\text{k}\Omega$，$R_2=15\,\text{k}\Omega$，$R_3=51\,\text{k}\Omega$，$U_{S1}=15\,\text{V}$，$U_{S2}=6\,\text{V}$，试求开关 S 断开和闭合后，A 点电位和电流 I_1、I_2。

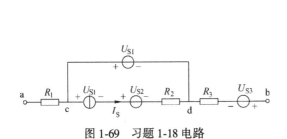

图 1-69　习题 1-18 电路　　　　　图 1-70　习题 1-19 电路

1-20　已知电路如图 1-71 所示，$U_S=-10\,\text{V}$，$R_1=R_4=2\,\Omega$，$R_2=R_3=3\,\Omega$，试求 U_A、U_B 和 U_{AB}。

1-21　已知电路如图 1-72 所示，$R_1=R_2=R_3=R_4=10\,\Omega$，$U_{S1}=10\,\text{V}$，$U_{S2}=20\,\text{V}$，$U_{S3}=30\,\text{V}$，试求 U_{ad}、U_{bc}、U_{ef}。

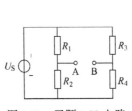 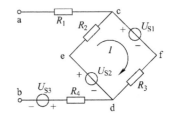

图 1-71　习题 1-20 电路　　　　　图 1-72　习题 1-21 电路

1-22　已知电路如图 1-73 所示，$I_A=I_B=2\,\text{A}$，$R_1=1\,\Omega$，$R_2=2\,\Omega$，$R_3=3\,\Omega$，试求电流 I_1、I_2、I_3 和 I_C。

1-23　已知电路如图 1-74 所示，$R_1=R_2=R_3=R_4=R_5=R_6=2\,\Omega$，$I_{S1}=1\,\text{A}$，$U_{S2}=2\,\text{V}$，$U_{S3}=4\,\text{V}$，$U_{S4}=6\,\text{V}$，$U_{S5}=8\,\text{V}$，$U_{S6}=10\,\text{V}$，试以 o 点为参考点，求 φ_a、φ_b、U_{ab}。

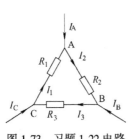 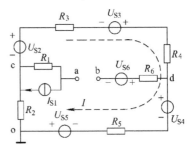

图 1-73　习题 1-22 电路　　　　　图 1-74　习题 1-23 电路

1-24　已知电路如图 1-75 所示，$R_1=2\,\Omega$，$R_2=6\,\Omega$，$R_3=4\,\Omega$，$U_{S1}=20\,\text{V}$，$U_{S3}=26\,\text{V}$，试求支路电流 I_1、I_2、I_3。

1-25 已知电路如图 1-76 所示，$U_S = 24$ V，$R_1 = 200\ \Omega$，$R_2 = 100\ \Omega$，$I_S = 1.5$ A，试用叠加定理求解电流 I。

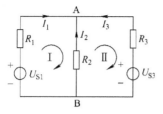 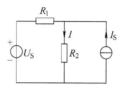

图 1-75 习题 1-24 电路　　　　　图 1-76 习题 1-25 电路

1-26 已知电路如图 1-77 所示，$R_1 = 10\ \Omega$、$R_2 = 50\ \Omega$、$R_3 = 40\ \Omega$、$U_{S1} = 28$ V、$U_{S2} = 5$ V，试用叠加定理求解支路电流 I_1、I_2 和 I_3。

1-27 已知电路如图 1-78 所示，$U_S = 10$ V，$I_S = 2$ A，$R_1 = 5\ \Omega$，$R_2 = R_3 = 3\ \Omega$，$R_4 = 2\ \Omega$，试用叠加定理求解 I_1，I_2。

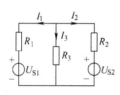 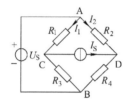

图 1-77 习题 1-26 电路　　　　　图 1-78 习题 1-27 电路

1-28 试求图 1-79 中各电路的 AB 端戴维南等效电路。

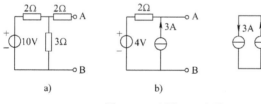

图 1-79 习题 1-28 电路

1-29 已知电路如图 1-80 所示，试求其 AB 端戴维南等效电路。

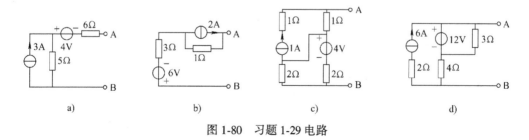

图 1-80 习题 1-29 电路

1-30 已知电路如图 1-81 所示，试求 ab 端戴维南等效电路。

1-31 已知电路如图 1-82 所示，$U_S = 8\text{ V}$，$R_1 = R_2 = R_3 = 2\ \Omega$，$R_4 = 1\ \Omega$，试用戴维南定理求解 R_4 中的电流 I。

1-32 已知电路如图 1-83 所示，$U_{S1} = 24\text{ V}$，$U_{S2} = -6\text{ V}$，$R_1 = 12\ \Omega$，$R_2 = 6\ \Omega$，$R_3 = 4\ \Omega$，试用戴维南定理求电路中的电流 I。

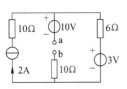
图 1-81 习题 1-30 电路

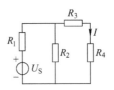
图 1-82 习题 1-31 电路

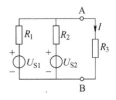
图 1-83 习题 1-32 电路

1-33 已知电路如图 1-84 所示，$U_S = 8\text{ V}$，$I_S = 2\text{ A}$，$R_1 = R_2 = R_3 = 2\ \Omega$，试用戴维南定理求解 I_3。

1-34 已知电路如图 1-85 所示，$U_S = 48\text{ V}$，$R_1 = 2\ \Omega$，$R_2 = R_4 = 3\ \Omega$，$R_3 = 6\ \Omega$，$R_L = 5\ \Omega$，试用戴维南定理求解 I_0。

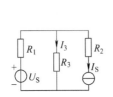
图 1-84 习题 1-33 电路

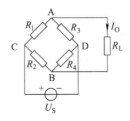
图 1-85 习题 1-34 电路

1-35 已知电路如图 1-86 所示，且电路已处于稳态。$t = 0$ 时，开关 S 断开，试求图中各电路 $u_C(0_+)$、$i_L(0_+)$。

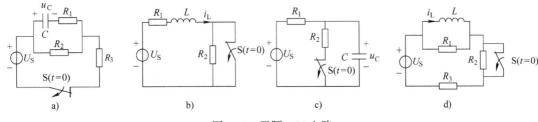
图 1-86 习题 1-35 电路

1-36 电路同题 1-35，若开关 S 原来断开，且电路已处于稳态。$t = 0$ 时合上，试再求图中各电路 $u_C(0_+)$、$i_L(0_+)$。

1-37 电路同题 1-35，试求开关 S 断开后，图中各电路 τ 和 $u_C(\infty)$、$i_L(\infty)$。

1-38 电路同题 1-35，若开关 S 原来断开，且电路处于稳态。$t = 0$ 时合上，图中各电路 τ 和 $u_C(\infty)$、$i_L(\infty)$。

1-39 已知电路如图 1-87 所示，$U_S = 6\text{ V}$，$R_1 = 3\text{ k}\Omega$，$R_2 = 2\text{ k}\Omega$，$C = 5\ \mu\text{F}$，换路前，电路已处于稳态。$t = 0$ 时，开关 S 闭合，试求 u_C、i_C。

1-40 已知电路如图 1-88 所示，$R = 20\text{ k}\Omega$，$C = 10\ \mu\text{F}$，电容初始电压 $U_{C0} = 10\text{ V}$。$t = 0$

时，开关 S 合上。试求放电时最大电流 $i_{\max}$ 和经过 0.2 s 时电容上电压 u_C。

1-41 已知电路如图 1-89 所示，$R = 50 \Omega$，$L = 10 \text{ H}$，$U_S = 100 \text{ V}$，电感未储能。$t = 0$ 时，开关 S 合上，试求 i_L、u_L、u_R，并画出其波形。

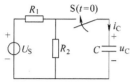

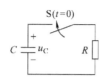
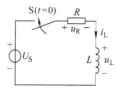

图 1-87 习题 1-39 电路　　图 1-88 习题 1-40 电路　　图 1-89 习题 1-41 电路

1-42 已知电路如图 1-90 所示，$R_1 = R_3 = 10 \Omega$，$R_2 = 5 \Omega$，$U_S = 20 \text{ V}$，$C = 10 \text{ μF}$，电路已达稳态。$t = 0$ 时，开关 S 闭合。试用三要素法求 u_C，并画出波形图。

1-43 已知电路如图 1-91 所示，$R_1 = 15 \Omega$，$R_2 = R_3 = 10 \Omega$，$U_S = 10 \text{ V}$，$L = 16 \text{ mH}$，电路已达稳态。$t = 0$ 时，开关 S 闭合。试用三要素法求 i_L，并画出波形图。

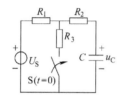
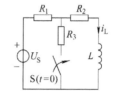

图 1-90 习题 1-42 电路　　　　图 1-91 习题 1-43 电路

第2章　正弦交流电路

【本章要点】

- 正弦量三要素
- 两个同频率正弦量之间的相位差及越前、滞后、正交、同相和反相概念
- 感抗和容抗
- 电阻、电感、电容两端电压与电流之间的大小和相位关系
- RLC 串联电路电压与电流之间的大小和相位关系
- 有功功率、无功功率和视在功率
- 提高功率因数的意义和方法
- 串联谐振电路的特点
- 电感线圈与电容并联谐振电路的特点
- 三相电路连接方式及其特点
- 安全用电基本知识

　　大小和方向均变化的电流称为交流电，而按正弦规律变化的交流电称为正弦交流电。我们平日使用的电能主要是正弦交流电，而发电厂发出的电能一般也是正弦交流电，因此，正弦交流电在理论和实践中均占有十分重要的地位。

2.1　正弦交流电路基本概念

2.1.1　正弦量三要素

　　正弦量有正弦交流电压和正弦交流电流，现以正弦交流电流为例分析。设某一正弦交流电流 i，流过一个二端元件，如图 2-1a 所示，箭头所指为其电流参考方向。由于正弦交流电流是正负交变的，因此，若实际方向与参考方向一致，则电流为正值；若实际方向与参考方向相反，则电流为负值。其电流波形如图 2-1b 所示。该电流可用下式表示：

$$i(t) = I_{\mathrm{m}}\sin(\omega t + \varphi) \qquad (2\text{-}1)$$

　　$i(t)$ 是时间 t 的函数，将某一时刻 t 值代入 $i(t)$，就得到 $i(t)$ 的瞬时值。$i(t)$ 常用 i 表示。从式(2-1)中可看出，确定一个正弦量必须具备三个要素：幅值 I_{m}、角频率 ω 和初相位 φ。

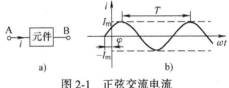

图 2-1　正弦交流电流

a) 二端元件　b) 电流波形

　　1. 幅值 I_{m} 和有效值 I

　　幅值 I_{m} 也是正弦交流电流的最大值、振幅值。对于一个确定的正弦交流电流，其振幅值是固定的。因此用大写字母 I_{m} 表示，下标 m 表示幅值。

对于正弦交流电流，该要素也常用与 I_m 有恒定倍率关系的电流有效值 I 表示。

有效值是根据电流热效应确定的。其定义为：若交流电流 i 通过电阻 R 在一个周期内所产生的热量与直流电流 I 在同一条件下所产生的热量相等，则这个直流电流 I 的数值称为交流电流 i 的有效值。$Q=I^2RT=\int_0^T i^2Rdt$，即：

$$I=\sqrt{\frac{1}{T}\int_0^T i^2dt} \tag{2-2}$$

其中，T 为该正弦电流周期。对于正弦交流电流，设 $i=I_m\sin\omega t$，则有：

$$I=\sqrt{\frac{1}{T}\int_0^T (I_m\sin\omega t)^2dt}=\frac{I_m}{\sqrt{2}}=0.707I_m \tag{2-3}$$

式 (2-3) 表明，对于正弦交流电流，其幅值与有效值之间有着固定的倍率关系，即 $I_m=\sqrt{2}I$。对于我国民用正弦交流电，220 V 是该正弦交流电压有效值，220 V×$\sqrt{2}$≈311 V 是其幅值，这两个数值应予记忆。但是，特别需要指出的是，幅值与有效值之间 $\sqrt{2}$ 倍的关系仅适用于正弦交流电流电压 (注：还有一种在电子技术中出现的全波整流电流电压也适用)，除此外，其余交流电流电压幅值与有效值之间均无 $\sqrt{2}$ 倍的关系，求有效值需按式 (2-2) 计算。

2. 角频率 ω、频率 f 和周期 T

角频率 ω 表示在单位时间内正弦量所经历的电角度。

$$\omega=\frac{\alpha}{t} \tag{2-4}$$

ω 的单位为弧度/秒，用符号 rad/s 表示。由于正弦量在一个周期内经历的电角度为 2π，因此有：

$$\omega=\frac{2\pi}{T}=2\pi f \tag{2-5}$$

其中，T 为正弦电流的周期，是周期性交变量循环一周所需的时间，如图 2-1b 中所示。f 是频率，$f=1/T$，单位为赫 [兹]，用 Hz 表示。我国电厂发出的正弦交流电频率，称为"工频"。$f=50$ Hz，$T=0.02$ s，$\omega=2\pi f=2\pi\times50$ rad/s $=100\pi$ rad/s ≈314 rad/s。

3. 相位和初相位 φ

正弦量某一时刻的电角度称为相位角，简称相位，相位是时间 t 的函数，用 $(\omega t+\varphi)$ 表示。而相位表达式中的 φ 称为初相位，即 $t=0$ 时刻的相位。相位和初相位均与计时起点有关，为此，做出如下规定：

① 初相位 $|\varphi|\le180°$。正弦量为周期性函数，有无数个零点，这条规定使无数个零点只剩 $t=0$ (坐标原点) 左右两个最近的零点 A 和 B，如图 2-2b、c 所示。

② 以正弦值由负变正时的一个零点作为确定初相位的零点。这条规定选择两个零点 A 和 B 中的一个作为确定初相位的零点。在图 2-2b 中是 A，在图 2-2c 中是 B。

需要说明的是，正弦量的初相位有正有负，正负取决于 $t=0$ 的正弦值。若 $t=0$ 时，正弦函数值为正，则 $\varphi>0$，如图 2-2b 所示，$i=I_m\sin(\omega t+60°)$；若 $t=0$ 时，正弦函数值为负，则 $\varphi<0$，如图 2-2c 所示，$i=I_m\sin(\omega t-60°)$。

【例 2-1】 已知下列正弦量表达式，试求其幅值和初相。

（1） $u=100\sin(\omega t+240°)$ V

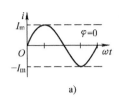 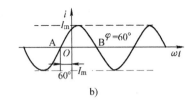 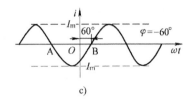

图 2-2 确定正弦量初相位示意图

a) $\varphi=0$ b) $\varphi=60°$ c) $\varphi=-60°$

（2）$i=-2\sin(\omega t-60°)$ A

解:（1）$U_m=100$ V；由于 $|\varphi|\leqslant180°$，240° 显然不符合要求。按照三角函数中正负角度的概念，240° 即 -120°，如图 2-3 所示，因此，$\varphi=-120°$。

$|\varphi|>180°$ 的具体计算方法：可将 $\varphi\pm360°$。φ 为负值时，$\varphi+360°$；φ 为正值时，$\varphi-360°$。

本题 $\varphi=240°$，因此，$\varphi=240°-360°=-120°$。

（2）$I_m=2$ A，正弦量幅值定义为正弦量的振幅，振幅恒为正值。至于 "-" 号，表示反相，即实际初相位比 φ 角超前或滞后 180°。

图 2-3 初相位角换算

"-" 号的具体计算方法：可将 $\varphi\pm180°$。φ 为负值时，$\varphi+180°$；φ 为正值时，$\varphi-180°$。

本题 $\varphi=-60°$，因此，$\varphi=-60°+180°=120°$。

【例 2-2】 正弦电压 $u_{ab}=311\sin\left(\omega t+\dfrac{\pi}{4}\right)$ V，$f=50$ Hz，试求：（1）$t=2$ s；（2）$\omega t=\pi$ 时，u_{ab} 值及其电压实际方向。

解: $f=50$ Hz，$\omega=2\pi f=2\pi\times50$ rad/s $=100\pi$ rad/s

（1）$u_{ab}=311\sin\left(\omega t+\dfrac{\pi}{4}\right)$ V $=311\sin\left(100\pi\times2+\dfrac{\pi}{4}\right)$ V $=311\sin\dfrac{\pi}{4}$ V $=220$ V

u_{ab} 为正值，表明 $t=2$ s 时，其实际方向与参考方向一致，即 a→b。

（2）$u_{ab}=311\sin\left(\omega t+\dfrac{\pi}{4}\right)$ V $=311\sin\left(\pi+\dfrac{\pi}{4}\right)$ V $=-220$ V

u_{ab} 为负值，表明 $\omega t=\pi$ 时，其实际方向与参考方向相反，即 b→a。

4. 同频率正弦量之间的相位差

两个同频率正弦量之间的相位之差，称为相位差。

设两个同频率正弦量 u 和 i，其表达式分别为 $u=U_m\sin(\omega t+\varphi_u)$、$i=I_m\sin(\omega t+\varphi_i)$，则 u 与 i 相位差：

$$\varphi=(\omega t+\varphi_u)-(\omega t+\varphi_i)=\varphi_u-\varphi_i \qquad (2\text{-}6)$$

上式表明，两个同频率正弦量之间的相位差即为其初相之差，与 ωt 无关。就像两个人在环形运动场内同向长跑，如果速度相等，那么他们之间的距离始终不变，等于他们之间的初始距离。但若他们的速度不相等，那么他们之间的距离就在不断变化。同理，两个不同频率正弦量之间的相位差也在不断变化，不是一个常数。因此，两个不同频率的正弦量一般不比较相位。

按式(2-6)，两个同频率正弦量之间的相位差一般有以下几种情况。

（1）超前：若 $\varphi = \varphi_u - \varphi_i > 0$，则称 u 超前 i（或 i 滞后 u），如图 2-4a 所示。

（2）滞后：若 $\varphi = \varphi_u - \varphi_i < 0$，则称 u 滞后 i（或 i 超前 u），如图 2-4b 所示。

（3）正交：若 $\varphi = \varphi_u - \varphi_i = \pm 90°$，则称 u 与 i 正交，如图 2-4c 所示。

（4）同相：若 $\varphi = \varphi_u - \varphi_i = 0$，则称 u 与 i 同相，如图 2-4d 所示。

（5）反相：若 $\varphi = \varphi_u - \varphi_i = \pm 180°$，则称 u 与 i 反相，如图 2-4e 所示。

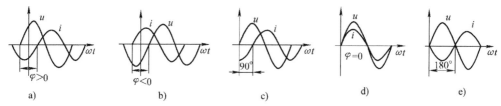

图 2-4　两个同频率正弦量之间的相位关系

a）u 超前 i　b）u 滞后 i　c）正交　d）同相　e）反相

2.1.2　正弦量的相量表示法

在数学中，我们已学过正弦量之间的加减乘除运算，但其方法较为烦琐。根据数学中极坐标和复数概念，可用相量和复数表示正弦量，再借助于计算器中极坐标与直角坐标直接转换功能，可以较为方便的解决正弦量之间的加减乘除问题。

1. 相量表达形式

设正弦电压

$$u = \sqrt{2}\,U\sin(\omega t + \varphi) \tag{2-7}$$

用相量表示：$\dot{U}_m = U_m\underline{/\varphi}$ 或 $\dot{U} = U\underline{/\varphi}$。其中 $\dot{U}_m$ 和 $\dot{U}$ 表示电压相量，加"·"以示与 U_m 和 U 的区别。该式中包含了正弦量三要素中的两个要数：幅值和初相位角。而另一个要素角频率，一般不需考虑，因为正弦量之间的运算一般只在同频率之间进行。

正弦量用相量图如图 2-5 所示。正弦相量置于复平面上，$+1$ 和 $+j$ 为复平面横轴和纵轴单位长度量，相量 $\dot{U}$ 的长度代表正弦量有效值 U（用 $\dot{U}_m$ 表示时，相量 $\dot{U}_m$ 的长度代表幅值 U_m），其与横轴之间的夹角 φ 代表正弦量初相位角。

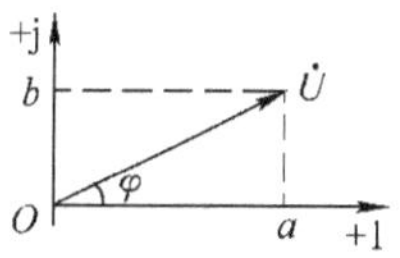

图 2-5　正弦量相量图

相量 $\dot{U}$ 的表达形式通常有两种：极坐标形式和直角坐标形式。

（1）极坐标形式：

$$\dot{U} = U\underline{/\varphi} \tag{2-7a}$$

（2）直角坐标形式：

$$\dot{U} = a + jb \tag{2-7b}$$

其中，a、b 分别为 $\dot{U}$ 在复平面横轴和纵轴上的投影，$a = U\cos\varphi$，$b = U\sin\varphi$；$U = \sqrt{a^2 + b^2}$，$\varphi = \arctan\dfrac{b}{a}$。

需要说明的是，正弦量用相量表示，仅是表示而已。正弦量是时间 t 的函数，相量未表达出是时间 t 的函数，且也仅表示了正弦量三要素中的两个要素。而相量的直角坐标形式是一个复数，复数与正弦量是两个完全不同的数学概念，复数是一个数，不是时间 t 的函数。用相量(极坐标形式和复数形式)表示正弦量，主要是借助其运算方法，便于解决正弦量之间的加减乘除问题。而且，当两个同频率的正弦相量置于同一复平面上时，可一目了然地比较它们的大小(长度)和相位关系(初相位角、超前滞后)。

2. 相量运算

(1) 相量加(减)法。相量加(减)法应将其化成直角坐标形式(即复数形式)，实部加(减)实部、虚部加(减)虚部，然后再化成极坐标形式。

【例 2-3】 已知 $i_1 = 10\sqrt{2}\sin(\omega t + 36.9°)$ A，$i_2 = 5\sqrt{2}\sin(\omega t - 53.1°)$ A。试求：
1) $i_3 = i_1 + i_2$；2) $i_4 = i_1 - i_2$；3) 画出 $\dot{I}_1$、$\dot{I}_2$、$\dot{I}_3$、$\dot{I}_4$ 相量图。

解：根据 i_1、i_2 写出其相量式。

$$\dot{I}_1 = 10\ \underline{/36.9°}\ \text{A} = (8+j6)\,\text{A}, \quad \dot{I}_2 = 5\ \underline{/-53.1°}\ \text{A} = (3-j4)\,\text{A}$$

1) $\dot{I}_3 = \dot{I}_1 + \dot{I}_2 = [(8+j6)+(3-j4)]\,\text{A} = (11+j2)\,\text{A} = 11.2\ \underline{/10.3°}\ \text{A}$

因此，$i_3 = 11.2\sqrt{2}\sin(\omega t + 10.3°)$ A

2) $\dot{I}_4 = \dot{I}_1 - \dot{I}_2 = [(8+j6)-(3-j4)]\,\text{A} = (5+j10)\,\text{A} = 11.2\ \underline{/63.4°}\ \text{A}$

因此，$i_4 = 11.2\sqrt{2}\sin(\omega t + 63.4°)$ A

3) 画出的 $\dot{I}_1 \sim \dot{I}_4$ 相量图如图 2-6 所示。其中 $\dot{I}_4$ 可认为 $\dot{I}_4 = \dot{I}_1 - \dot{I}_2 = \dot{I}_1 + (-\dot{I}_2)$，可先求出 $-\dot{I}_2$，然后再求 $\dot{I}_1 + (-\dot{I}_2)$。

(2) 相量乘(除)法。相量乘(除)法应将其化成极坐标形式，然后模相乘(除)，幅角相加(减)。

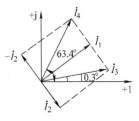

图 2-6 例 2-3 相量图

【例 2-4】 已知相量 $\dot{A} = 8-j6$，$\dot{B} = 6+j8$，试求：$\dot{Y}_1 = \dot{A}\dot{B}$ 和 $\dot{Y}_2 = \dot{A}/\dot{B}$。

解：将相量 $\dot{A}$、$\dot{B}$ 直角坐标形式化成极坐标形式：

$$\dot{A} = 8-j6 = 10\ \underline{/-36.9°}, \quad \dot{B} = 6+j8 = 10\ \underline{/53.1°}$$

$$\dot{Y}_1 = \dot{A}\dot{B} = 10\ \underline{/-36.9°} \times 10\ \underline{/53.1°} = 10\times10\ \underline{/-36.9°+53.1°} = 100\ \underline{/16.2°}$$

$$\dot{Y}_2 = \frac{\dot{A}}{\dot{B}} = \frac{10\ \underline{/-36.9°}}{10\ \underline{/53.1°}} = \frac{10}{10}\underline{/-36.9°-53.1°} = 1\ \underline{/-90°}$$

需要说明的是，在相量中有 4 个单位相量：$1\ \underline{/0°} = 1$、$1\ \underline{/90°} = +j$、$1\ \underline{/180°} = 1\ \underline{/-180°} = -1$ 和 $1\ \underline{/-90°} = -j$。按照相量乘法规则，一个相量乘以 j 相当于将该量逆时针旋转 90°；乘以(-j)相当于将该量顺时针旋转 90°；乘以(-1)相当于将该量旋转 +180° 或 -180°。另外，按正弦量初相位表达要求，相量极坐标形式中的幅角 $|\varphi| \leqslant 180°$，若超出 $\pm180°$，应等效化简。

【复习思考题】

2.1 什么叫角频率 ω? ω 的单位是什么？与频率 f、周期 T 有何关系？"工频"的频率、周期和角频率是多少？

2.2 比较两个正弦量之间的相位差时，什么叫超前、滞后、正交、同相和反相？

2.3 电流有效值是根据什么定义的？写出其表达式。正弦电流有效值与幅值之间有何关系？非正弦电流有效值与幅值之间是否也有此关系？

2.4 为什么要用相量表示正弦量？

2.2 正弦交流电路中的电阻、电感和电容

正弦交流电路中，电阻、电感和电容的伏安关系与直流电路中有所不同。

2.2.1 纯电阻正弦交流电路

1. 伏安关系

纯电阻正弦交流电路如图 2-7a 所示，取 u_R、i_R 为关联参考方向，根据欧姆定律，有：

$$u_R = i_R R \tag{2-8}$$

若 $i_R = I_R\sqrt{2}\sin(\omega t + \varphi)$，则 $u_R = I_R R\sqrt{2}\sin(\omega t + \varphi) = U_R\sqrt{2}\sin(\omega t + \varphi)$，其中 $U_R = I_R R$。该式表明，在正弦交流电路中，电阻两端电压 u_R 与流过电阻的电流 i_R 是同频率同相位的正弦量，其波形图如图 2-7b 所示。

2. 相量式和相量图

图 2-7a 电路可用图 2-8a 相量形式的电路表示，则有：

$$\dot{U}_R = \dot{I}_R R \tag{2-9}$$

若 $\dot{I}_R = I_R\underline{/\varphi}$，则 $\dot{U}_R = RI_R\underline{/\varphi} = U_R\underline{/\varphi}$。

式(2-9)中包含了两个信息。

(1) $\dot{U}_R$ 与 $\dot{I}_R$ 的大小关系：

$$U_R = RI_R \tag{2-9a}$$

(2) $\dot{U}_R$ 与 $\dot{I}_R$ 的相位关系：同相。$\dot{U}_R$ 与 $\dot{I}_R$ 相量图如图 2-8b 所示。

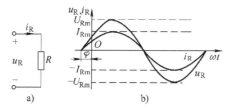

图 2-7　纯电阻正弦交流电路和波形图

a) 交流电路　b) 波形图

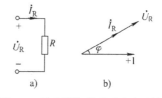

图 2-8　纯电阻相量电路和相量图

a) 相量形式电路　b) 相量图

【例 2-5】　已知纯电阻电路如图 2-7 所示，$R = 100\ \Omega$，$i_R = 2\sqrt{2}\sin(\omega t + 30°)$ A，试求 u_R、$\dot{U}_R$，并画出 $\dot{U}_R$、$\dot{I}_R$ 相量图。

解： 根据 i_R 写出相量式 $\dot{I}_R$，$\dot{I}_R = 2\ \underline{/30°}$ A，

则 $\dot{U}_R = R\dot{I}_R = (100 \times 2\ \underline{/30°})\ \mathrm{V} = 200\ \underline{/30°}\ \mathrm{V}$，

$$u_R = 200\sqrt{2}\sin(\omega t + 30°)\ \mathrm{V}$$

画出的相量图如图 2-8b 所示，其中 φ 角为 30°。

2.2.2 纯电感正弦交流电路

1. 伏安关系

纯电感正弦交流电路如图 2-9a 所示，取 u_L、i_L 关联参考方向，从 1.2.3 节中得出，电感

元件两端电压 u_L 与流过电感中电流 i_L 之间的关系为：$u_L = L\dfrac{\mathrm{d}i_L}{\mathrm{d}t}$。

若 $i_L = I_L\sqrt{2}\sin(\omega t + \varphi_i)$，则 $u_L = L\dfrac{\mathrm{d}i_L}{\mathrm{d}t} = \omega L I_L\sqrt{2}\sin(\omega t + \varphi_i + 90°) = U_L\sqrt{2}\sin(\omega t + \varphi_u)$

其中，$U_L = \omega L I_L = X_L I_L$，$\varphi_u = \varphi_i + 90°$。该式表明，在正弦交流电感电路中，电感两端电压 u_R 与流过电感中电流 i_L 是同频率不同相位的正弦量，u_L 超前 i_L 90°，其波形图如图 2-9b 所示。

2. 感抗

X_L 称为感抗，单位 Ω。感抗是电感对交流电流阻碍作用的一个物理量。

$$X_L = \omega L \tag{2-10}$$

上式表明，角频率 ω 越高，感抗越大。对于直流电流来讲，$\omega = 0$，感抗 X_L 也等于零。因此，电感对直流相当于短路。

3. 相量式和相量图

图 2-9a 电路可用图 2-10a 相量形式的电路表示，$\dot{U}_L$、$\dot{I}_L$ 仍取关联参考方向，则有

$$\dot{U}_L = \mathrm{j}X_L\dot{I}_L = \mathrm{j}\omega L\dot{I}_L \tag{2-11}$$

式中，乘以 j 代表逆时针旋转 90°，若 $\dot{I}_L = I_L\underline{/\varphi_i}$，则 $\dot{U}_L = \mathrm{j}X_L\dot{I}_L = X_L I_L\underline{/\varphi_i + 90°} = U_L\underline{/\varphi_u}$。因此，式(2-11)包含了两个信息：

(1) $\dot{U}_L$ 与 $\dot{I}_L$ 的大小关系：

$$U_L = X_L I_L \tag{2-11a}$$

(2) $\dot{U}_L$ 与 $\dot{I}_L$ 的相位关系：

$$\varphi_u = \varphi_i + 90° \tag{2-11b}$$

即电压 $\dot{U}_L$ 超前电流 $\dot{I}_L$ 90°，$\dot{U}_L$ 与 $\dot{I}_L$ 的相位关系如图 2-10b 所示。

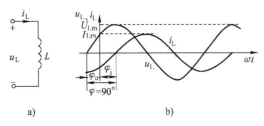

图 2-9 纯电感正弦交流电路和波形图

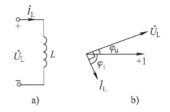

图 2-10 纯电感相量电路和相量图

【例 2-6】 已知纯电感电路如图 2-9a 所示，$L = 2\mathrm{H}$，$i_L = 1.44\sin(100t - 60°)\,\mathrm{A}$，试求 X_L、u_L、$\dot{U}_L$，并画出 $\dot{U}_L$、$\dot{I}_L$ 相量图。

解： $X_L = \omega L = (100 \times 2)\,\Omega = 200\,\Omega$，

根据 i_L 写出相量式 $\dot{I}_{Lm}$，$\dot{I}_{Lm} = 1.44\underline{/-60°}\,\mathrm{A}$，

$$\dot{U}_{Lm} = \mathrm{j}X_L\dot{I}_{Lm} = (200 \times 1.44\underline{/-60° + 90°})\,\mathrm{V} = 288\underline{/30°}\,\mathrm{V}$$

$$\dot{U}_L = \frac{\dot{U}_{Lm}}{\sqrt{2}} = \frac{288\underline{/30°}}{\sqrt{2}}\mathrm{V} = 203.6\underline{/30°}\,\mathrm{V}$$

说明：相量既可用有效值形式表示，也可用幅值形式表示。但等式两边应统一，且幅值等于 $\sqrt{2}$ 倍有效值。

$$u_L = 288\sin(100t + 30°)\ \text{V}$$

画出的相量图如图 2-10b 所示，其中 $\varphi_u = 30°$，$\varphi_i = -60°$，$\dot{U}_L$ 超前 $\dot{I}_L$ 90°。

2.2.3 纯电容正弦交流电路

1. 伏安关系

纯电容正弦交流电路如图 2-11 所示，取 u_C、i_C 为关联参考方向，从 1.2.2 节中得出，电容元件两端电压 u_C 与流过电容电流 i_C 之间的关系为：$i_C = C\dfrac{\mathrm{d}u_C}{\mathrm{d}t}$。

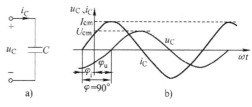

图 2-11　纯电容正弦交流电路和波形图

若 $u_C = U_C\sqrt{2}\sin(\omega t + \varphi_u)$，则 $i_C = C\dfrac{\mathrm{d}u_C}{\mathrm{d}t} =$

$\omega C U_C\sqrt{2}\sin(\omega t + \varphi_u + 90°) = I_C\sqrt{2}\sin(\omega t + \varphi_i)$，其中 $I_C = \omega C U_C = \dfrac{U_C}{X_C}$，$\varphi_i = \varphi_u + 90°$。该式表明，在正弦交流电容电路中，流过电容的电流与电容两端电压是同频率不同相位的正弦量，i_C 超前 u_C 90°，其波形图如图 2-11b 所示。

2. 容抗

X_C 称为容抗，单位 Ω。容抗是电容对交流电流阻碍作用的一个物理量。

$$X_C = \frac{1}{\omega C} \tag{2-12}$$

上式表明，角频率 ω 越高，容抗越小。对于直流电流来讲，$\omega = 0$，容抗 $X_C \to \infty$。因此，电容对直流相当于开路。

3. 相量式和相量图

图 2-11a 电路可用图 2-12a 相量形式的电路表示，$\dot{U}_C$、$\dot{I}_C$ 仍取关联参考方向，则有

$$\dot{U}_C = -\mathrm{j}X_C\dot{I}_C \tag{2-13}$$

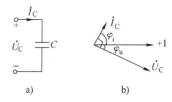

图 2-12　纯电容相量电路和相量图

式中，乘以 $(-\mathrm{j})$ 代表相量顺时针旋转 90°，若 $\dot{I}_C = I_C\underline{/\varphi_i}$，则 $\dot{U}_C = -\mathrm{j}X_C\dot{I}_C = X_C I_C\underline{/\varphi_i - 90°} = U_C\underline{/\varphi_u}$，因此，式 (2-13) 包含了两个信息：

(1) $\dot{U}_C$ 与 $\dot{I}_C$ 的大小关系：

$$U_C = X_C I_C \tag{2-13a}$$

(2) $\dot{U}_C$ 与 $\dot{I}_C$ 的相位关系：

$$\varphi_u = \varphi_i - 90° \tag{2-13b}$$

即电压 $\dot{U}_C$ 滞后电流 $\dot{I}_C$ 90°，$\dot{U}_C$ 与 $\dot{I}_C$ 的相位关系如图 2-12b 所示。

【例 2-7】 已知纯电容电路如图 2-11a 所示，$C = 2\,\mu\text{F}$，$f = 50\,\text{Hz}$，$u_C = 10\sqrt{2}\sin(\omega t - 30°)\ \text{V}$，试求 X_C、i_C、$\dot{U}_C$，并画出 $\dot{U}_C$、$\dot{I}_C$ 相量图。

解：$X_C = \dfrac{1}{\omega C} = \dfrac{1}{2\pi f C} = \dfrac{1}{2\pi \times 50 \times 2 \times 10^{-6}}\ \Omega = 1592\ \Omega$，

根据 u_c 写出相量式 $\dot{U}_C$，$\dot{U}_C = 10 \underline{/-30°}$ V，

$$\dot{I}_C = \frac{\dot{U}_C}{-\mathrm{j}X_C} = \frac{10 \underline{/-30°}}{1592 \underline{/-90°}}\mathrm{A} = 6.28 \underline{/60°} \ \mathrm{mA}$$

$$i_C = 6.28\sqrt{2}\sin(\omega t + 60°) \ \mathrm{mA}$$

画出的 $\dot{U}_C$、$\dot{I}_C$ 相量图如图 2-12b 所示，其中 $\varphi_i = 60°$，$\varphi_u = -30°$，$\dot{U}_C$ 滞后 $\dot{I}_C$ 90°。

【复习思考题】

2.5 感抗、容抗与频率有何关系？

2.6 正弦交流电路中，电感、电容两端的电压与流过的电流之间的相位有什么关系？

2.2.4 *RLC* 串联正弦交流电路

RLC 串联正弦交流电路如图 2-13a 所示，若用相量形式表示，如图 2-13b 所示。

1. 伏安关系解析式

按图 2-13a，电压 u 与电流 i 取关联参考方向，则有：

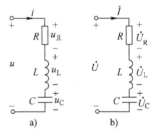

图 2-13 *RLC* 串联
正弦交流电路

$$u = u_R + u_L + u_C = Ri + L\frac{\mathrm{d}i}{\mathrm{d}t} + \frac{1}{C}\int i\,\mathrm{d}t \qquad (2\text{-}14)$$

2. 相量式

若用相量表示，则有：

$$\dot{U} = \dot{U}_R + \dot{U}_L + \dot{U}_C = R\dot{I} + \mathrm{j}X_L\dot{I} + (-\mathrm{j}X_C)\dot{I} = [R + \mathrm{j}(X_L - X_C)]\dot{I} = (R + \mathrm{j}X)\dot{I} = Z\dot{I} \qquad (2\text{-}15)$$

其中，X 称为电抗，$X = X_L - X_C$，$Z = R + \mathrm{j}X$。式(2-15)与 1.3.1 节所述欧姆定律相比，形式相同，仅用 Z 替代 R，用电压相量 $\dot{U}$ 和电流相量 $\dot{I}$ 替代 u 和 i。因此，式(2-15)是欧姆定律的相量形式。

3. 复阻抗

Z 称为复阻抗，简称阻抗，单位 Ω。

$$Z = R + \mathrm{j}X = R + \mathrm{j}(X_L - X_C) = |Z| \underline{/\varphi} \qquad (2\text{-}16)$$

$|Z|$ 称为复阻抗模，简称阻抗模，

$$|Z| = \sqrt{R^2 + X^2} = \sqrt{R^2 + (X_L - X_C)^2} \qquad (2\text{-}16\text{a})$$

φ 称为阻抗角，

$$\varphi = \varphi_u - \varphi_i = \arctan\frac{X}{R} = \arctan\frac{X_L - X_C}{R} \qquad (2\text{-}16\text{b})$$

需要指出的是，复阻抗 Z 不是正弦相量，而是一个复数，因此 Z 上面无 "·"。但可以写成极坐标形式和直角坐标形式，与电压相量和电流相量进行乘(除)运算。写成直角坐标形式时，其实部为电阻 R，虚部为电抗 X。

4. 相量图

RLC 串联正弦交流电路相量图根据 X_L 与 X_C 的大小可分为 3 种情况，即 $X_L > X_C$、$X_L < X_C$ 和 $X_L = X_C$。

(1) $X_L > X_C$，即 $X > 0$，$\varphi > 0$，此时电路呈电感性，简称呈感性，$U_L > U_C$，如图 2-14a 所示。

（2）$X_L < X_C$，即 $X < 0$，$\varphi < 0$，此时电路呈电容性，简称呈容性，$U_L < U_C$，如图 2-14b 所示。

（3）$X_L = X_C$，即 $X = 0$，$\varphi = 0$，此时电路呈电阻性，简称呈阻性，$U_L = U_C$，如图 2-14c 所示。

5. 电压三角形和阻抗三角形

从图 2-14 中可以看出，U_R、$|U_L - U_C|$ 和 U 组成了电压直角三角形的三条边。三者的大小关系符合勾股定理，即 $U^2 = U_R^2 + (U_L - U_C)^2$。而从式（2-16a）中可得出 R、X 与 $|Z|$ 也符合勾股定理：$|Z|^2 = R^2 + X^2 = R^2 + (X_L - X_C)^2$，$R$、$X$ 与 $|Z|$ 组成了阻抗直角三角形，如图 2-15 所示。且两个直角三角形的一个锐角均为阻抗角 φ。因此，电压三角形与阻抗三角形是相似三角形。

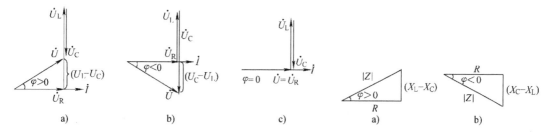

图 2-14 RLC 串联正弦交流电路 3 种情况相量图 　　图 2-15 阻抗直角三角形

【例 2-8】 已知 RLC 串联电路如图 2-13 所示，$R = 20\,\Omega$，$L = 0.1\,\text{H}$，$C = 80\,\mu\text{F}$，$f = 50\,\text{Hz}$，$\dot{U} = 110\,\underline{/0°}\,\text{V}$，试求电流 $\dot{I}$、$\dot{U}_R$、$\dot{U}_L$ 和 $\dot{U}_C$，并画出相量图。

解：
$$X_L = 2\pi f L = (2\pi \times 50 \times 0.1)\,\Omega = 31.4\,\Omega$$

$$X_C = \frac{1}{2\pi f C} = \frac{1}{2\pi \times 50 \times 80 \times 10^{-6}}\,\Omega = 39.8\,\Omega$$

$$Z = R + j(X_L - X_C) = [20 + j(31.4 - 39.8)]\,\Omega = (20 - j8.4)\,\Omega = 21.7\,\underline{/-22.8°}\,\Omega$$

$$\dot{I} = \frac{\dot{U}}{Z} = \frac{110\,\underline{/0°}}{21.7\,\underline{/-22.8°}}\,\text{A} = 5.07\,\underline{/22.8°}\,\text{A}$$

$$\dot{U}_R = \dot{I}R = (5.07\,\underline{/22.8°} \times 20)\,\text{V} = 101.4\,\underline{/22.8°}\,\text{V}$$

$$\dot{U}_L = jX_L\dot{I} = (5.07\,\underline{/22.8°} \times 31.4\,\underline{/90°})\,\text{V} = 159.2\,\underline{/112.8°}\,\text{V}$$

$$\dot{U}_C = -jX_C\dot{I} = (5.07\,\underline{/22.8°} \times 39.8\,\underline{/-90°})\,\text{V} = 201.8\,\underline{/-67.2°}\,\text{V}$$

画出的 $\dot{I}$、$\dot{U}_R$、$\dot{U}_L$、$\dot{U}_C$ 和 $\dot{U}$ 相量图如图 2-16 所示。

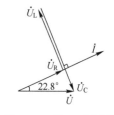

图 2-16 例 2-8 相量图

2.3 正弦交流电路功率

2.3.1 正弦交流电路功率基本概念

正弦交流电路的功率和能量转换比直流电路要复杂，有瞬时功率、无功功率、有功功率、视在功率和功率因数等多种概念。

1. 瞬时功率

设一个二端网络，其端口电压为 $u=\sqrt{2}\,U\sin\omega t$，端口电流为 $i=\sqrt{2}\,I\sin(\omega t-\varphi)$ 其中，φ 为 u 与 i 相位差角，且 u、i 参考方向取关联参考方向，则该二端网络吸收功率为

$$p=ui=\sqrt{2}\,U\sin\omega t\times\sqrt{2}\,I\sin(\omega t-\varphi)$$
$$=UI\cos\varphi-UI\cos(2\omega t-\varphi) \qquad (2\text{-}17)$$

上式表明，瞬时功率由两部分组成：一部分是恒定分量 $UI\cos\varphi$，也是瞬时功率的平均值；另一部分是二倍频的正弦量 $[-UI\cos(2\omega t-\varphi)]$，如图 2-17 所示。当 u、i 同号（同为正或同为负）时，$p>0$，表明网络从电源吸收能量；当 u、i 异号时，$p<0$，表明网络向电源释放能量。u 与 i 相位差 φ 越大，$p<0$ 部分时间越长，平均值 $UI\cos\varphi$ 值越小。当 $\varphi=90°$ 时，u 与 i 正交，网络为纯电抗电路，平均值 $UI\cos\varphi=0$。

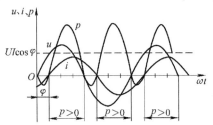

图 2-17 瞬时功率波形图

瞬时功率实用意义不大。工程上更关心瞬时功率中的恒定分量 $UI\cos\varphi$。

2. 有功功率

有功功率也称为平均功率，它是瞬时功率在一个周期内的平均值，即瞬时功率中的恒定分量，用大写字母 P 表示，单位为瓦［特］，符号为 W。

$$P=\frac{1}{T}\int_0^T p\,\mathrm{d}t=UI\cos\varphi \qquad (2\text{-}18)$$

需要注意的是，式 (2-18) 中的 U、I 是电路总电压 u 和总电流 i 的有效值，φ 是总电压 u 与总电流 i 之间的相位差角，且 $\varphi=\varphi_u-\varphi_i$。若用于电路中某一元件，则有：

$$P_R=U_R I_R \cos0°=U_R I_R=\frac{U_R^2}{R}=I_R^2 R \qquad (2\text{-}18a)$$

$$P_L=U_L I_L \cos90°=0 \qquad (2\text{-}18b)$$
$$P_C=U_C I_C \cos(-90°)=0 \qquad (2\text{-}18c)$$

对于纯电阻电路，u_R 与 i_R 同相，即 $\varphi=0$，$\cos\varphi=1$；对于纯电感电路，u_L 超前 i_L 90°，即 $\varphi=90°$，$\cos\varphi=0$；对于纯电容电路，u_C 滞后 i_C 90°，即 $\varphi=-90°$，$\cos\varphi=0$；即电感的有功功率 P_L 和电容的有功功率 P_C 恒为 0。

因此，计算一个二端网络的有功功率时，只需要计算该网络内所有电阻的有功功率之和，而与网络内储能元件无关（但 U、I 值与网络内储能元件是有关的）。

3. 无功功率

无功功率定义为电路中储能元件与外电路之间能量交换的最大速率，用大写字母 Q 表示，单位为乏，符号为 var。

$$Q=UI\sin\varphi \qquad (2\text{-}19)$$

对于感性电路，$\varphi>0$，故 $Q>0$；对于容性电路，$\varphi<0$，故 $Q<0$。

式 (2-19) 中的 U、I、φ 与式 (2-18) 相同。但要注意：$\varphi=\varphi_u-\varphi_i$ 中，不能倒减，否则 Q 性质相反。若用于电路中某一元件，则有：

$$Q_R=U_R I_R \sin0°=0 \qquad (2\text{-}19a)$$

$$Q_L = U_L I_L \sin 90° = U_L I_L = \frac{U_L^2}{X_L} = I_L^2 X_L \qquad (2\text{-}19\text{b})$$

$$Q_C = U_C I_C \sin(-90°) = -U_C I_C = -\frac{U_C^2}{X_C} = -I_C^2 X_C \qquad (2\text{-}19\text{c})$$

因此，计算一个二端网络的无功功率时，只需要计算网络内所有储能元件的无功功率之代数和，而与电阻无关(但 U、I 值与网络内电阻元件是有关的)。$Q = Q_L + Q_C$，由于 Q_C 总是负值，因此，电网络除与外电路或电源交换能量外，还有一部分是在电网络内部的电感和电容之间进行能量交换。

4. 视在功率

视在功率定义为电气设备总的功率容量。电气设备的视在功率不仅体现它的有功功率，还应包括它与外电路或电源交换能量的无功功率。因此能表明电气设备功率总容量的是视在功率。视在功率的符号为 S，单位为伏安，用符号 VA 表示。

$$S = UI \qquad (2\text{-}20)$$

由于 $P = UI\cos\varphi = S\cos\varphi$，$Q = UI\sin\varphi = S\sin\varphi$。因此，$P^2 + Q^2 = S^2$，即：

$$S = \sqrt{P^2 + Q^2} \qquad (2\text{-}20\text{a})$$

上式表明，有功功率、无功功率和视在功率的大小关系符合勾股定理，组成功率直角三角形。该直角三角形的一个锐角为阻抗角 φ。因此，功率三角形与电压三角形、阻抗三角形是相似三角形。

【例 2-9】 已知某正弦交流电路，$\dot{U} = 220 \angle 30°$ V，$\dot{I} = 5 \angle -30°$ A，试求 Z、R、X、P、Q 和 S。

解：$Z = \dfrac{\dot{U}}{\dot{I}} = \dfrac{220 \angle 30°}{5 \angle -30°} \Omega = 44 \angle 60° \ \Omega = (22 + j38.1) \ \Omega$

复阻抗 Z 实部为电阻，虚部为电抗。电抗若为正，即为感抗。因此：$R = 22\Omega$，$X_L = 38.1\Omega$。

有功功率只需计算电阻上的有功功率：$P = I^2 R = (5^2 \times 22)$ W $= 550$ W

无功功率只需计算电感上的无功功率：$Q = I^2 X_L = (5^2 \times 38.1)$ var $= 952.5$ var

视在功率：$S = UI = 5$ V $\times 220$ A $= 1100$ VA

2.3.2 提高功率因数

功率因数是电气设备一个十分重要的参数。

1. 功率因数定义

有功功率与视在功率的比值，称为功率因数，用 λ 表示。

$$\lambda = \cos\varphi = \frac{P}{S} \qquad (2\text{-}21)$$

恒有 $\lambda \leqslant 1$。λ 越大，有功功率占视在功率的比例越大。

2. 提高功率因数的原因

提高功率因数有着很大的经济意义，其主要理由如下：

(1) 减小电能在传输线路中的损耗，提高输电效率。电能在传输线路中的损耗取决于传输线路中的电流(设线路阻抗为定值)，在负载有功功率 P 和电压一定时，功率因数 $\cos\varphi$ 越大，传输线路中的电流 $I = \dfrac{P}{U\cos\varphi}$ 越小，消耗在传输线路中的损耗也就越小，输电效率越高。

（2）可充分利用电源设备的功率容量。电源设备(例如发电机、变压器等)的功率容量是按照其额定电压和额定电流设计的。其中一部分作为有功功率提供给用电设备消耗，另一部分作为无功功率，与用电设备中的储能元件进行能量交换。若用电设备功率因数低，则有功功率所占的比例低，电源设备的功率容量得不到充分利用。例如，一台容量(视在功率)为 1000 kVA 的变压器(电源)，若负载(用电设备)功率因数 $\cos\varphi = 1$，则变压器能输出 1000 kW 的有功功率；若负载功率因数 $\cos\varphi = 0.8$，则变压器只能输出 800 kW 的有功功率。

3. 提高功率因数的方法和工作原理

提高功率因数最简便的方法：在感性负载两端并联电容器。

在实际用电设备中，除阻性负载外，极少有容性负载，大量的负载为感性负载，例如电动机、带有变压器和电动机的家用电器(电冰箱、空调、电视机)等。因此，提高功率因数就是针对这些感性负载，减小整个电路的阻抗角 φ，即增大 $\cos\varphi$ 值。

设电路的感性负载等效为 $(R+j\omega L)$，其两端电压为 $\dot{U}$，未加电容时流过的电流为 $\dot{I_1}$，阻抗角为 φ_1，功率因数为 $\cos\varphi_1$，其电路如图 2-18a 所示。

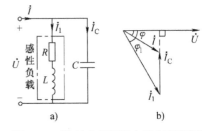

加电容后，电容中电流为 $\dot{I_C}$，电路总电流 $\dot{I} = \dot{I_1} + \dot{I_C}$，画出的相量图如图 2-18b 所示。从相量图中看出，$\dot{I}$ 的长度比 $\dot{I_1}$ 的长度要小，即总电流 I 反而减小了，阻抗角从 φ_1 减小为 φ，即整个电路的功率因数 $\cos\varphi$ 提高了。

图 2-18 提高功率因素电路和相量图
a）并联电容前、后的电路图　b）相量图

其原因是：感性负载在未并联电容器时，只能与电源交换能量；并联电容后，其中一部分改为与电容交换能量，直接与电源交换能量的电流反而减小了，即总电流减小了。

需要说明的是，并联电容提高功率因数(从 $\cos\varphi_1 \rightarrow \cos\varphi$)，有两种可实现的方法：一种如图 2-18b 所示，电路总负载仍为感性；另一种是进一步增大并联电容，使电路总负载为容性，但这样将大大增加成本，一般不用。

4. 并联电容计算方法

并联电容前：$P = UI_1\cos\varphi_1$，$I_1 = \dfrac{P}{U\cos\varphi_1}$

并联电容后：$P = UI\cos\varphi$，$I = \dfrac{P}{U\cos\varphi}$

从图 2-18b 中可得出：

$$I_C = I_1\sin\varphi_1 - I\sin\varphi = \frac{P\sin\varphi_1}{U\cos\varphi_1} - \frac{P\sin\varphi}{U\cos\varphi} = \frac{P}{U}(\tan\varphi_1 - \tan\varphi)，而 I_C = \frac{U}{X_C} = U\omega C，代入解得：$$

$$C = \frac{P}{\omega U^2}(\tan\varphi_1 - \tan\varphi) \tag{2-22}$$

【例 2-10】 已知某感性负载接在 50 Hz、220 V 电源上，吸收有功功率为 50 kW，功率因数为 0.7，现要求将其功率因数提高至 0.9，试求并联电容 C 值和电路总电流。

解：$\cos\varphi_1=0.7$，$\varphi_1=45.6°$，$\tan\varphi_1=1.02$；$\cos\varphi=0.9$，$\varphi=25.8°$，$\tan\varphi=0.484$，

$$C=\frac{P}{\omega U^2}(\tan\varphi_1-\tan\varphi)=\frac{50\times10^3}{2\pi\times50\times220^2}\times(1.02-0.484)\text{F}=1763\ \mu\text{F}$$

并联电容 C 前总电流：$I_1=\dfrac{P}{U\cos\varphi_1}=\dfrac{50\times10^3}{220\times0.7}\text{A}=324.7\ \text{A}$

并联电容 C 后总电流：$I=\dfrac{P}{U\cos\varphi}=\dfrac{50\times10^3}{220\times0.9}\text{A}=252.5\ \text{A}$

上述计算表明，并联电容后，总电流减小了，这将会减少在传输线路中的功率损耗。

【复习思考题】

2.7　$P=UI\cos\varphi$ 中的 U、I、φ 各指电路中的哪个电压、电流、阻抗角？

2.8　什么叫无功功率？什么叫视在功率？与有功功率有什么区别？

2.9　为什么要提高功率因数？如何提高功率因数？

2.4　谐振电路

在 2.2.4 节中，曾提到 RLC 串联电路，电压和电流相位关系可能有 3 种情况，其中一种是电压与电流相位相同，电路呈纯电阻性的状态，这种状态称为电路谐振。本节将进一步研究谐振电路及其特点。

2.4.1　串联谐振电路

串联谐振电路如图 2-19 所示，RLC 串联，外施电压 u_S，角频率 ω。

1. 谐振条件和谐振频率

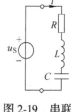

图 2-19　串联谐振电路

$$Z=R+\text{j}(X_L-X_C)=R+\text{j}\left(\omega L-\frac{1}{\omega C}\right) \qquad (2\text{-}23)$$

当 $X_L-X_C=0$，即虚部为零时，u_S 与 i 同相。由 $\left(\omega L-\dfrac{1}{\omega C}\right)=0$，解得：$\omega=$

$\dfrac{1}{\sqrt{LC}}$，此时角频率称为谐振角频率，用 ω_0 表示，则

$$\omega_0=\frac{1}{\sqrt{LC}} \qquad (2\text{-}23\text{a})$$

$$f_0=\frac{1}{2\pi\sqrt{LC}} \qquad (2\text{-}23\text{b})$$

从式（2-23a）中看出，RLC 串联电路谐振角频率是由电路参数 L、C 决定的，与 R 及外施电压 u_S 无关。若 L、C 参数为定值，则 ω_0 是电路的固有参数或称为固有频率。若外施电压 u_S 的角频率不为 ω_0，电路不会发生谐振。只有当 u_S 角频率为 ω_0 时，电路才会发生谐振。

2. 串联谐振电路的主要特点

（1）谐振时，阻抗最小，且为纯电阻。RLC 串联电路谐振时，因 $X=X_L-X_C=0$，谐振阻

抗 $Z_0 = |Z| = \sqrt{R^2 + (X_L - X_C)^2} = R$，为纯电阻。当 ω 偏离 ω_0 时，$X = X_L - X_C \neq 0$，恒有 $|Z| > Z_0$，且不为纯电阻。

（2）谐振时，电路中电流最大，且与外施电源电压同相。谐振时，$\dot{I}_0 = \dfrac{\dot{U}_S}{Z_0}$，$Z_0$ 为纯阻，因此 $\dot{I}_0$ 与 $\dot{U}_S$ 同相；又因 $Z_0 = |Z| = R$ 最小，所以 I_0 最大。

（3）谐振时，电感电压 $\dot{U}_L$ 与电容电压 $\dot{U}_C$ 大小相等，相位相反，且为外施电源电压的 Q 倍；电阻上的电压等于外施电源电压，且相位相同，即 $\dot{U}_{R0} = \dot{U}_S$。

$$U_{L0} = U_{C0} = QU_S \tag{2-24a}$$

$$\dot{U}_{L0} + \dot{U}_{C0} = 0 \tag{2-24b}$$

$$\dot{U}_S = \dot{U}_{R0} + \dot{U}_{L0} + \dot{U}_{C0} = \dot{U}_{R0} \tag{2-24c}$$

式（2-24a）中的 Q 称为品质因数，定义为谐振特性阻抗 $\omega_0 L \left(\text{或} \dfrac{1}{\omega_0 C} \right)$ 与电阻 R 的比值，即：

$$Q = \frac{\omega_0 L}{R} = \frac{1}{\omega_0 CR} = \frac{1}{R}\sqrt{\frac{L}{C}} \tag{2-25}$$

品质因数 Q 是由电路元件参数 R、L、C 决定的一个无量纲的物理量，是谐振电路的一个重要参数，其大小反映了谐振电路的性能。

当 $Q \gg 1$ 时，即有 $U_{L0} = U_{C0} \gg U_S$。在电子工程中，可利用该特性使微弱的激励信号通过串联谐振，在电感或电容上产生比激励信号电压高 Q 倍的响应电压；而在电力工程中却往往有害，串联谐振引起的过电压会引起某些电气设备损坏。因此，串联谐振的应用应区别对待。

注意：不要将无功功率 Q 与品质因数 Q 混淆（均用 Q 表示）。

（4）谐振时，电路无功功率为零。

串联谐振时，电感无功功率 $Q_{L0} = U_{L0} I_0$，电容无功功率 $Q_{C0} = -U_{C0} I_0$，电路总的无功功率 $Q = Q_{L0} + Q_{C0} = U_{L0} I_0 - U_{C0} I_0 = 0$，即表明串联谐振时，电感与电容相互交换能量，并不与电源交换能量，电源仅提供电阻消耗的能量。

根据式（2-25），品质因数 $Q = \dfrac{\omega_0 L}{R} = \dfrac{I_0^2 \omega_0 L}{I_0^2 R} = \dfrac{Q_{L0}}{P}$。因此，品质因数 Q 的另一物理意义是：品质因数 Q 值等于谐振时电感的无功功率（或电容无功功率）与电路有功功率的比值。

$$\text{品质因数 } Q = \frac{\text{电感（或电容）无功功率}}{\text{有功功率}} \tag{2-26}$$

【例 2-11】 调幅收音机输入回路可等效为 RLC 串联电路，$R = 0.5\,\Omega$，$L = 300\,\mu\text{H}$，C 为可变电容，调幅收音机接收的中波信号频率范围为 $535 \sim 1605\,\text{kHz}$，试求电容 C 的调节范围。

解： $f_0 = \dfrac{1}{2\pi\sqrt{LC}}$，$C = \dfrac{1}{(2\pi f_0)^2 L}$，

$f_0 = 535\,\text{kHz}$ 时，$C = \dfrac{1}{(2\pi \times 535 \times 10^3)^2 \times 300 \times 10^{-6}}\,\text{F} = 295\,\text{pF}$

$f_0 = 1605\,\text{kHz}$ 时，$C = \dfrac{1}{(2\pi \times 1605 \times 10^3)^2 \times 300 \times 10^{-6}}\,\text{F} = 32.7\,\text{pF}$

因此该可变电容调节范围为 32.7~295 pF。

2.4.2 电感线圈与电容并联谐振电路

电感线圈与电容并联谐振电路，如图 2-20 所示。一般情况下，电感线圈的直流电阻 R 很小，$\omega_0 L \gg R$，即满足 $Q = \dfrac{\omega_0 L}{R} \gg 1$。

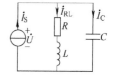

图 2-20 电感线圈与电容并联谐振电路

1. 谐振条件与谐振频率

$$Y = \frac{1}{R+j\omega L} + j\omega C = \frac{R}{R^2+\omega^2 L^2} + j\left(\omega C - \frac{\omega L}{R^2+\omega^2 L^2}\right) \tag{2-27}$$

谐振时，虚部为零，即：

$$\omega_0 C - \frac{\omega_0 L}{R^2+\omega_0^2 L^2} \approx \omega_0 C - \frac{1}{\omega_0 L} = 0 \tag{2-28}$$

解得：

$$\omega_0 \approx \frac{1}{\sqrt{LC}} \tag{2-28a}$$

$$f_0 \approx \frac{1}{2\pi\sqrt{LC}} \tag{2-28b}$$

需要注意和说明的是，电感线圈与电容并联电路谐振是在电感线圈的直流电阻 R 很小条件下，即式(2-28a)、式(2-28b)是在 Q 值很大的前提下得出的。电感线圈与电容并联电路能否发生谐振还与电阻 R 有关，经理论推导证明，必须同时满足 $R < \sqrt{\dfrac{L}{C}}$，否则电路不可能发生谐振。

2. 电感线圈与电容并联谐振电路的主要特点

（1）谐振时，端电压与总电流同相，且电路阻抗为纯电阻。

（2）在 $Q \gg 1$ 条件下，谐振阻抗为最大值。若用恒流源激励，则电路端电压为最大值。这一特点在电子电路中被广泛应用于选频电路。

谐振时，式(2-27)中虚部为零，谐振阻抗 $Z_0 = \dfrac{R^2+\omega^2 L^2}{R} \approx \dfrac{\omega^2 L^2}{R} = Q^2 R = \dfrac{L}{RC}$。

（3）谐振时，电感支路电流与电容支路电流近似相等并为总电流的 Q 倍。

对于图 2-20 电路，有

$$\dot{I}_{C0} = j\omega_0 C \dot{U} = jQ\dot{I}_S$$

$$\dot{I}_{RL0} = \frac{\dot{U}}{R+j\omega_0 L} \approx \frac{\dot{U}}{j\omega_0 L} = -jQ\dot{I}_S$$

可定性画出的并联谐振相量图如图 2-21 所示。$\dot{I}_{C0}$ 与 $\dot{I}_{RL0}$ 大小近似相等，相位相反，且为外施电流 $\dot{I}_S$ 的 Q 倍。

（4）若用电压源激励，谐振时，总电流最小。由于谐振时，阻抗最大，因此总电流最小。虽然 I_{C0}、I_{RL0} 很大，但仅在电路内部流转（L 与 C 交换能量），并不由电源提供，电源仅提供电阻上消耗的电流有功分量。

【例 2-12】 某收音机中放电回路为电感线圈与电容并联谐振电路，谐振频率为 465 kHz，电容为 200 pF，若回路品质因数 $Q = 100$，试求线圈电感

图 2-21 并联谐振相量图

L 值、损耗电阻 R 及谐振阻抗 Z_0。

解：由于 $Q=100\gg1$，因此 $f_0\approx\dfrac{1}{2\pi\sqrt{LC}}$

$$L=\frac{1}{(2\pi f_0)^2 C}=\frac{1}{(2\pi\times465\times10^3)^2\times200\times10^{-12}}\text{H}=0.578\text{ mH}$$

$$R=\frac{\omega_0 L}{Q}=\frac{2\pi\times465\times10^3\times0.578\times10^{-3}}{100}\Omega=17\ \Omega$$

$$Z_0=\frac{L}{RC}=Q^2 R=100\times100\times17\ \Omega=170\text{ k}\Omega$$

【复习思考题】

2.10 串联谐振的条件是什么？有什么特点？

2.11 什么叫品质因数？品质因数 Q 与谐振电路的有功功率、无功功率有何关系？

2.12 电感线圈与电容并联电路谐振条件和谐振频率是什么？有什么特点？

2.13 电感线圈与电容并联谐振电路对线圈直流电阻是否有要求？

2.5 三相电路

上几节分析的是单相正弦交流电路。但在实际应用中，电力系统的发电、输电、配电以及大功率用电设备几乎都是三相系统，单相仅是其中一相。采用三相电源有许多优点，三相电动机和三相变压器等电气设备比同等容量的单相电动机和变压器造价低；三相电动机运行平稳、起动和维护方便。对于三相电力传输系统，只需三根输电线，输送同等电功率，可大大节省线材费用。对于三相供电系统，接入单相负载，方便灵活。三相电路的分析计算与单相电路有许多相同之处，也有其特殊的性质和分析方法。

2.5.1 三相电路基本概念

1. 对称三相电源组成

三相电源一般为对称三相电源，即由 3 个频率相同、振幅相同、相位各差 120° 的电压源组成，其电压波形如图 2-22 所示，并可用下式表示：

$$u_A=U_m\sin\omega t \tag{2-29a}$$

$$u_B=U_m\sin(\omega t-120°) \tag{2-29b}$$

$$u_C=U_m\sin(\omega t+120°) \tag{2-29c}$$

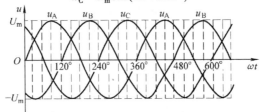

图 2-22 对称三相正弦交流电压波形

三相电源的 3 个电压均为正弦量，因此也常用相量表示：

$$\dot{U}_A = U\ \underline{/0°} \tag{2-30a}$$

$$\dot{U}_B = U\ \underline{/-120°} \tag{2-30b}$$

$$\dot{U}_C = U\ \underline{/120°} \tag{2-30c}$$

其相量图如图 2-23 所示。按相量相加，有：

$$\dot{U}_A + \dot{U}_B + \dot{U}_C = U\ \underline{/0°} + U\ \underline{/-120°} + U\ \underline{/120°} = 0 \tag{2-31}$$

上式表明，对称三相电源电压的代数和为零，这是三相电源的一个重要特性。

图 2-23　对称三相电压相量图

三相电源电压到达振幅值（或零值）的先后次序称为相序。三相电源的相序共分为两种：顺相序（A-B-C-A），如图 2-22 所示；逆相序（A-C-B-A）。工程上通用的相序为顺相序，今后，如不加以说明，均指顺相序。

2. 三相电源联结

三相电源由三相发电机产生。三相发电机有 3 个绕组，设分别为 AX、BY 和 CZ，其中 A、B 和 C 为正极性端，其联结方式有两种：星形联结和三角形联结。

（1）电源星形联结。星形联结也称为Y联结，是将 3 个绕组的负极性端连在一起，称为中性点，引出线称为中性线；正极性端分别引出的线，称为相线，如图 2-24a 所示。相线与相线间的电压称为线电压。线电压有 3 个，一般用 $\dot{U}_{AB}$、$\dot{U}_{BC}$ 和 $\dot{U}_{CA}$ 表示。相线与中性线之间的电压称为相电压。相电压也有 3 个，一般用 $\dot{U}_A$、$\dot{U}_B$ 和 $\dot{U}_C$ 表示。

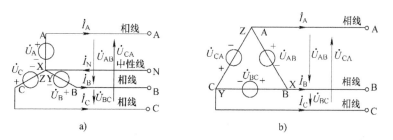

图 2-24　三相电源联结电路

a）Y联结　b）△联结

在图 2-24a 所示电路中，有：

$$\dot{U}_{AB} = \dot{U}_A - \dot{U}_B = \sqrt{3}\,\dot{U}_A\ \underline{/30°} \tag{2-32a}$$

$$\dot{U}_{BC} = \dot{U}_B - \dot{U}_C = \sqrt{3}\,\dot{U}_B\ \underline{/30°} \tag{2-32b}$$

$$\dot{U}_{CA} = \dot{U}_C - \dot{U}_A = \sqrt{3}\,\dot{U}_C\ \underline{/30°} \tag{2-32c}$$

上式表明，对称三相Y电源联结电路，线电压有效值（通常用 U_l 表示）是相电压有效值（通常用 U_p 表示）的 $\sqrt{3}$ 倍。即

$$U_l = \sqrt{3}\,U_p（对称三相Y联结电源适用） \tag{2-33}$$

而相位关系则是线电压 $\dot{U}_{AB}$、$\dot{U}_{BC}$ 和 $\dot{U}_{CA}$ 分别超前相电压 $\dot{U}_A$、$\dot{U}_B$ 和 $\dot{U}_C$ 30°，其相量关系

如图 2-25 所示。

目前，我国低电压供电系统采用 380 V/220 V 制，即相电压为 220 V，线电压为 380 V。

（2）电源三角形联结。三角形联结常用△联结表示，是将 3 个绕组首尾相接连在一起，正极性端引出端线，如图 2-24b 所示。从图中看出，三相电源△联结时，线电压就是相电压，即

$$U_l = U_p（三相△联结电源适用） \tag{2-34}$$

三相电源△联结时，不能引出中性线。

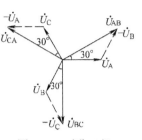

图 2-25 对称三相丫 电源中电压相量图

3. 三相负载联结

在三相电路中，负载的联结通常也是三相的，如三相电动机。即使居民住房用电和工厂中单相用电设备，如照明、电风扇、电烙铁等，也是按一定规则组成三相负载。根据三相电源与三相负载联结方式分类，可分为丫-丫（如图 2-26a 所示）、丫-△、△-丫 和 △-△（如图 2-26b 所示）4 种联结方式。而在丫-丫联结方式中，根据有无中性线，又可分为三相四线制（如图 2-26a 所示）和三相三线制。根据三相负载是否相等，则可分为三相对称负载和三相不对称负载。

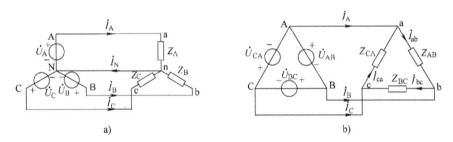

图 2-26 三相负载联结电路

a）丫-丫联结 b）△-△联结

在图 2-26a 所示电路中，端线中的电流称为线电流（有效值通常用 I_l 表示），每相负载中的电流称为相电流（有效值通常用 I_p 表示）。

（1）负载丫联结。负载丫联结电路如图 2-26a 所示。线电流有 3 个，一般用 $\dot{I}_A$、$\dot{I}_B$ 和 $\dot{I}_C$ 表示。从图中明显看出：线电流就是相电流，即：

$$I_l = I_p（对称三相丫联结电源适用） \tag{2-35}$$

对于三相丫联结对称负载电路，即负载阻抗 $Z_A = Z_B = Z_C = Z$ 时，线电流（或相电流）也是对称且大小相等，但相位互差 120°。即：

$$I_A = I_B = I_C = I_l = I_p$$

$$\dot{I}_A = \dot{I}_B \underline{/120°} \tag{2-36a}$$

$$\dot{I}_B = \dot{I}_C \underline{/120°} \tag{2-36b}$$

$$\dot{I}_C = \dot{I}_A \underline{/120°} \tag{2-36c}$$

（2）负载△联结。负载△联结电路如图 2-26b 所示。线电流有 3 个：$\dot{I}_A$、$\dot{I}_B$ 和 $\dot{I}_C$，相电流也有 3 个：$\dot{I}_{ab}$、$\dot{I}_{bc}$ 和 $\dot{I}_{ca}$。根据 KCL，有：

$$\dot{I}_A = \dot{I}_{ab} - \dot{I}_{ca} \tag{2-37a}$$

$$\dot{I}_B = \dot{I}_{bc} - \dot{I}_{ab} \tag{2-37b}$$

$$\dot{I}_C = \dot{I}_{ca} - \dot{I}_{bc} \tag{2-37c}$$

对于三相△联结对称负载电路，即负载阻抗 $Z_{AB} = Z_{BC} = Z_{CA} = Z$ 时，线电流和相电流也是对称的。线电流是相电流的 $\sqrt{3}$ 倍，线电流滞后对应的相电流 $30°$。即：

$$\dot{I}_A = \sqrt{3}\, \dot{I}_{ab} \underline{/-30°} \tag{2-38a}$$

$$\dot{I}_B = \sqrt{3}\, \dot{I}_{bc} \underline{/-30°} \tag{2-38b}$$

$$\dot{I}_C = \sqrt{3}\, \dot{I}_{ca} \underline{/-30°} \tag{2-38c}$$

据此，画出的三相△联结对称负载电流相量图如图 2-27 所示。

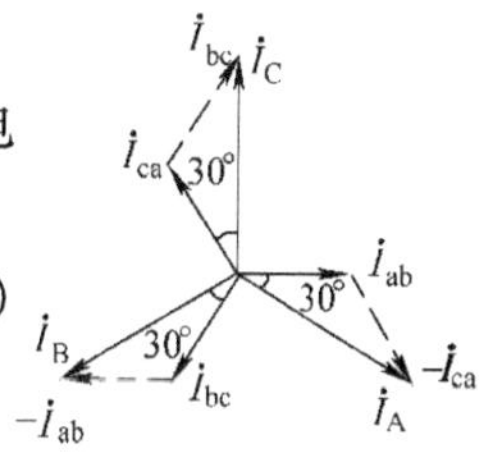

（3）中性线电流。负载三相丫联结时中性线中的电流称为中性线电流，中性线电流用 $\dot{I}_N$ 表示。图 2-26a 电路中，根据 KCL，有：

$$\dot{I}_N = \dot{I}_A + \dot{I}_B + \dot{I}_C \tag{2-39}$$

若三相丫联结的负载对称，则相电流对称，有：

$$\dot{I}_N = \dot{I}_A + \dot{I}_B + \dot{I}_C = \dot{I}_A + \dot{I}_A \underline{/120°} + \dot{I}_A \underline{/-120°} = 0 \quad （丫联结的对称负载适用）\tag{2-40a}$$

图 2-27　三相△对称
负载电流相量图

若三相丫联结的负载不对称，则相电流也不对称，有：

$$\dot{I}_N = \dot{I}_A + \dot{I}_B + \dot{I}_C \neq 0 \quad （丫联结的不对称负载适用）\tag{2-40b}$$

2.5.2　三相电路分析计算概述

三相电路分析计算主要根据三相负载对称与否分为三相对称负载电路和三相不对称负载电路的分析计算。

1. 三相对称负载电路分析计算

三相对称负载电路的特点，一是负载电压对称，即 3 个负载的线电压、相电压幅值相等、相位各差 $120°$；二是负载电流对称，即 3 个线电流、3 个相电流是幅值相等、相位各差 $120°$ 的正弦电流。因此，三相只需计算一相，其余二相均可按三相对称规律写出。

【例 2-13】　已知三相丫联结对称负载电路如图 2-28a 所示，$Z = (6.4 + j4.8)\,\Omega$，$\dot{U}_A = 220 \underline{/0°}$ V，试求负载电流 $\dot{I}_A$、$\dot{I}_B$、$\dot{I}_C$ 和 $\dot{I}_N$。并画出 $\dot{I}_A$、$\dot{I}_B$、$\dot{I}_C$ 相量图。

解：计算对称三相时只需计算一相。其一相等效电路如图 2-28b 所示。

$$\dot{I}_A = \frac{\dot{U}_A}{Z} = \frac{220 \underline{/0°}}{6.4 + j4.8}\mathrm{A} = \frac{220 \underline{/0°}}{8 \underline{/36.9°}}\mathrm{A} = 27.5 \underline{/-36.9°}\ \mathrm{A}$$

$$\dot{I}_B = \dot{I}_A \underline{/-120°} = 27.5 \underline{/-156.9°}\ \mathrm{A}$$

$$\dot{I}_C = \dot{I}_A \underline{/120°} = 27.5 \underline{/83.1°}\ \mathrm{A}$$

$$\dot{I}_N = 0$$

画出 $\dot{U}_A$、$\dot{U}_B$、$\dot{U}_C$ 和 $\dot{I}_A$、$\dot{I}_B$、$\dot{I}_C$ 相量图如图 2-28c 所示，其中 $\varphi = 36.9°$。

【例 2-14】　已知三相△联结对称负载电路如图 2-29a 所示。电源电压 $\dot{U}_A$ 和负载阻抗 Z 与例 2-13 相同，试求负载相电流 $\dot{I}_{ab}$、$\dot{I}_{bc}$、$\dot{I}_{ca}$ 和线电流 $\dot{I}_A$、$\dot{I}_B$、$\dot{I}_C$。

解：计算对称三相时只需计算一相，其一相等效电路如图 2-29b 所示。但负载相电压应为电源线电压。

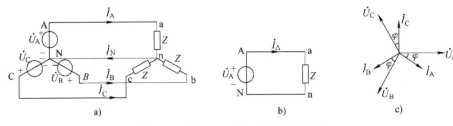

图 2-28   例 2-13 三相丫对称负载电路

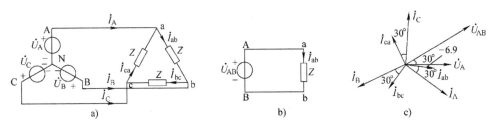

图 2-29   例 2-14 三相△联结对称负载电路

a）三相电路   b）一相等效电路   c）相量图

$$\dot{U}_{AB} = \sqrt{3}\,\dot{U}_A\ \underline{/30^\circ} = 380\ \underline{/30^\circ}\ V$$

$$\dot{I}_{ab} = \frac{\dot{U}_{AB}}{Z} = \frac{380\ \underline{/30^\circ}}{6.4+j4.8}A = \frac{380\ \underline{/30^\circ}}{8\ \underline{/36.9^\circ}}A = 47.5\ \underline{/-6.9^\circ}\ A$$

$$\dot{I}_{bc} = \dot{I}_{ab}\ \underline{/-120^\circ} = 47.5\ \underline{/-126.9^\circ}\ A$$

$$\dot{I}_{ca} = \dot{I}_{ab}\ \underline{/120^\circ} = 47.5\ \underline{/113.1^\circ}\ A$$

$$\dot{I}_A = \sqrt{3}\,\dot{I}_{ab}\ \underline{/-30^\circ} = 82.3\ \underline{/-36.9^\circ}\ A$$

$$\dot{I}_B = \dot{I}_A\ \underline{/-120^\circ} = 82.3\ \underline{/-156.9^\circ}\ A$$

$$\dot{I}_C = \dot{I}_A\ \underline{/120^\circ} = 82.3\ \underline{/83.1^\circ}\ A$$

画出的 $\dot{U}_A$、$\dot{U}_{AB}$、$\dot{I}_{ab}$、$\dot{I}_{bc}$、$\dot{I}_{ca}$ 和 $\dot{I}_A$、$\dot{I}_B$、$\dot{I}_C$ 相量图如图 2-29c 所示。

2. 三相不对称负载电路分析计算

在电力系统中，除了三相电动机外，常有许多单相负载组成三相负载，例如居民房屋用电和工厂中的单相用电设备等，分别接在 3 个单相电路上，虽然尽可能将它们平均分配在各相上，但不可能完全对称平衡，而且这些单相负载不一定会同时运行。因此，这就形成了三相不对称负载。三相不对称负载不能像三相对称负载那样，按一相计算然后推出另两相。而是应按照分析复杂电路的方法求解。分析三相不对称负载可分为两种情况：有中性线和无中性线。

（1）三相丫联结不对称负载有中性线。三相丫联结不对称负载有中性线电路如图 2-30 所示。此时，加在每相负载上的相电压仍对称，相电流可分别计算。

（2）三相丫联结不对称负载无中性线。三相丫联结不对称负载无中性线时会造成负载相电压不对称。

【例 2-15】 已知三相不对称负载无中性线电路如图 2-31a 所示，$\dot{U}_A = 220\ \underline{/0^\circ}\ V$，$Z_A =$

$10\,\Omega$，$Z_B = 40\,\Omega$，$Z_C = 20\,\Omega$，试求 $\dot{I}_A$、$\dot{I}_B$、$\dot{I}_C$ 和负载两端电压 $\dot{U}_{An}$、$\dot{U}_{Bn}$、$\dot{U}_{Cn}$，并画出电压相量图。

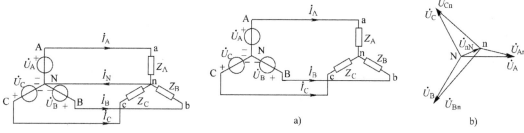

图 2-30　三相不对称负载有中性线电路　　　图 2-31　三相不对称负载无中性线电路

a）三相电路　b）相量图

解：根据 KCL，有：$\dot{I}_A + \dot{I}_B + \dot{I}_C = 0$，即：

$$-\frac{\dot{U}_{nN} - \dot{U}_A}{Z_A} - \frac{\dot{U}_{nN} - \dot{U}_B}{Z_B} - \frac{\dot{U}_{nN} - \dot{U}_C}{Z_C} = 0，整理得：$$

$$\dot{U}_{nN} = \frac{\dfrac{\dot{U}_A}{Z_A} + \dfrac{\dot{U}_B}{Z_B} + \dfrac{\dot{U}_C}{Z_C}}{\dfrac{1}{Z_A} + \dfrac{1}{Z_B} + \dfrac{1}{Z_C}} = \frac{\dfrac{220\,\underline{/0°}}{10} + \dfrac{220\,\underline{/-120°}}{40} + \dfrac{220\,\underline{/120°}}{20}}{\dfrac{1}{10} + \dfrac{1}{40} + \dfrac{1}{20}}\,\mathrm{V}$$

$$= \frac{22 + 5.5\,\underline{/-120°} + 11\,\underline{/120°}}{0.175}\,\mathrm{V} = \frac{13.75 + j4.77}{0.175}\,\mathrm{V}$$

$$= 83.14\,\underline{/19.13°}\,\mathrm{V} = (78.55 + j27.25)\,\mathrm{V}$$

$\dot{U}_{An} = \dot{U}_A - \dot{U}_{nN} = [\,220\,\underline{/0°} - (78.55 + j27.25)\,]\,\mathrm{V} = (141.45 - j27.25)\,\mathrm{V} = 144\,\underline{/-10.9°}\,\mathrm{V}$

$\dot{U}_{Bn} = \dot{U}_B - \dot{U}_{nN} = [\,220\,\underline{/-120°} - (78.55 + j27.25)\,]\,\mathrm{V} = (-188.55 - j217.75)\,\mathrm{V}$

$\quad = 288\,\underline{/-131°}\,\mathrm{V}$

$\dot{U}_{Cn} = \dot{U}_C - \dot{U}_{nN} = [\,220\,\underline{/120°} - (78.55 + j27.25)\,]\,\mathrm{V} = (-188.55 + j163.25)\,\mathrm{V}$

$\quad = 249.4\,\underline{/139°}\,\mathrm{V}$

$$\dot{I}_A = \frac{\dot{U}_{An}}{Z_A} = \frac{144\,\underline{/-10.9°}}{10}\,\mathrm{A} = 14.4\,\underline{/-10.9°}\,\mathrm{A}$$

$$\dot{I}_B = \frac{\dot{U}_{Bn}}{Z_B} = \frac{288\,\underline{/-131°}}{40}\,\mathrm{A} = 7.2\,\underline{/-131°}\,\mathrm{A}$$

$$\dot{I}_C = \frac{\dot{U}_{Cn}}{Z_C} = \frac{249.4\,\underline{/139°}}{20}\,\mathrm{A} = 12.5\,\underline{/139°}\,\mathrm{A}$$

画出的电压相量图如图 2-31b 所示。

从上例计算中看出，B 相和 C 相负载电压有效值分别达到 288 V 和 249.4 V，大大高于有中性线时的相电压有效值 220 V。由于三相负载不对称，$\dot{U}_{nN} \neq 0$，n 点与 N 点电位不同，加在负载两端的电压 $\dot{U}_{An}$、$\dot{U}_{Bn}$ 和 $\dot{U}_{Cn}$ 也不同。从图 2-31b 中看出，n 点与 N 点不重合，这一现象称为中性点移位。中性点移位越大，各相负载电压不对称程度越大。负载电压过高、过低，轻者使其不能正常工作，重者将损坏负载设备。所以在三相负载不对称情况下，应采用三相四线制,即连接中线,并使 $Z_N \to 0$,则 $\dot{U}_{nN} \approx 0$。这样各相负载虽然阻抗不同,但两端电压仍能保持均衡。在工程上,要求中性线安装牢固,并且不能安装开关和熔断器。

(3) 三相△联结不对称负载。三相△联结不对称负载电路如图 2-32 所示。此时,加在每相负载上的相电压即为电源线电压,相电流可分别计算。

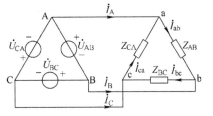

图 2-32 三相△联结不对称负载电路

3. 三相功率分析计算

(1) 三相对称负载总功率。对于三相对称负载电路,有:$P_A = P_B = P_C$,$Q_A = Q_B = Q_C$,因此,

有功功率:

$$P = 3P_A = 3U_p I_p \cos\varphi_p \tag{2-41a}$$

无功功率:

$$Q = 3Q_A = 3U_p I_p \sin\varphi_p \tag{2-42a}$$

其中,U_p、I_p 分别为每相负载的相电压、相电流的有效值,而 φ_p 则是三相负载相电压与对应的相电流之间的相位差角。

对于三相Y联结对称负载,$U_l = \sqrt{3} U_p$,$I_l = I_p$;对于三相△联结对称负载,$U_l = U_p$,$I_l = \sqrt{3} I_p$。因此式(2-41a)和式(2-42a)又可改写为

$$P = \sqrt{3} U_l I_l \cos\varphi_p \tag{2-41b}$$

$$Q = \sqrt{3} U_l I_l \sin\varphi_p \tag{2-42b}$$

需要注意的是,应用式(2-41b)和式(2-42b)计算时,φ_p 仍为三相负载相电压与对应的相电流之间的相位差角,而不是线电压与线电流之间的相位差角。

视在功率:

$$S = \sqrt{P^2 + Q^2} = 3U_p I_p = \sqrt{3} U_l I_l \tag{2-43}$$

功率因数:

$$\cos\varphi = \frac{P}{S} = \frac{3U_p I_p \cos\varphi_p}{3U_p I_p} = \cos\varphi_p \tag{2-44}$$

上式表明,三相对称负载总的功率因数就是每相负载的功率因数。

【例 2-16】 已知某三相对称负载阻抗 $Z = (6+j8)\,\Omega$,线电压 $U_l = 380\,\text{V}$,试求该三相对称负载分别进行Y联结和△联结时的 P、Q、S、$\cos\varphi$。

解: 因电路对称,电路总的功率因数即每相负载的功率因数。

$$\cos\varphi = \frac{R}{|Z|} = \frac{R}{\sqrt{R^2 + X^2}} = \frac{6}{\sqrt{6^2 + 8^2}} = \frac{6}{10} = 0.6$$

$$\sin\varphi = \sqrt{1 - \cos^2\varphi} = 0.8$$

负载Y联结:

$$I_p = \frac{U_p}{|Z|} = \frac{\frac{380}{\sqrt{3}}}{\sqrt{6^2 + 8^2}}\,\text{A} = 21.94\,\text{A}$$

$$P_Y = 3U_p I_p \cos\varphi = 3 \times \frac{380}{\sqrt{3}} \times 21.94 \times 0.6\,\text{W} = 8664\,\text{W}$$

$$Q_Y = 3U_p I_p \sin\varphi = 3 \times \frac{380}{\sqrt{3}} \times 21.94 \times 0.8 \, \text{var} = 11552 \, \text{var}$$

$$S_Y = 3U_p I_p = 3 \times \frac{380}{\sqrt{3}} \times 21.94 \, \text{VA} = 14440 \, \text{VA}$$

负载△联结：
$$U_p = U_l = 380 \, \text{V}$$

$$I_p = \frac{U_P}{|Z|} = \frac{U_l}{|Z|} = \frac{380}{10} \text{A} = 38 \, \text{A}$$

$$P_\triangle = 3U_p I_p \cos\varphi = (3 \times 380 \times 38 \times 0.6) \, \text{W} = 25992 \, \text{W}$$

$$Q_\triangle = 3U_p I_p \sin\varphi = (3 \times 380 \times 38 \times 0.8) \, \text{var} = 34656 \, \text{var}$$

$$S_\triangle = 3U_p I_p = (3 \times 380 \times 38) \, \text{V} \cdot \text{A} = 43320 \, \text{VA}$$

从上例计算中得出，$P_\triangle = 3P_Y$，表明三相对称负载△联结时吸收的功率是丫联结时的 3 倍。

（2）三相对称负载瞬时功率。设三相对称负载电路中 A 相负载瞬时电压 $u_A = \sqrt{2}\, U_p \sin\omega t$，则 $u_B = \sqrt{2}\, U_p \sin(\omega t - 120°)$，$u_C = \sqrt{2}\, U_p \sin(\omega t + 120°)$。设 A 相负载瞬时电流 $i_A = \sqrt{2} I_p \sin(\omega t - \varphi)$，则 $i_B = \sqrt{2} I_p \sin(\omega t - \varphi - 120°)$，$i_C = \sqrt{2} I_p \sin(\omega t - \varphi + 120°)$，三相对称负载瞬时功率：

$$
\begin{aligned}
p &= p_A + p_B + p_C = u_A i_A + u_B i_B + u_C i_C \\
&= 2U_p I_p \sin\omega t \sin(\omega t - \varphi) + 2U_p I_p \sin(\omega t - 120°)\sin(\omega t - \varphi - 120°) + \\
&\quad 2U_p I_p \sin(\omega t + 120°)\sin(\omega t - \varphi + 120°) \\
&= [U_p I_p \cos\varphi - U_p I_p \cos(2\omega t - \varphi)] + [U_p I_p \cos\varphi - U_p I_p \cos(2\omega t - \varphi + 120°)] + \\
&\quad [U_p I_p \cos\varphi - U_p I_p \cos(2\omega t - \varphi - 120°)] \\
&= 3U_p I_p \cos\varphi - U_p I_p [\cos(2\omega t - \varphi) + \cos(2\omega t - \varphi + 120°) + \cos(2\omega t - \varphi - 120°)] \\
&= 3U_p I_p \cos\varphi = P
\end{aligned}
$$

(2-45)

上式表明，三相对称负载瞬时功率等于平均功率，即不随时间变化而变化，若三相电路参数确定，则瞬时功率就是一个恒定值。对于三相负载的三相电动机来说，瞬时功率恒定就意味着电动机转动平稳，这是三相电路的重要优点之一。

【复习思考题】

2.14 采用三相电源供电，有何优点？

2.15 对称三相电源，线电压与相电压有何关系？画出三相电源丫联结时线电压相电压相量图。

2.16 什么叫线电流、相电流？线电流与相电流有何关系？画出三相对称负载△联结时线电流、相电流相量图。

2.17 三相不对称负载电路有中线与无中线有何区别？

2.18 如何理解 $P = 3U_p I_p \cos\varphi$ 及 $P = \sqrt{3} U_l I_l \cos\varphi$ 中的 φ 角？

2.19 对称三相对称负载瞬时功率为恒定值有何意义？

2.6 安全用电

学习电工知识，不仅要掌握电路的基本理论和分析方法，而且要懂得如何安全用电。

1. 人体触电基本知识

（1）人体触电。人体接触或接近带电体引起人体局部受伤或死亡的现象称为触电。

（2）触电分类。触电一般可分为两类：电伤和电击。

1）电伤是指由电流热效应、化学效应或机械效应对人体造成的伤害。如电弧灼伤、熔化金属溅伤等。

2）电击是指电流通过人体、使内部器官组织受到损伤。如果受害者不能迅速摆脱带电体，则最后可造成死亡事故。本节主要分析电击伤害。

电击伤害的程度主要与通过人体的电流大小、电流频率、持续时间以及电流通过人体的部位有关。电流通过人体部位以通过或接近心脏和脑部最为危险。因此，若人的两手接触两根相线或人的一手一脚分别接触一根相线、一根中性线时最危险。

（3）人体电阻。同等情况下，人体电阻越大，通过人体的电流越小，受伤害程度越轻。人体电阻约 $10^4 \sim 10^5 \Omega$，主要与皮肤状态有关。干燥时，人体电阻较大；皮肤潮湿、有汗或皮肤破损时，人体电阻可下降至几百欧姆。

（4）安全电流。人体通过工频电流 1 mA 就会有麻木感觉；10 mA 为摆脱（脱扣）电流；人体通过 50 mA 及以上电流，就有生命危险。国际电工委员会（IEC）将 30 mA 作为实用的安全电流临界值。

根据国家标准，剩余电流动作保护器、家用电器均将 10 mA 作为脱扣（断开电源）电流临界值。

安全电流也与电流频率有关，50~60 Hz 的工频电流危险性最大，高频电流危害相对较小。

（5）安全电压。安全电压有多种标准，供不同条件下使用的电气设备选用。一般来说，接触 36 V 以下电压，通过人体电流不会超过 50 mA，所以 36 V 称为安全电压。在潮湿情况下，安全电压规定还要低一些，通常是 24 V 或 12 V。机床照明用电压为 36 V，船舶、汽车电源电压为 24 V 或 12 V。

2. 接地

1）保护接地。保护接地适用于中性点不接地系统。以电动机设备为例，在图 2-33a 中，某电动机三相绕组中若有一相绝缘损坏，就会使电动机外壳带电。人若接触电动机外壳，流过人体的电流为 I_d，有可能构成危险。图 2-33b 中，电动机外壳接地，这种接地称为保护接地。由于接地电阻 R_0 远小于人体电阻 R_b，因此接地装置中的电流 I_0 极大地分流了接地电流 I_d，从而保证了人身安全。

对于 1000 V 以下中性点不接地系统，其保护接地方式中的接地电阻 R_0，一般要求 R_0 不大于 4 Ω；对 1000 V 以上系统，要求 R_0 更小。

保护接地也常用于单相系统中，图 2-34 为单相系统保护接地示意图。L 为三相中一个相线（火线），N 为中性线，⏚为接地线。

2）工作接地。电力系统由于运行和安全的需要，常将中性点接地，这种接地称为工作接地。工作接地具有降低触电电压、故障时迅速切断电源和削弱电气设备对地绝缘程度的作用。

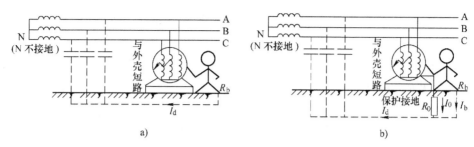

图 2-33　保护接地原理图

a）无保护接地　b）有保护接地

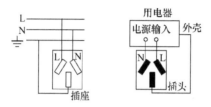

图 2-34　单相系统保护接地

【复习思考题】

2.20　触电时，电流流过人体什么部位最危险？

2.21　触电电流达到多大就有生命危险？安全电流临界值是多少？

2.22　根据国家标准，剩余电流动作保护器、家用电器的脱扣电流临界值为多少？

2.23　保护接地适用范围是什么？

2.7　习题

2-1　已知正弦交流电流 $i_1 = 2\sin(3140t-30°)$ A，$i_2 = 8\sqrt{2}\sin(3140t+80°)$ A，试求：
（1）$i_3 = i_1 + i_2$；（2）$i_4 = i_1 - i_2$。

2-2　已知电阻 $R = 25\,\Omega$，两端电压 $u = 12.5\sin(314t-60°)$ V，试求电阻中电流 i，并画出电流电压相量图。

2-3　已知 $10\,\Omega$ 电阻上通过的电流 $i = 5\sin(314t+30°)$ A，试求电阻两端电压有效值，写出电压 u 正弦表达式。

2-4　已知一线圈通过 50 Hz 电流时，其感抗为 $10\,\Omega$，试求电源频率为 10 kHz 时其感抗为多少？

2-5　已知电感 $L = 0.8$ H，$u_L = 160\sin100t$ V，i_L 与 u_L 取关联参考方向，试求 i_L，并画出相量图。

2-6　将一个 $100\,\mu$F 的电容先后接在 $f = 50$ Hz 和 $f = 500$ Hz，电压为 220 V 的电源上，试分别计算上述两种情况下的容抗 X_L 及通过电容的电流有效值。

2-7　已知 $C = 20\,\mu$F，$u_C = 600\sin(314t-60°)$ V，试求 i_C（与 u_C 取关联参考方向），并画出相量图。

2-8 交流接触器线圈电阻 $R=220\,\Omega$，电感 $L=63\,H$，试问：（1）当接到 $220\,V$ 正弦工频交流电源时，电流为多少？（2）若错接到 $220\,V$ 直流电源上，电流又为多少？

2-9 某电感线圈，两端电压为 $u=220\sqrt{2}\sin(314t+30°)$ V，电流为 $i=5\sqrt{2}\sin(314t-15°)$ A，试求该线圈电阻 R 和电感 L。

2-10 荧光灯等效电路如图 2-35 所示，其中灯管电阻 $R_1=280\,\Omega$，镇流器电阻 $R=20\,\Omega$，电感 $L=1.65\,H$，接在工频电 $220\,V$ 上，求总电流 $\dot{I}$、灯管和镇流器两端电压 $\dot{U}_1$、$\dot{U}_2$。

2-11 已知 RC 串联电路如图 2-36 所示，$C=0.01\,\mu F$，$f=50\,Hz$，$U_i=10\,V$，欲使输出电压 $\dot{U}_o$ 超前输入电压 $\dot{U}_i$ $30°$，试求 R 和 U_R。

图 2-35 习题 2-10 电路　　　图 2-36 习题 2-11 电路

2-12 已知电动机功率 $P=10\,kW$，$U=240\,V$，$\cos\varphi_1=0.6$，$f=50\,Hz$，若需将功率因数提高到 $\cos\varphi_2=0.9$，应在电动机两端并联多大电容器？

2-13 已知电路如图 2-37 所示，$R=10\,\Omega$，$L=10\,mH$，$C=100\,pF$，$U_S=1\,V$，试求电路发生谐振时的频率和各电表读数。

2-14 已知电路如图 2-38 所示，$L=0.3\,mH$，C 为可变电容，调节范围 $12\sim285\,pF$，求谐振频率范围。若要使低端谐振频率进一步降低至 $530\,kHz$，应如何处理？此时谐振频率范围为多少？

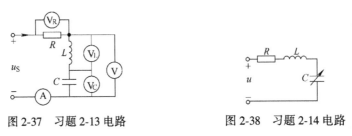

图 2-37 习题 2-13 电路　　　图 2-38 习题 2-14 电路

2-15 某线圈 $R=13.7\,\Omega$，$L=0.25\,mH$，试分别求与电容 $C=100\,pF$ 串联和并联时的谐振频率和谐振阻抗。

2-16 已知电感线圈与电容并联电路，$L=200\,\mu H$，$C=200\,pF$，试计算电感线圈在不同直流电阻情况下的品质因数 Q。（1）$R=2\,\Omega$；（2）$R=200\,\Omega$。

2-17 已知三相对称电源相电压 $\dot{U}_A=220\ \underline{/30°}$ V，试写出另两相相电压 $\dot{U}_B$、$\dot{U}_C$。

2-18 已知三相对称电源线电压 $\dot{U}_{AB}=380\ \underline{/-45°}$ V，试写出另外两个线电压 $\dot{U}_{BC}$、$\dot{U}_{CA}$。

2-19 已知三相Y联结对称负载电路，相电流 $\dot{I}_A=2\ \underline{/-53.1°}$ A，试写出其余相电流和线电流。

2-20 已知三相△联结对称负载电路，相电流 $\dot{I}_{ab}=3\ \underline{/53.1°}$ A，试写出其余相电流和线电流。

2-21 已知三相丫联结对称负载电路如图 2-39 所示，$Z = (6+\mathrm{j}8)\,\Omega$，$\dot{U}_A = 220\,\underline{/0°}\,$V，试求负载电流 $\dot{I}_A$、$\dot{I}_B$、$\dot{I}_C$ 和 $\dot{I}_N$。并定性画出 $\dot{I}_A$、$\dot{I}_B$、$\dot{I}_C$ 相量图。

2-22 已知三相 △ 联结对称负载电路如图 2-40 所示。电源电压 $\dot{U}_A$ 和负载阻抗 Z 与题 2-21 相同，试求负载相电流 $\dot{I}_{ab}$、$\dot{I}_{bc}$、$\dot{I}_{ca}$ 和线电流 $\dot{I}_A$、$\dot{I}_B$、$\dot{I}_C$。

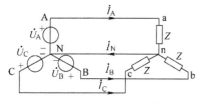
图 2-39 习题 2-21 电路

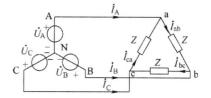
图 2-40 习题 2-22 电路

2-23 已知三相对称负载电路中，$\dot{U}_{AB} = 380\,\underline{/0°}\,$V，$Z = 10\,\underline{/53°}\,\Omega$，试分别求负载进行丫和△联结时的相电流、线电流。

2-24 已知三相对称负载 $Z = (30+\mathrm{j}40)\,\Omega$，线电压 $U_l = 380\,$V，试求对称负载分别进行丫和△联结时的三相负载功率。

第3章 常用半导体器件及其特性

【本章要点】
- PN 结单向导电性
- 二极管的伏安特性及主要参数
- 稳压二极管及其主要参数
- 晶体管电流放大和分配关系
- 晶体管输入输出特性曲线
- 晶体管 3 种基本组态和 3 种工作状态
- 晶体管的主要特性参数
- 场效应晶体管的主要特点(与晶体管性能比较)

当今世界电子技术飞速发展,电子产品琳琅满目,特别是集成电路、电视、电子计算机及电子通信产品的发展,几乎改变了世界和人们的生活。然而组成这些电子产品的基础是半导体材料和半导体器件,常用的半导体器件有二极管、晶体管和场效应晶体管等。

3.1 二极管

3.1.1 PN 结

半导体材料本身并无什么神奇特性,但是在组成 PN 结后,才演绎出多姿多彩的特性和功能。PN 结是半导体器件的基础。

1. N 型半导体和 P 型半导体

纯净的半导体材料称为本征半导体,具有晶体结构,最外层电子组成共价键,游离于共价键之外的自由电子和空穴仅是极少数。自由电子和空穴统称为载流子(运载电荷的粒子),自由电子带负电荷,空穴带正电荷,但自由电子数与空穴数数量相同,整体对外仍呈电中性。

本征半导体掺入杂质后称为掺杂半导体,根据其掺入杂质元素的化学价可分为 N 型半导体和 P 型半导体。

(1) N 型半导体是 4 价元素(例如硅)掺入微量 5 价元素(例如磷)后形成的。在 N 型半导体中,自由电子数≫空穴数,自由电子为多数载流子。

(2) P 型半导体是 4 价元素掺入微量 3 价元素(例如硼)后形成的。在 P 型半导体中,空穴数≫自由电子数,空穴为多数载流子。

2. PN 结及其单向导电特性

P 型半导体和 N 型半导体本身也无任何神奇之处,但当 P 型半导体和 N 型半导体合在一起时,在两块半导体的界面上形成 PN 结。由于 P 区和 N 区载流子浓度的差异,N 区的多数载流子(自由电子)，扩散到 P 区与空穴复合而消失；P 区的多数载流子(空穴)，扩散到 N 区与自由电子复合而消失。因而在两种半导体接触面上形成了一个没有自由电子和空穴的耗尽层。在这个耗尽层内，P 区由于空穴扩散和复合而带负电；N 区由于自由电子扩散和复合而带正电。正负电荷在界面两侧形成一个内电场，方向由 N 区指向 P 区，如图 3-1 所示。

PN 结外加电压时，显示出其基本特性——单向导电性。

（1）PN 结加正向电压——导通。P 区接电源正极，N 区接电源负极，称为加正向电压或正向偏置(简称正偏)，如图 3-1a 所示。由于外电场方向与 PN 结内电场方向相反，打破了原来 PN 结内部载流子运动的平衡。从而使得耗尽层变窄，内电场被削弱，多数载流子的扩散运动增强，形成较大的扩散电流 I，PN 结呈导通状态。外电场越强，扩散电流越大。

（2）PN 结加反向电压——截止。P 区接电源负极，N 区接电源正极，称为加反向电压或反向偏置(简称反偏)，如图 3-1b 所示。由于外电场方向与内电场方向一致，同样打破了原来 PN 结内部载流子运动的平衡。使耗尽层变宽，内电场增强，两区中的多数载流子很难越过耗尽层，因此无扩散电流通过，PN 结呈截止状态。

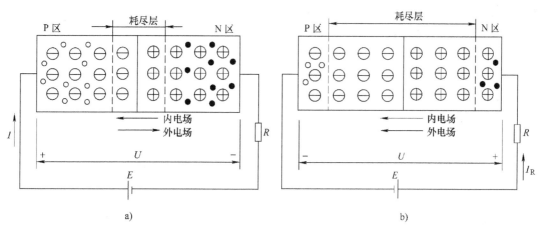

图 3-1　外加电压时的 PN 结

a）正偏　b）反偏

需要说明的是，在反偏状态下，少数载流子在内外电场的共同作用下，形成很小的反向电流 I_R。反向电流的大小取决于温度(包括光照)，而与外加电压基本无关(外加电压过大，超过 PN 结承受限额，另当别论)。在一定温度下，反向电流基本不变，因此也称为反向饱和电流。另外，由于硅和锗原子结构的差异，锗材料 PN 结的反向电流一般远大于硅材料 PN 结的反向电流。

3.1.2　二极管

将 PN 结加上相应的电极引线和管壳，就形成了二极管。P 端引出的电极称为阳极(正极)，N 端引出的电极称为阴极(负极)。

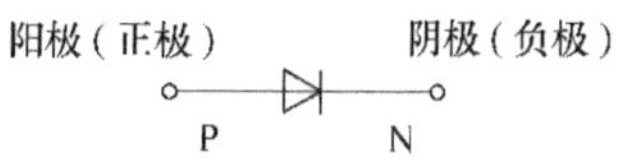

图 3-2　普通二极管符号

普通二极管的符号如图 3-2 所示。

二极管按制作材料，可分为硅二极管和锗二极管。按 PN 结结面积大小分，可分为点接触和面接触。点接触 PN 结结面积小，结电容小，高频特性好，但不能通过较大电流。面接触 PN 结结面积大，结电容大，工作频率低，但能通过较大电流。按用途分，可分为普通管、整流管、稳压管和开关管等。

1. 二极管的伏安特性

伏安特性，即元件两端电压 u（单位为 V）与流过元件的电流 i（单位为 A）之间的函数关系。二极管的伏安特性如图 3-3 所示。可分为正向和反向两大部分。

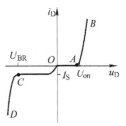

图 3-3 PN 结伏安特性

（1）正向特性。二极管正向特性又可分为两段：

1）死区段。对应于图 3-3 中 OA 段，此时二极管虽然加正向电压，但外加电压小于 PN 结内电场电压，因此二极管仍处于截止状态。死区电压又称为开启电压，用 U_{th} 表示，硅材料 U_{th} 约为 0.5 V，锗材料 U_{th} 约为 0.2 V。

2）导通段。对应于图 3-3 中 AB 段，此时外加电压大于二极管内电场电压，二极管处于导通状态。导通电压用 U_{on} 表示，实际上是二极管导通时的正向电压降，硅材料 U_{on} 为 0.6~0.7 V，锗材料 U_{on} 为 0.2~0.3 V。

（2）反向特性。二极管反向特性也可分为两段：

1）饱和段。对应于图 3-3 中 OC 段，此时二极管处于反偏截止状态，仅有少量反向电流，用 I_S 表示。因反向电流主要取决于温度而与外加电压基本无关，因此 OC 段与横轴基本平行，呈饱和特性，即反向电流基本上不随外加反向电压增大而增大。

需要指出的是，硅二极管的反向饱和电流 I_S 比锗二极管小得多。一般来讲，小功率硅二极管 I_S 小于 0.1 μA，可忽略不计；小功率锗二极管 I_S 为几十微安至几百微安。I_S 的大小体现了二极管单向导电特性的好坏，即质量的优劣。因此，硅二极管以其比锗二极管优越的特性得到了更广泛的应用。

2）击穿段。对应于图 3-3 中 CD 段，此时由于外加反向电压超出 PN 结能承受的最高电压 U_{BR}，反向电流急剧增大。

2. 温度对二极管伏安特性的影响

温度对二极管伏安特性有较大的影响。图 3-4 为同一个二极管在不同温度下的伏安特性，从图中看出：

1）温度升高后，二极管死区电压 U_{th} 和导通正向电压降 U_{on} 下降（正向特性左移）。在室温附近，温度每升高 1℃，U_{on} 约减小 2~2.5 mV。

2）温度升高后，二极管反向饱和电流 I_S 大大增大（反向特性下移）。温度每升高 10℃，反向饱和电流约增大一倍。这是因为反向饱和电流是少数载流子形成的电流，而少数载流子属本征激发，其数量主要与温度有关。

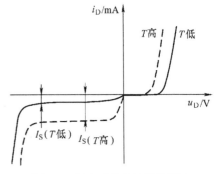

图 3-4 温度对伏安特性的影响

3. 二极管的主要特性参数

二极管的特性除用伏安特性描述外，还可用参数来表述。应用时，可依据这些特性参数合理选用。二极管的特性参数主要有下列几项。

（1）最大整流电流 I_F。I_F 定义为二极管长期运行允许通过的最大正向平均电流。从二极管正向伏安特性看出，二极管正向导通电流无上限，只要不超过二极管 PN 结最大允许功耗，二极管不会损坏。但为保证二极管长期可靠运行，I_F 为其上限值。

（2）最高反向工作电压 U_{RM}。U_{RM} 是允许施加在二极管两端的最大反向电压。为保证二极管可靠工作，通常规定 U_{RM} 为反向击穿电压 U_{BR} 的 $1/2$。

（3）反向电流 I_R 和反向饱和电流 I_S。I_R 是二极管在一定温度下反向偏置时的反向电流，因反向电流主要取决于温度而与外加电压基本无关，因此 $I_R \approx I_S$。

（4）最高工作频率 f_M。f_M 是保证二极管具有单向导电特性的最高交流信号频率。f_M 主要取决于二极管 PN 结结电容的大小，点接触二极管，f_M 高；面接触二极管，f_M 低。

以上二极管参数，I_F 和 U_{RM} 是极限参数，应用时不能超过，可根据需要选用。I_R 是性能质量参数，越小越好。f_M 也属于极限参数，但只有在高频电路中才予以考虑。

几种常用二极管特性参数如表 3-1 所示。

表 3-1　几种常用二极管特性参数

参　数 型　　号	最大整流电流 /mA	最高反向工作电压 /V	反向饱和电流 /μA	最高工作频率 /MHz
1N4001	1000	100	≤0.1	3
1N4007	1000	1000	≤0.1	3
1N5401	3000	100	≤10	3
1N4148	450	60	≤0.1	250

4. 理想二极管

为便于分析二极管电路，常将二极管等效为理想化的电路模型，主要有以下两种。

（1）理想二极管模型。该模型将二极管看作一个开关，加正向电压导通（正向电压降为零），加反向电压截止，其伏安特性如图 3-5a 所示。

（2）恒电压降模型。该模型将二极管看作理想二极管与一个恒压源 U_{on} 的串联组合。U_{on} 即二极管导通电压。这种模型的二极管也相当于一个开关，正向电压大于 U_{on} 时导通，正向电压小于 U_{on} 或加反向电压时截止。其伏安特性如图 3-5b 所示。

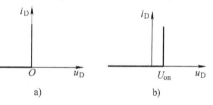

图 3-5　理想二极管的伏安特性
a）理想二极管模型　b）恒电压降模型

【例 3-1】　已知电路如图 3-6 所示，VD 为硅二极管，$R_L = 1\ \mathrm{k\Omega}$，当（1）$V_{DD} = 2\ \mathrm{V}$；（2）$V_{DD} = 10\ \mathrm{V}$ 时，试分别按理想二极管和恒电压降（$U_{on} = 0.6\ \mathrm{V}$）模型求解 I_O 和 U_O。

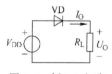

图 3-6　例 3-1 电路

解：（1）$V_{DD} = 2\ \mathrm{V}$ 时：

1）理想二极管模型：$U_O = V_{DD} = 2\ \mathrm{V}$

$$I_O = \frac{V_{DD}}{R_L} = \frac{2}{1 \times 10^3}\ \mathrm{A} = 2\ \mathrm{mA}$$

2）恒电压降模型：$U_O = V_{DD} - U_{on} = (2 - 0.6)\ \mathrm{V} = 1.4\ \mathrm{V}$

$$I_O = \frac{V_{DD} - U_{on}}{R_L} = \frac{2 - 0.6}{1 \times 10^3} A = 1.4 \, mA$$

（2） $V_{DD} = 10 \, V$ 时：

1）理想二极管模型： $U_O = V_{DD} = 10 \, V$

$$I_O = \frac{V_{DD}}{R_L} = \frac{10}{1 \times 10^3} A = 10 \, mA$$

2）恒电压降模型： $U_O = V_{DD} - U_{on} = (10 - 0.6) \, V = 9.4 \, V$

$$I_O = \frac{V_{DD} - U_{on}}{R_L} = \frac{10 - 0.6}{1 \times 10^3} A = 9.4 \, mA$$

从例3-1看出，当 $V_{DD} \gg U_{on}$ 时，两种模型计算结果的相对误差不大，在工程计算上允许存在，因此电路中二极管正向电压降一般可忽略不计。当 V_{DD} 与 U_{on} 数值相近时，分析计算应考虑二极管正向电压降。

3.1.3　稳压二极管

稳压二极管是一种特殊的面接触硅二极管，由于其在电路中在一定条件下能起到稳定电压的作用，故称为稳压管，图3-7a为其在电路中的符号。

1. 伏安特性

稳压管的伏安特性与普通二极管的伏安特性相似，如图3-7b所示，其与普通二极管伏安特性的区别在于反向击穿特性很陡，反向击穿时，电流虽然在很大范围内变化，但稳压管两端的电压变化却很小。

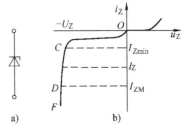

图3-7　稳压二极管符号及伏安特性
a）符号　b）伏安特性

2. 稳压工作条件

稳压管稳压工作时工作在伏安特性反向击穿段，因此其工作条件为：

1）电压极性反偏。

2）有合适的工作电流。

有合适的工作电流表示电流既不能太小，又不能太大，如图3-7b中 CD 段。若电流小了，工作在图3-7b中 OC 段，电流稍有变化，电压变化很大，不能稳压。若电流大了，如图3-7b中 DF 段，超出稳压管最大稳定电流 I_{ZM}，有可能超出稳压管最大功耗，发生热击穿而损坏。合适的工作电流依靠与稳压管串联的合适电阻加以调节。

3. 主要特性参数

（1）稳定电压 U_Z。

稳压管流过规定电流时两端的反向电压值，即稳压管的反向击穿值或稳压值。

（2）稳定电流 I_Z。

稳压管处于稳压工作时的电流参考值。在图3-7b中， $I_{Zmin} < I_Z < I_{ZM}$，应用稳压管时，应使其电流工作在 I_Z 附近。

（3）最大耗散功率 P_{ZM} 和最大工作电流 I_{ZM}。

P_{ZM} 和 I_{ZM} 是保证稳压管不被热击穿的极限参数，两个参数通常给出一个，另一个可由 $P_{ZM} = I_{ZM} U_Z$ 计算而得。

（4）动态电阻 r_Z。

$r_Z = \mathrm{d}u_Z / \mathrm{d}i_Z$，$r_Z$ 是稳压管的质量参数，表明其伏安特性反向击穿部分的陡峭程度，r_Z 越小，稳压管稳压特性越好。

（5）电压温度系数 α_Z。

α_Z 是稳压管稳定电压 U_Z 随温度变化的特性，定义为当稳压管电流为 I_Z 时，温度每改变 $1℃$，稳定电压 U_Z 变化的百分比。一般地，U_Z 低于 6 V 的稳压管 α_Z 为负值，U_Z 高于 6 V 的稳压管 α_Z 为正值，U_Z 在 6 V 附近的稳压管 α_Z 最小。

3.1.4 发光二极管和光电二极管

1. 发光二极管

发光二极管（Light Emitting Diode,LED）是一种能把电能直接转换成光能的固体器件，由砷化镓、磷化镓、氮化镓等半导体化合物制成。不同材料制作的发光二极管正向导通时能发出不同的颜色：红、绿、黄、蓝等；正向电压降大多为 1.5 ~2 V；工作电流为几毫安~几十毫安，亮度随电流增大而增强，典型工作电流 10 mA；反向击穿电压一般大于 5 V，为保证器件稳定工作，应使其工作在 5V 以下；外形尺寸品种繁多，以 $\phi3$ mm 和 $\phi5$ mm 为多；亮度有超亮、高亮、普亮之分（指通过相同电流显示亮度不同）。图 3-8a 为其电路符号，图 3-8b 为其应用电路，其中 U_S 可以是直流或交流；R 为限流电阻，用于控制流过 LED 的电流。LED 既可单独使用，又可组成 7 段 LED 数字显示器和其他矩阵式显示器件。随着 LED 新材料和制作技术的发展，发光二极管的应用越来越广泛。

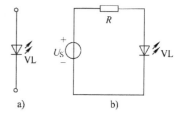

图 3-8 发光二极管符号及电路
a）符号 b）应用电路

2. 光电二极管

光电二极管的符号和伏安特性如图 3-9 所示，从其伏安特性中看出，光电二极管无光照时，反向电流（称为暗电流）很微小，一般为 0.1 μA 左右；有光照时反向电流（称为光电流）随光照度增加而增大，但光电流最大为几十微安。光电二极管主要用于光的测量，也可用作光电池，如图 3-9c 所示。加电源应用时，光电二极管应反偏，如图 3-9d 所示。光电二极管与其他器件组合，还可用于制作光电晶体管和光电耦合器。

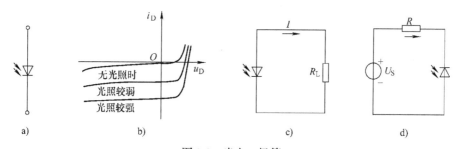

图 3-9 光电二极管
a）符号 b）伏安特性 c）用作光电池 d）加电源应用

3.1　什么叫 PN 结？PN 结有什么特性？

3.2　为什么 PN 结反向电流取决于温度而与外加电压基本无关？

3.3　为什么锗 PN 结的反向电流远大于硅 PN 结的反向电流？

3.4　温度上升后，二极管伏安特性曲线如何变化？

3.5　为什么稳压管处于稳压工作状态时必须有合适的工作电流？

3.6　稳定电压值为多少伏的稳压管电压温度系数趋近于 0？为什么？

3.7　发光二极管正向电压降和典型工作电流是多少？

3.8　光电二极管的反向电流与光照有何关系？光电二极管有何用途？

3.2　双极型晶体管

晶体管一般可以分为单极型晶体管和双极型晶体管（Bipolar Junction Transistor, BJT），双极型晶体管习惯简称晶体管，是最重要的一种半导体器体，自 1947 年问世以来，促使电子技术飞速发展，因此研究晶体管更显得重要。单极型晶体管即场效应晶体管，将在 3.3 节中简要介绍。

3.2.1　晶体管概述

1. 基本结构

晶体管基本结构有 NPN 型和 PNP 型，如图 3-10a 和图 3-11a 所示。

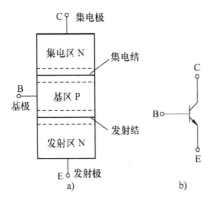

图 3-10　NPN 型晶体管的结构和符号

a）结构示意图　b）符号

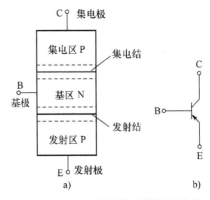

图 3-11　PNP 型晶体管的结构和符号

a）结构示意图　b）符号

1）两个 PN 结背靠排列，一个称集电结（或称 CB 结）；一个称发射结（或称 EB 结）。

2）3 块半导体分别称集电区、基区和发射区。其特点是：基区很薄；发射区掺杂浓度很高；集电区面积较大。

3）3 个引出电极分别称为集电极 C、基极 B 和发射极 E。

2. 符号

NPN 型和 PNP 型晶体管的符号分别如图 3-10b 和图 3-11b 所示，发射极的箭头既表示 NPN 型与 PNP 型晶体管的区别，又代表发射结正偏时发射极电流的实际方向和参考方向。

3. 电流放大和分配关系

晶体管的主要功能是电流放大。NPN 型与 PNP 型晶体管的工作原理相同，仅在使用时电源极性的连接不同而已。现以 NPN 型晶体管为例分析其电流放大原理。晶体管处于放大工作状态时，发射结必须正偏，集电结必须反偏（发射极与基极之间的 PN 结加正向电压，集电极与基极之间的 PN 结加反向电压），如图 3-12 所示。

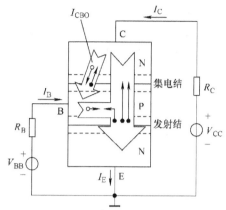

图 3-12　NPN 型晶体管中载流子运动及各电极电流

晶体管内部载流子的传输过程比较复杂，作为使用者更关心其外部电流分配关系。经理论推导和实验证明，晶体管 3 个电极外部电流有如下关系：

$$I_C = \beta I_B + (1+\beta) I_{CBO} \approx \beta I_B \qquad (3-1)$$

$$I_E = I_C + I_B = (1+\beta) I_B \qquad (3-2)$$

上述两式中，I_{CBO} 称为集-基反向饱和电流，一般很小，是晶体管的有害成分。β 称为电流放大系数，晶体管制成以后，在一定条件下，β 是一个常数。即集电极电流 I_C 与基极电流 I_B 之间有一定的比例关系，比例系数就是 β。因此，可以利用控制小电流 I_B 达到控制大电流 I_C 的目的，或者可理解为将小电流 I_B 放大 β 倍变成大电流 I_C，这就是晶体管的电流放大功能，也是晶体管最重要的特性。

3.2.2　晶体管的特性曲线

要正确地运用晶体管，不仅要知道晶体管内部载流子的运动规律，更要知道内部载流子运动的外部表现，即晶体管的输入输出特性曲线。它反映了晶体管的运行性能，是分析放大电路的重要依据，今后在分析晶体管电路时，一般不再分析内部载流子的运动情况，而是直接从晶体管特性曲线出发来分析电路工作状况。

1. 晶体管电路的 3 种基本组态

晶体管有 3 个电极，当组成放大电路时，以一个电极作为信号输入端，一个电极作为信号输出端，另一个电极作为输入输出的公共端，可构成 3 种基本组态，即 3 种不同的连接方式，分别称为共发射极电路、共基极电路和共集电极电路，如图 3-13 所示。

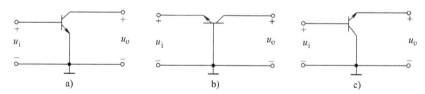

图 3-13　晶体管 3 种基本组态电路
a) 共发射极　b) 共基极　c) 共集电极

3 种不同的连接方式（或称组态）具有不同的特点，各有各的用途，下面将分别予以分析。其中以共发射极电路应用最广，作为重点研究。

需要指出的是，3 种接法，无论哪一种，要起到放大作用，都必须满足发射结正偏，集电结反偏的外部条件，否则将失去放大功能。

2. 共发射极输入特性曲线

晶体管的输入输出特性曲线可以通过图 3-14a 所示实验电路一点点测量和画出来，也可以方便地用晶体管特性图示仪直观清晰地测量显示出来。

（1）定义：

$$i_B = f(u_{BE}) \Big|_{u_{CE}=常数} \tag{3-3}$$

输入特性曲线即输入电流 i_B 与输入电压 u_{BE} 之间的函数关系，如图 3-14b 所示。

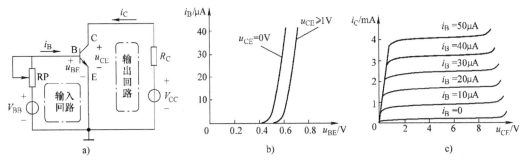

图 3-14 NPN 型晶体管共发射极电路特性曲线

a）电路　b）输入特性曲线　c）输出特性曲线

（2）特点：

1）输入特性曲线是一族曲线，对应于每一 u_{CE}，就有一条输入特性曲线。当 $u_{CE} \geqslant 1\,V$ 后，输入特性曲线族基本重合，因此 $u_{CE} = 1\,V$ 的那一条可以作为代表。

2）输入特性曲线与二极管正向伏安特性曲线相似。特性曲线上也有一段死区，只有在 u_{BE} 大于死区电压时，晶体管才能产生 i_B。硅管的死区电压约为 0.5 V，锗管约为 0.2 V。

3）在正常工作情况下，即放大工作状态时，硅管的 u_{BE} 约为 0.6 ~ 0.7 V，锗管约为 0.2 ~ 0.3 V。

需要说明的是，若晶体管为 PNP 型时，输入特性曲线极性相反。即若坐标轴正向取 $-i_B$ 及 $-u_{BE}$，则特性曲线与 NPN 型形状一致。

3. 共发射极输出特性曲线

（1）定义：

$$i_C = f(u_{CE}) \Big|_{i_B=常数} \tag{3-4}$$

输出特性曲线即输出电流 i_C 与输出电压 u_{CE} 之间的函数关系，如图 3-14c 所示。

（2）特点：

1）输出特性曲线是一族曲线，对应于每一 i_B 都有一条输出特性曲线。

2）当 $u_{CE} > 1\,V$ 后，曲线比较平坦，即 i_C 不随 u_{CE} 增大而增大，这就是晶体管的恒流特性。这是晶体管除电流放大作用外的另一个重要的特性。

3）当 i_B 增加时，曲线上移，表明对于同一 u_{CE}，i_C 随 i_B 增大而增大，这就是晶体管的电流放大作用。

4. 晶体管共射电路工作状态

晶体管的工作状态可分为放大、截止和饱和。在晶体管共发射极输出特性曲线上，可以划分晶体管的 3 个工作区域：放大区、饱和区和截止区。除了工作区域外，还有一个击穿区(不能安全工作)，如图 3-15 所示。

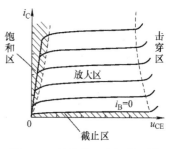

图 3-15　晶体管 3 个工作区域

（1）放大区。

条件：发射结正偏，集电结反偏。

特点：$i_C = \beta i_B$，i_C 与 i_B 成正比关系。

（2）截止区。

条件：发射结反偏，集电结反偏。

特点：$i_B = 0$，$i_C = I_{CEO} \approx 0$。

截止区对应于图 3-15 中 $i_B = 0$ 那条输出特性曲线与横轴之间的部分。

（3）饱和区。

条件：发射结正偏，集电结正偏。

特点：i_C 与 i_B 不成比例。即 i_B 增大，i_C 很少增大或不再增大，达到饱和，失去放大作用。

饱和区对应于图 3-15 中输出特性曲线几乎垂直上升部分与纵轴之间的区域(深饱和)以及输出特性曲线趋于平坦前弯曲部分区域(浅饱和)。

（4）击穿区。击穿区不是晶体管的工作区域。当 u_{CE} 大于一定数值后，输出特性曲线开始上翘，若 u_{CE} 进一步增大，晶体管将击穿损坏。将每一条输出特性曲线开始上翘的拐点连成一线，右边部分即为击穿区，如图 3-15 所示。

3.2.3　晶体管的主要参数

晶体管的特性除用输入和输出特性曲线表示外，还可用一些参数来说明，这些参数也是设计电路、选用晶体管的依据。

（1）电流放大系数 β。

$$\beta = \frac{\mathrm{d}i_C}{\mathrm{d}i_B} \approx \frac{\Delta i_C}{\Delta i_B} \tag{3-5}$$

工作在放大区时，$\beta \approx i_C / i_B$。

（2）集-基反向饱和电流 I_{CBO} 和集-射反向饱和电流 I_{CEO}。晶体管极间反向电流有 I_{CBO} 和 I_{CEO}，是表征晶体管质量的重要参数。

I_{CEO} 与 I_{CBO} 的关系为

$$I_{CEO} = (1 + \beta) I_{CBO} \tag{3-6}$$

I_{CBO} 受温度影响大，即温度升高，I_{CBO} 急剧增大。在室温下，小功率锗管在几至几百微安，小功率硅管在 0.1 μA 以下，所以硅管的 I_{CBO} 比锗管小得多，即硅管的热稳定性比锗管好。I_{CBO} 越小越好。

从输出特性曲线上看，I_{CEO} 相当于 $i_B = 0$ 的那条输出特性曲线与横轴所夹的纵向距离，如图 3-16 所示。

（3）集电极最大允许电流 I_{CM}。集电极电流 I_C 超过一定值时，晶体管的 β 值要下降。当 β 值下降到正常值的 2/3 时的集电极电流，称为集电极最大允许电流 I_{CM}。

（4）集电极最大允许耗散功率 P_{CM}。集电极电流流过集电结时，将消耗一定的功率，使结温升高，甚至损坏。使晶体管性能变坏或损坏的功率称为集电极最大允许耗散功率 P_{CM}。

P_{CM} 曲线如图 3-17a 所示，晶体管的工作点应选在 P_{CM} 曲线的左下方，并留有余地。

P_{CM} 值与温度有关，温度越高，P_{CM} 值越小，曲线将向左下方移动。晶体管的功能作用受到温度的限制，锗管上限温度约 90℃，硅管上限温度约 150℃，对于大功率管，为了提高 P_{CM} 值，常采用加散热装置的办法。

（5）集-射极反向击穿电压 $U_{(BR)CEO}$。$U_{(BR)CEO}$ 是基极开路时，加在集电极与发射极之间的最大允许电压，超过 $U_{(BR)CEO}$，I_C 将大幅度上升，晶体管将被击穿。$U_{(BR)CEO}$ 对应于 $i_B=0$ 那条输出特性曲线向上翘起拐点的横坐标，如图 3-16 所示。

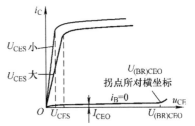

图 3-16　I_{CEO}、$U_{(BR)CEO}$ 和 U_{CES}

根据晶体管 3 个极限参数，可确定晶体管安全工作区域，即由 I_{CM}、P_{CM}、$U_{(BR)CEO}$ 与两坐标轴包围的区域，如图 3-17b 所示。

（6）饱和压降 U_{CES}。U_{CES} 是晶体管处于饱和工作状态时，C、E 之间的电压降。U_{CES} 越小越好。U_{CES} 小，工作在饱和状态时功耗小，管子不易发热，开关性能好。一般小功率硅管 $U_{CES}<0.1V$，大功率硅管 U_{CES} 较大。

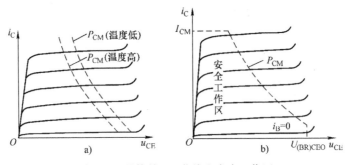

图 3-17　晶体管 P_{CM} 曲线和安全工作区

从输出特性曲线上看，曲线上升部分斜率较大者 U_{CES} 较小；斜率较小者 U_{CES} 较大，如图 3-16 所示。

（7）特征频率 f_T。由于晶体管极间电容的影响，当信号频率升高时，晶体管放大功能将下降。信号频率升高时，β 下降到 1 时的频率称为特征频率 f_T。

晶体管的参数大致可以分成两大类：一类是性能质量参数，如 β、I_{CBO}、I_{CEO}、f_T、U_{CES} 等，反映了晶体管的性能与质量。另一类是极限参数，如 I_{CM}、P_{CM}、$U_{(BR)CEO}$ 等，反映了在使用时不能超过的条件。表 3-2 为几种常用小功率晶体管特性参数。

表 3-2　几种常用小功率晶体管特性参数

参数 型号	极性	I_{CM} /mA	P_{CM} /mW	$U_{(BR)CEO}$ /V	β	I_{CBO} /μA	f_T /MHz
3DG6	NPN(硅)	20	100	≥30	20~200	≤0.1	≥100
3AG1	PNP(锗)	10	50	≥10	≥20	≤100	≥20
3AX31A	PNP(锗)	125	125	≥12	40~100	≤100	≥8kHz
9012	PNP(硅)	500	625	≥20	64~202	≤0.1	≥3
9013	NPN(硅)	500	625	≥20	64~202	≤0.1	≥3
9014	NPN(硅)	100	450	≥45	60~1000	≤0.05	≥150
9015	PNP(硅)	100	450	≥45	60~1000	≤0.05	≥150
9018	NPN(硅)	100	300	≥12	40~200	≤0.05	≥700

【例 3-2】　已测得晶体管各极对地电压值为 U_1、U_2、U_3，且已知其工作在放大区，试判断其硅管或锗管？NPN 型或 PNP 型？并确定其 E、B、C 三极。

(1) $U_1 = 5.2\,V$，$U_2 = 5.4\,V$，$U_3 = 1.4\,V$。

(2) $U_1 = -2\,V$，$U_2 = -4.5\,V$，$U_3 = -5.2\,V$。

解：(1) PNP 型锗管，U_1、U_2、U_3 引脚分别对应 B、E、C 极。

(2) NPN 型硅管，U_1、U_2、U_3 引脚分别对应 C、B、E 极。

分析此类题目的步骤是：

1) 确定硅管或锗管，确定集电极 C。

晶体管工作在放大区时 U_{BE}：硅管约 0.6~0.7 V，锗管约 0.2~0.3 V。据此，可寻找电压差值为该两个数据的引脚。若为 0.6~0.7 V，则该管为硅管；若为 0.2~0.3 V，则该管为锗管，且该两引脚为 B 极或 E 极，另一引脚为 C 极。

题(1)中 U_1、U_2，题(2)中 U_2、U_3 符合此条件，因此可确定：题(1)为锗管，U_3 引脚对应 C 极；题(2)为硅管，U_1 引脚对应 C 极。

2) 确定 NPN 型或 PNP 型。

此时虽已知道该两引脚为 B 极或 E 极，但还不能区分。可将 C 极电压与 B、E 引脚电压比较高低。若 C 极电压高，则为 NPN 型；若 C 极电压低，则为 PNP 型。因为晶体管工作在放大区时，满足 CB 结反偏条件，NPN 型 C 极电压高于 B、E 极；PNP 型 C 极电压低于 B、E 极。

题(1)中 U_3 低于 U_1、U_2，为 PNP 型；题(2)中 U_1 高于 U_2、U_3，为 NPN 型。

3) 区分 B 极和 E 极。

确定 NPN 型或 PNP 型后，可进一步区分 B 极和 E 极。晶体管工作在放大区时，NPN 型各极电压高低排列次序为 $U_C > U_B > U_E$；PNP 型各极电压高低排列次序为 $U_C < U_B < U_E$。

因此，题(1)中 U_1 为 B 极，U_2 为 E 极；题(2)中 U_2 为 B 极，U_3 为 E 极。

【例 3-3】　已测得电路中几个晶体管对地电压值如图 3-18 所示，已知这些晶体管中有好有坏，试判断其好坏。若好，则指出其工作状态(放大、截止、饱和)；若坏，则指出损坏类型(击穿、开路)。

解：a) 放大；b) 饱和；c) 截止；d) 损坏，B、E 间开路；e) B、E 间击穿损坏或外部短路；或晶体管好，处于截止状态；f) 饱和；g) 放大；h) 截止。

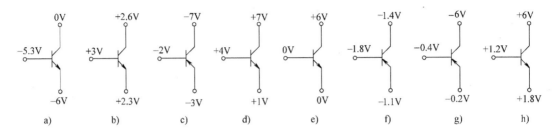

图 3-18 例 3-3 电路

分析此类题目的判据和步骤是:

1) 判发射结是否正常正偏。

凡满足 NPN 型硅管 U_{BE} 为 0.6~0.7 V,PNP 型硅管 U_{BE} 为 -0.6~-0.7 V;NPN 型锗管 U_{BE} 为 0.2~0.3 V,PNP 型锗管 U_{BE} 为 -0.2~-0.3 V 条件者,晶体管一般处于放大或饱和状态。不满足上述条件的晶体管处于截止状态,或已损坏。a)、b)、f)、g) 满足条件;c)、d)、e)、h) 不满足条件。

2) 区分放大或饱和。

区分放大或饱和的条件是集电结偏置状态,集电结正偏,饱和,此时 U_{CE} 很小,b)、f) 满足条件;集电结反偏,放大,此时 U_{CE} 较大,a)、g) 满足条件。但若 NPN 型管 $U_C < U_E$,PNP 型管 $U_C > U_E$,则电路工作不正常,一般有故障。若 $U_C = V_{CC}$(电路中有集电极电阻 R_C),说明无集电极电流,C 极内部开路。

3) 若发射结反偏,或 U_{BE} 小于 1)中数据,则晶体管处于截止状态或损坏。c)、e)、h) 属于这一情况。

4) 若满足发射结正偏,但 U_{BE} 过大,也属不正常情况,如 d)。

【复习思考题】

3.9 晶体管电流 I_E、I_B、I_C 之间有什么关系?

3.10 晶体管共射输入特性曲线有几条?是否有死区?

3.11 晶体管共射输出特性曲线有几条?

3.12 如何从晶体管共射输出特性曲线上划分放大、截止和饱和 3 个工作区域?

3.13 晶体管安全工作区由哪几条边界围成?

3.14 晶体管参数中,哪些是极限参数?哪些是性能参数?哪些是质量参数?

3.3 场效应晶体管概述

场效应晶体管(Field Effect Transistor,FET)也称为单极型晶体管,3.2 节所述的晶体管是双极型晶体管。所谓单极双极是指半导体中参与导电的载流子种类是一种还是两种,场效应晶体管只有一种载流子(多数载流子)参与导电,称为单极型晶体管;晶体管有两种载流子(多数载流子和少数载流子)参与导电,称为双极型晶体管。场效应晶体管和晶体管都是晶体管,也都是半导体器件。但习惯上晶体管是指双极型晶体管。

1. 分类

(1) 从结构上可分为结型和绝缘栅型。绝缘栅型由金属(Metal)、氧化物(Oxide)和半导体(Semiconductor)组成，简称为 MOS 型。

（2）从半导体导电沟道类型上可分为 P 沟道和 N 沟道。

（3）从有无原始导电沟道上可分为耗尽型和增强型。

据此，场效应晶体管可分为 N 沟道结型、P 沟道结型、耗尽型 NMOS、耗尽型 PMOS、增强型 NMOS 和增强型 PMOS 共 6 种。

场效应晶体管内部结构根据其分类不同而不同，由于篇幅关系，且我们关心的主要是其外部应用特性，因此有关内部结构本书不予展开。

同理，场效应晶体管的工作原理必须结合内部结构才能讲清，因此本书也不予展开。读者只需知道其主要工作原理是利用电场效应原理，用输入电压开启、夹断或改变导电沟道宽窄，从而控制输出电流的大小，属于电压控制型器件。

场效应晶体管的电极 D、G 和 S 分别称为漏极、栅极和源极（MOS 型场效应晶体管还引出一个衬底电极 B），其作用分别相当于晶体管的 C、B 和 E 极。

2. 特性曲线

场效应晶体管的特性曲线与晶体管有点不同，晶体管有输入特性曲线和输出特性曲线，场效应晶体管只有转移特性曲线和输出特性曲线。为什么场效应晶体管没有输入特性曲线呢？输入特性是输入电压与输入电流之间的函数关系，场效应晶体管由于输入电阻高，输入电流趋近于 0，因此没法构成输入特性曲线。场效应晶体管是依靠栅源电压 u_{GS} 控制输出电流 i_D（相当于晶体管用 i_B 控制 i_C）。

（1）转移特性。

1）定义：

$$i_D = f(u_{GS}) \Big|_{u_{DS}=常数} \tag{3-7}$$

2）特点：

以 N 沟道场效应晶体管为例，其转移特性曲线如图 3-19 所示。

① 场效应晶体管转移特性曲线为一族曲线。对应于每一 u_{DS}，有一条转移特性曲线，但 $|u_{DS}| > |U_{GS(off)}|$ 后，曲线族基本重合。

② 场效应晶体管控制输出电流也有死区，分别称为夹断电压 $U_{GS(off)}$（结型、耗尽型 MOS 适用）和开启电压 $U_{GS(th)}$（增强型 MOS 适用）。

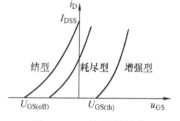

图 3-19　N 沟道场效应晶体管转移特性

③ 结型、耗尽型 MOS 场效应晶体管转移特性曲线与纵轴的交点为饱和漏极电流 I_{DSS}，I_{DSS} 一般为场效应晶体管最大电流。增强型 MOS 无 I_{DSS} 参数。

需要指出的是，MOS 型场效应晶体管衬底电压 u_{BS} 对 i_D 也有影响，但通常衬底 B 接源极（有的 MOS 管在管内将 B、S 极短路）。

（2）输出特性。

1）定义：

$$i_D = f(u_{DS}) \Big|_{u_{GS}=常数} \tag{3-8}$$

N 沟道场效应晶体管输出特性曲线如图 3-20 所示。

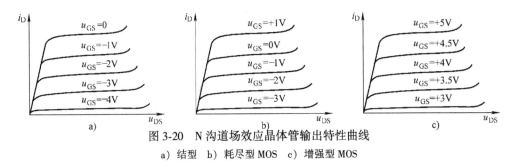

图 3-20　N 沟道场效应晶体管输出特性曲线
a）结型　b）耗尽型 MOS　c）增强型 MOS

2）特点：

① 场效应晶体管输出特性曲线类似于晶体管输出特性曲线，是输出电流与输出电压之间的函数关系。对应于不同的输入电压(控制电压)u_{GS}，有一条输出特性曲线，输出特性曲线是一族曲线。

② N 沟道结型、耗尽型 NMOS 最下面一条(最靠近横轴)输出特性曲线和 P 沟道结型、耗尽型 PMOS 最上面一条输出特性曲线的参数为：$u_{GS} = U_{GS(off)}$。N 沟道结型最上面一条(P 沟道结型最下面一条)输出特性曲线的参数为：$u_{GS} = 0$。

表 3-3 为各类场效应晶体管类型、电路符号和特性曲线。

3. 场效应晶体管 3 个工作区域

场效应晶体管输出特性曲线上也可划分为 3 个工作区域，分别称为放大区(也称为饱和区或恒流区)、截止区和可变电阻区(相当于晶体管的饱和区)，还有 1 个击穿区，如图 3-21 所示。

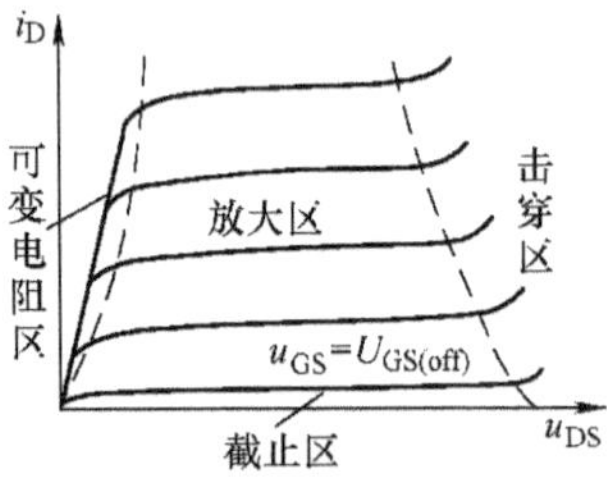

4. 场效应晶体管主要参数

（1）夹断电压 $U_{GS(off)}$ 或开启电压 $U_{GS(th)}$。u_{DS} 为某一定值时，使 i_D 趋于 0(例如 $i_D = 10\,\mu A$)所加的 u_{GS} 即为 $U_{GS(off)}$ (结型、耗尽型 MOS 适用)和 $U_{GS(th)}$ (增强型 MOS 适用)。

图 3-21　场效应晶体管
3 个工作区域划分

（2）饱和漏极电流 I_{DSS}。$u_{GS} = 0$ 时的漏极电流称为 I_{DSS}。I_{DSS} 是结型场效应晶体管最大电流，对耗尽型 MOS 场效应晶体管，i_D 虽可超出 I_{DSS}，但一般不在超出区运行。

增强型 MOS 无 I_{DSS} 参数，转移特性曲线方程中用 $u_{GS} = 2U_{GS(th)}$ 时的漏极电流 I_{DO} 替代 I_{DSS}。

（3）低频跨导(互导)g_m。

$$g_m = \frac{di_D}{du_{GS}}\bigg|_{u_{DS}=常数} \tag{3-9}$$

g_m 反映了 u_{GS} 对 i_D 控制能力，相当于晶体管的 β，但 β 无单位，g_m 有单位：S(西[门子])，$S = 1/\Omega$，g_m 一般为几毫西(mS)。同 β 一样，g_m 为动态参数，与场效应晶体管工作点有关。

除以上 3 项主要参数外，场效应晶体管还有直流输入电阻 R_{GS}、漏源输出电阻 r_{ds}、漏源击穿电压 $U_{(BR)DS}$、栅源击穿电压 $U_{(BR)GS}$、最大耗散功率 P_{DM} 等参数。

表 3-3　各类场效应晶体管比较表

结构种类	工作方式	符　号	电　压　极　性			转　移　特　性	输　出　特　性
			$U_{GS(off)}$ 或 $U_{GS(th)}$	u_{GS}	u_{DS}		
结型 N 沟道	耗尽型	G—D S	负	负	正	i_D, I_{DSS}, $U_{GS(off)}$, u_{GS}	i_D, $u_{GS}=0V$, $-1V$, $-2V$, $-3V$, u_{DS}
结型 P 沟道	耗尽型	G—D S	正	正	负	i_D, $U_{GS(off)}$, u_{GS}, $-I_{DSS}$	i_D, u_{DS}, $+3V$, $+2V$, $+1V$, $u_{GS}=0V$
绝缘栅 N 沟道	增强型	G—D S	正	正	正	i_D, $U_{GS(th)}$, u_{GS}	i_D, $u_{GS}=+5V$, $+4V$, $+3V$, u_{DS}
	耗尽型	G—D B S	负	可正 可负 或零	正	i_D, I_{DSS}, $U_{GS(off)}$, u_{GS}	i_D, $+1V$, $u_{GS}=0V$, $-1V$, $-2V$, u_{DS}
绝缘栅 P 沟道	增强型	G—D B S	负	负	负	i_D, $U_{GS(th)}$, u_{GS}	i_D, u_{DS}, $-3V$, $-4V$, $u_{GS}=-5V$
	耗尽型	G—D B S	正	可正 可负 或零	负	i_D, $U_{GS(off)}$, u_{GS}, $-I_{DSS}$	i_D, u_{DS}, $+2V$, $+1V$, $u_{GS}=0V$, $-1V$

5. 场效应晶体管与晶体管性能比较

场效应晶体管与晶体管比较，主要区别如下：

（1）场效应晶体管的输入电阻大大高于晶体管。晶体管的输入电阻为 r_{be}，约 $10^2 \sim$

$10^4 \ \Omega$；结型场效应晶体管输入电阻约 $10^7 \ \Omega$；MOS 场效应晶体管输入端 G 极与源极 S 之间有一层二氧化硅，两者是绝缘的（因此 MOS 场效应晶体管也称为绝缘栅型场效应晶体管），输入电阻可高达 $10^{15} \ \Omega$。

（2）场效应晶体管是电压控制器件，用栅源电压 u_{GS} 控制输出电流 i_D（相当于晶体管用 i_B 控制 i_C）。反映场效应晶体管放大控制能力的是低频跨导 g_m（相当于晶体管的 β）。

（3）场效应晶体管热稳定性比晶体管好。由于场效应晶体管只有一种载流子即多数载流子参与导电，无少数载流子参与导电，因此场效应晶体管热稳定性好，噪声小，抗辐射能力强，且具有零温度系数工作点。

（4）场效应晶体管制造工艺简单，成本低，便于大规模集成。现代电子计算机和超大规模集成电路就是以场效应晶体管为基本器件构成和发展起来的。

（5）由于场效应晶体管的漏极和源极结构对称，因此漏极、源极可互换使用。但有的 MOS 管已将源极与衬底连在一起，则不能互换使用。

（6）由于 MOS 场效应晶体管绝缘层很薄，即使只有几伏栅源电压，也可产生高达 $10^5 \sim 10^6$ V/cm 的强电场。且因为输入电阻高，栅极开路时，静电感应出来的电荷很难泄漏，电荷积累造成电压升高，尤其是极间电容较小时，少量电荷就会产生较高的电压，因此，MOS 场效应晶体管很易产生击穿，甚至有时还未使用就已击穿。因此，在保存、测试和焊接时，栅极不能是悬空。

【复习思考题】

3.15 什么叫单极型晶体管和双极型晶体管？

3.16 叙述场效应晶体管 3 个电极，分别相当于晶体管哪个电极？

3.17 与晶体管相比，场效应晶体管有哪些主要特点？

3.4 习题

3-1 试根据图 3-22 所示电路判断二极管工作状态（导通或截止），并求 U_{AB}（设 VD 为理想二极管）。

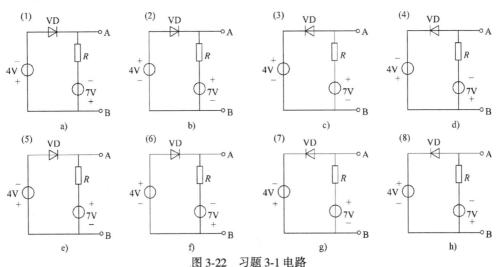

图 3-22 习题 3-1 电路

3-2 已知电路如图 3-23 所示，u_i 波形如图 3-24 中虚线所示，$u_i = 10\sin\omega t\,(V)$，$E = 5\,V$，试沿虚线画出 u_o 波形。

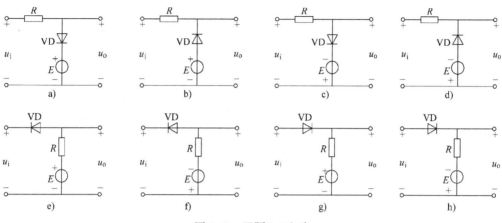

图 3-23 习题 3-2 电路

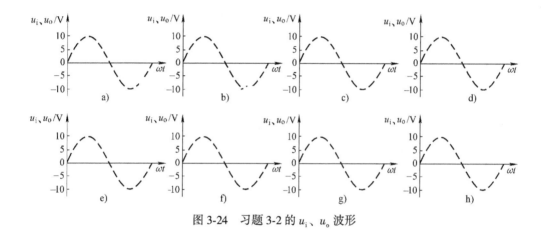

图 3-24 习题 3-2 的 u_i、u_o 波形

3-3 已知某二极管 I_S 在 25℃ 时为 10 μA，求当温度上升至 65℃ 时，反向电流是多少？

3-4 已知某二极管 25℃ 正向导通时的管压降为 0.65 V，试求温度升高至 65℃ 且其他条件相同时，管压降是多少？

3-5 已知晶体管处于放大工作状态，$\beta = 80$，$I_{CBO} = 1\,μA$，$I_B = 150\,μA$，求 I_C 及 I_E。

3-6 已知某晶体管，温度每升高 1℃，β 增加 1%，25℃ 时 $\beta = 80$，求该晶体管 50℃ 时 β 值。

3-7 已测得晶体管各极对地电压值为 U_1、U_2、U_3，如表 3-4 所示，且已知其工作在放大区，试判断其硅管或锗管，NPN 型或 PNP 型？并确定其 E、B、C 三极。

表 3-4 习题 3-7 表格

晶体管编号	VT_1			VT_2			VT_3			VT_4		
晶体管电极编号	1	2	3	1	2	3	1	2	3	1	2	3

（续）

对地电压/V	U_1	U_2	U_3	U_1	U_2	U_3	U_1	U_2	U_3	U_1	U_2	U_3
	3.2	3.9	9.8	6.0	13.5	13.7	-2.3	-5	-1.6	-3.6	-1.7	-4.2
电极名称												
硅管或锗管												
NPN 型或 PNP 型												

3-8 已测得图 3-25 所示电路中几个晶体管对地电压值，已知这些晶体管中有好有坏，试判断其好坏。若好，则指出其工作状态（放大、截止、饱和）；若坏，则指出损坏类型（击穿、开路）。

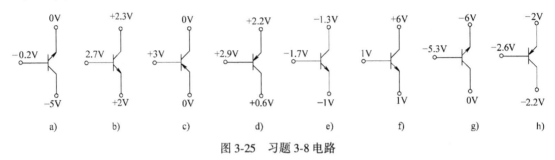

图 3-25 习题 3-8 电路

第4章　放大电路基础

【本章要点】
- 共射基本放大电路的组成和各元器件作用
- 共射基本放大电路的静态分析和动态分析
- 截止失真与饱和失真
- 温度对晶体管参数的影响及静态工作点稳定电路
- 共集电极电路和共基极电路的特点和用途
- 负反馈对放大电路性能的影响
- 互补对称功率放大电路
- 理想化集成运算放大器及其特点
- 集成运算放大器基本输入电路：反相输入、同相输入和差动输入
- 集成运算放大器基本运算电路

　　放大电路是模拟电子电路最基本的组成部分，应用十分广泛，掌握放大电路的基本原理和分析方法是学习电子技术的基础。

4.1　共射基本放大电路

4.1.1　共射基本放大电路概述

　　晶体管放大电路有 3 种组态：共射、共集和共基，其中，共射电路为最基本的放大电路。

1. 电路组成和各元器件作用

图 4-1a 为共射基本放大电路。

1) u_s：电压信号源，提供输入信号。

2) R_s：电压信号源内阻。

3) R_L：交流负载电阻。

4) VT：晶体管，放大器件。

5) R_B：基极电阻，提供静态基极电流，使晶体管有合适的静态工作点。

6) R_C：集电极电阻，提供集电极电流通路，是晶体管直流负载电阻，将晶体管放大的集电极电流信号转换为电压信号。

7) C_1：输入端耦合电容，隔直通交，耦合输入信号中的交流成分，隔断信号源中的直流成分。

8) C_2：输出端耦合电容，隔直通交，耦合输出信号中的交流成分，隔断输出信号中的直流成分。

9) V_{CC}：直流电源，提供晶体管静态偏置，即发射结正偏，集电结反偏，同时作为电流

放大的能源。

2. 直流通路和交流通路

放大电路的一个重要特点是交直流信号并存，这也是电子技术初学者感觉不易接受的难点，因此有必要理解共射基本放大电路的直流通路和交流通路。

（1）直流通路。由于电容对直流来说，其容抗趋于∞，相当于开路。因此，画直流通路时只需将电容开路。共射基本放大电路的直流通路如图 4-1b 所示。

（2）交流通路。在电子线路中，一般可认为耦合电容、旁路电容对交流信号的容抗足够小，忽略不计，视作短路。直流电源可看作是一个直流理想电压源，只有直流成分，不含交流成分，即交流电压成分为 0。在交流通路中，交流电压为 0，相当于交流接地。因此，画交流通路的方法是将电容短路，将直流电源接地。图 4-1c 为共射基本放大电路的交流通路。

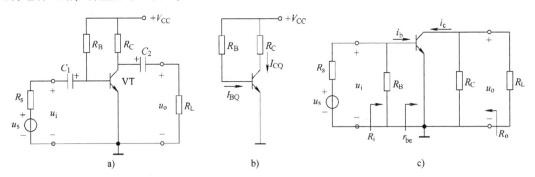

图 4-1　共射基本放大电路
a）电路　b）直流通路　c）交流通路

4.1.2　共射基本放大电路的分析

前述放大电路是交直流并存，而交流和直流又有各自不同的特点。因此，分析放大电路也需要分别进行直流分析和交流分析。

1. 直流分析

直流分析也称为静态分析，即根据直流通路分析电路的直流电流和直流电压。从计算角度看，静态分析主要计算 3 项：静态基极电流 I_{BQ}、静态集电极电流 I_{CQ} 和静态集射电压 U_{CEQ}。I_{BQ}、I_{CQ} 和 U_{CEQ} 中下标 Q 表示静态工作点 Q 处的 I_B、I_C 和 U_{CE}。静态工作点是指电路、电路元件和环境温度在既定条件下，输入信号为零时的晶体管直流电压和直流电流状态。

静态基极电流：

$$I_{BQ} = \frac{V_{CC} - U_{BEQ}}{R_B} \approx \frac{V_{CC}}{R_B} \tag{4-1}$$

静态集电极电流：

$$I_{CQ} = \beta I_{BQ} + I_{CEO} \approx \beta I_{BQ} \tag{4-2}$$

静态集射电压：

$$U_{CEQ} = V_{CC} - I_{CQ} R_C \tag{4-3}$$

对硅晶体管来说，$U_{BEQ} = 0.6 \sim 0.7\,\text{V}$，若 $U_{BEQ} \ll V_{CC}$，一般可忽略不计。另外，硅晶体管 I_{CBO}、I_{CEO} 很小，也可忽略不计。

2. 交流分析

交流分析也称为动态分析，即根据交流通路分析电路的交流电流和交流电压。由于晶体管是一个非线性器件，因此不能用线性电路的分析方法精确计算其电压电流值，一般用图解法和微变等效电路法。图解法是根据晶体管的输入和输出特性曲线，求解晶体管放大电路的电压电流值。可以全面反映晶体管的工作情况，比较直观，既能作静态分析，又能作动态分析，尤其是能分析非线性失真的情况。但图解法不够精确(一般不易得到比较精确的晶体管输入和输出特性曲线)，比较麻烦，因而限制了它的应用。微变等效电路法是用晶体管在低频(20 kHz 以下)条件下的 h 参数等效电路等效替代晶体管。"微"是指小信号，"变"是指交流。在"微变"条件下，晶体管静态工作点 Q 处的一小段特性曲线可近似看作是线性的，然后利用线性电路的分析方法对电路近似估算。限于篇幅，两种方法的详细分析本书均不予展开，直接给出结论。对于图 4-1a 电路，有：

（1）电压放大倍数：

$$A_u = \frac{u_o}{u_i} = \frac{-\beta R'_L}{r_{be}} \tag{4-4}$$

其中，R'_L 为共射基本放大电路输出端等效负载，$R'_L = R_C /\!/ R_L$。r_{be} 为晶体管输入电阻，可按下式计算：

$$r_{be} = r_{bb'} + (1+\beta)\frac{26\,\mathrm{mV}}{I_{EQ}(\mathrm{mA})} \tag{4-5}$$

其中，$r_{bb'}$ 为晶体管基区体电阻，对于小功率晶体管，$r_{bb'}$ 约 200 Ω；26 mV 是温度电压当量在室温(300 K)时的数值；I_{EQ} 是晶体管发射极静态电流(单位为 mA，一般可以 I_{CQ} 代入，因 $I_{CQ} \approx I_{EQ}$)。

需要说明的是，放大倍数在工程上常用分贝(dB)来表示，$A_u(\mathrm{dB}) = 20\lg|A_u|$。

（2）电路输入电阻：

$$R_i = R_B /\!/ r_{be} \approx r_{be} \tag{4-6}$$

一般情况下，$r_{be} \ll R_B$，并联时 R_B 可忽略不计。

（3）电路输出电阻：

$$R_o = r_{ce} /\!/ R_C \approx R_C \tag{4-7}$$

根据戴维南定理，求解 R_o 时，u_s 应短路；u_s 短路后，$i_b = 0$；$i_b = 0$ 后，$\beta i_b = 0$，相当于开路。因此 $R_o = r_{ce} /\!/ R_C$，其中 r_{ce} 为晶体管输出电阻(图中未画出，$r_{ce} = 1/h_{oe}$)，一般 $r_{ce} \gg R_C$，所以，$R_o \approx R_C$。

【例 4-1】 已知共射基本放大电路如图 4-1a 所示，$\beta = 80$，$U_{BEQ} = 0.7\,\mathrm{V}$，$r_{bb'} = 200\,\Omega$，$R_B = 470\,\mathrm{k\Omega}$，$R_C = 3.9\,\mathrm{k\Omega}$，$R_L = 6.2\,\mathrm{k\Omega}$，$R_s = 3.3\,\mathrm{k\Omega}$，$u_s = 20\sin\omega t\ \mathrm{mV}$，$V_{CC} = 12\,\mathrm{V}$，试求：
（1）I_{BQ}、U_{CQ}、U_{CEQ}；（2）r_{be}、A_u、R_i、R_o、u_o。

解：（1）$I_{BQ} = \dfrac{V_{CC} - U_{BEQ}}{R_B} = \dfrac{12 - 0.7}{470 \times 10^3}\,\mathrm{A} \approx 24.0\,\mathrm{\mu A}$

$$I_{CQ} = \beta I_{BQ} = 80 \times 24\,\mathrm{\mu A} = 1.92\,\mathrm{mA}$$

$$U_{CEQ} = V_{CC} - I_{CQ}R_C = (12 - 1.92 \times 10^{-3} \times 3.9 \times 10^3)\,\mathrm{V} = 4.512\,\mathrm{V}$$

（2）$r_{be} = r_{bb'} + (1+\beta)\dfrac{26\,\mathrm{mV}}{I_{EQ}(\mathrm{mA})} = \left[200 + (1+80)\dfrac{26}{1.92}\right]\Omega \approx 1.30\,\mathrm{k\Omega}$

$$A_u = \frac{-\beta R'_L}{r_{be}} = -\frac{80 \times (3.9 // 6.2)}{1.30} \approx -147$$

$$R_i = R_B // r_{be} \approx r_{be} = 1.30\,\mathrm{k\Omega}$$

$$R_o = R_C = 3.9\,\mathrm{k\Omega}$$

$$u_o = A_u u_i = A_u \frac{R_i u_s}{R_s + R_i} = \frac{-147 \times 1.30 \times 20\sin\omega t}{3.3 + 1.3}\,\mathrm{mV} \approx -830\sin\omega t\ \mathrm{mV}$$

3. 共射基本放大电路电压电流波形

根据上述对共射基本放大电路的分析，可得出共射基本放大电路中的电压电流量均包含两种成分，即直流分量和交流分量，如图4-2所示。

设 u_i 是加在放大电路输入端的输入电压，电压幅度很小，电容隔直后，可认为不含直流成分。

u_{BE} 是加在晶体管基极和发射极间的电压，包含两种成分：直流成分 U_{BEQ} 和叠加在其上的交流信号 u_i。$u_{BE} = U_{BEQ} + u_i$，其中 U_{BEQ} 约为 0.6~0.7 V（硅）或 0.2~0.3 V（锗）。

i_B 是晶体管在 u_{BE} 作用下产生的基极电流，包含两种成分：直流成分 I_{BQ} 和叠加在其上的交流信号 i_b。$i_B = I_{BQ} + i_b = I_{BQ} + \sqrt{2} I_b \sin\omega t$。

i_C 是晶体管电流放大作用产生的集电极电流，包含两种成分：直流成分 I_{CQ} 和叠加在其上的交流信号 i_c。其中 I_{CQ} 是 I_{BQ} 的 β 倍，i_c 是 i_b 的 β 倍，直流和交流分别被放大了 β 倍，$i_C = I_{CQ} + i_c = I_{CQ} + \sqrt{2} I_c \sin\omega t$。

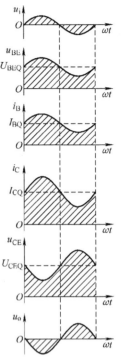

图4-2 放大电路中的电压和电流波形

u_{CE} 是晶体管集电极与发射极间的电压，也包含两种成分：直流成分 U_{CEQ} 和叠加在其上的交流信号 u_{ce}。直流成分 $U_{CEQ} = V_{CC} - I_{CQ} R_C$，交流成分 $u_{ce} = -i_c R'_L$，负号代表 u_{ce} 与 i_c 反相。$u_{CE} = U_{CEQ} + u_{ce} = U_{CEQ} - \sqrt{2} U_{ce} \sin\omega t$。

u_o 是 u_{CE} 隔断直流成分后剩余的交流信号，$u_o = u_{ce}$。很明显，输出电压 u_o 与输入电压 u_i 相比，被有效放大了；u_o 的相位与 u_i 相反。

4. 非线性失真

由于晶体管为非线性器件，严格来讲，经晶体管放大的信号肯定存在非线性失真。问题是这种非线性失真是否在技术指标允许范围内。本节要讨论的问题是非线性失真的两种极端情况：截止失真和饱和失真，其波形如图4-3所示。

（1）截止失真。放大电路中的晶体管有部分时间工作在截止区而引起的失真，称为截止失真。

引起截止失真的主要原因是 I_{BQ} 过小，Q 点在截止区或靠近截止区；另外，若输入信号过大，信号负半波时，有可能使工作点 Q 进入截止区，产生截止失真。

改善的方法是增大 I_B。根据式(4-1)，$I_B = \dfrac{V_{CC} - U_{BEQ}}{R_B}$，

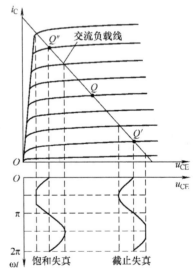

图4-3 截止失真和饱和失真

增大 I_B 有 3 条途径：

1）增大 V_{CC}，而 V_{CC} 一般不能随意增大。

2）减小 U_{BE}，U_{BE} 是晶体管固有参数，约 $0.6 \sim 0.7\,\text{V}$（硅管），不能改变。

3）减小 R_B，这是一个好方法。同时，为了避免截止失真，还应使输入电压最大值 $U_{im} < U_{BEQ}$，即 $I_{bm} < I_{BQ}$，$I_{cm} < I_{CQ}$。

（2）饱和失真。放大电路中的晶体管有部分时间工作在饱和区而引起的失真，称为饱和失真。

引起饱和失真的主要原因是 Q 点在饱和区或靠近饱和区，即 U_{CEQ} 过小；另外，若输入信号过大，信号正半波时，有可能使工作点 Q 进入饱和区，产生饱和失真。

改善的方法是增大 U_{CE}。根据式（4-3），$U_{CE} = V_{CC} - I_{CQ}R_C$，增大 U_{CE} 有 3 条途径：

可增大 V_{CC}，减小 I_{CQ} 或减小 R_C。而 $I_{CQ} = \beta I_{BQ}$，减小 I_{CQ}，可减小 β 或减小 I_{BQ}；而减小 I_{BQ}，又可增大 R_B。因此，欲改善饱和失真，可增大 V_{CC}，减小 R_C，减小 β，增大 R_B，都能获得一定效果，其中增大 R_B 是最好的方法。为了避免饱和失真，应使 $U_{CEQ} > U_{cem} + U_{CES}$。

（3）静态工作点的设置。综上所述，为了避免产生截止失真和饱和失真，取得放大电路最大输出动态范围，静态工作点 Q 应设置在交流负载线的中点，但设置静态工作点主要不是仅从上述两个因素出发，还应考虑电路增益、输入电阻、功耗、效率、噪声等，如工作点低，噪声小；静态发射极电流 I_{EQ} 小，晶体管输入电阻 r_{be} 大，放大电路增益低；静态集电极电流小，晶体管功耗小，放大电路效率高。一般来说，当输入信号较小时，静态工作点可设置低一些；输入信号较大时，适当抬高工作点。

（4）静态工作点的调节。影响放大电路静态工作点的电路参数很多，但并不是每一个电路参数适宜用来调节放大电路的静态工作点。一般来说，在调节静态工作点的同时，不希望改变电路的其他性能指标，如电压增益、输入电阻、电源电压等。

改变 R_C，将改变放大电路的电压增益和输出电阻；改变 β，需换晶体管。只有改变 R_B 最为方便有效，且对电路的其他性能指标基本无影响。如图 4-4 所示，R_B 一般可分成两部分，$R_B = R_B' + R_{RP}$，以免调节 RP 至 0 时晶体管电流过大损坏。

【例 4-2】 共射基本放大电路如图 4-4 所示，$V_{CC} = 6\,\text{V}$，$U_{BEQ} = 0.6\,\text{V}$，$U_{CES} = 0.1\,\text{V}$，$\beta = 60$，$R_B' = 100\,\text{k}\Omega$，$R_C = 2\,\text{k}\Omega$，$R_L = 2.7\,\text{k}\Omega$。试求：

（1）要使 $u_i = 0$ 时，$U_{CE} = 2.2\,\text{V}$，应调节 R_{RP} 为多少？

（2）若 R_{RP} 调至 0，会出现什么情况？如何防止晶体管进入饱和区？

（3）若输入电压 u_i 为正弦波，用示波器观察到输出电压 u_o 的波形如图 4-5a 所示，试判断属何种失真？如何调整？

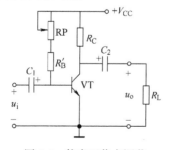

图 4-4 静态工作点调节

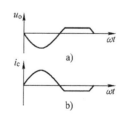

图 4-5 例 4-2 失真波形

解：（1）$u_i = 0$ 时，即为静态分析，$U_{CEQ} = U_{CE} = 2.2\,\text{V}$

因 $U_{CEQ}=V_{CC}-I_{CQ}R_C$，故 $I_{CQ}=\dfrac{V_{CC}-U_{CEQ}}{R_C}=\dfrac{6-2.2}{2\times10^3}$ A$=1.9$ mA

因 $I_{BQ}=\dfrac{V_{CC}-U_{BEQ}}{R_B}$，故 $R_B=\dfrac{V_{CC}-U_{BEQ}}{I_{BQ}}=\dfrac{V_{CC}-U_{BEQ}}{I_{CQ}/\beta}=\dfrac{6-0.6}{1.9/60}$ k$\Omega\approx171$ kΩ

$R_{RP}=R_B-R_B'=(171-100)$ k$\Omega=71$ kΩ

（2）$R_{RP}=0$ 时，$I_{BQ}=\dfrac{V_{CC}-U_{BEQ}}{R_B'}=\dfrac{6-0.6}{100\times10^3}$ A$=54$ μA

$I_{CQ}=\beta I_{BQ}=60\times54$ μA$=3.24$ mA

$U_{CEQ}=V_{CC}-I_{CQ}R_C=(6-3.24\times10^{-3}\times2\times10^3)$ V$=-0.48$ V

U_{CEQ} 不可能出现负值，说明晶体管已进入饱和状态，实际情况是：

$U_{CEQ}=U_{CES}=0.1$ V

$I_{CQ}=\dfrac{V_{CC}-U_{CEQ}}{R_C}=\dfrac{V_{CC}-U_{CES}}{R_C}=\dfrac{6-0.1}{2\times10^3}$ A$=2.95$ mA

I_{BQ} 仍为 54 μA，此时，I_{CQ} 与 I_{BQ} 已不成比例。为防止 RP 误调至 0，晶体管进入饱和区，应改变与之串联的 R_B' 值。晶体管在临界线性放大区时，$I_{BQ}=I_{CQ}/\beta=2.95$ mA$/60\approx49.2$ μA，则：

$$R_B=\dfrac{V_{CC}-U_{BEQ}}{I_{BQ}}=\dfrac{6-0.6}{49.2\times10^{-6}}\ \Omega\approx110\ \text{k}\Omega$$

因此，应取 $R_B'\geqslant110$ kΩ，可避免 RP 误调至 0 时，晶体管进入饱和区。

需要指出的是，晶体管进入饱和区是一个渐进过程，没有清晰的分界点，上述估算仅为电路设计提供参考参数。

（3）因输出电压 u_o 与输入电压反相（包括与 i_b、i_c 反相），根据 u_o 波形可画出 i_c 波形，如图 4-5b 所示，i_c 为负值时失真属截止失真（i_c 为正值时失真属饱和失真）。调整的方法是增大 I_{BQ}，即减小 R_{RP}，直至输出波形 u_o 趋于正弦。

4.1.3 静态工作点稳定电路

1. 温度对晶体管参数的影响

半导体元件包括晶体管，对温度极其敏感，温度变化，其参数也发生变化。晶体管对温度的敏感主要反映在其参数 I_{CBO}、β 和 U_{BE} 上：

① 温度每升高 10℃，I_{CBO} 就增加一倍；

② 温度每升高 1℃，β 相对增大 0.5%~1%；

③ 温度每升高 1℃，$|U_{BE}|$ 减小 2~2.5 mV。

小功率硅晶体管的 I_{CBO} 很小，随温度的变化可忽略不计，β 和 U_{BE} 为主要影响因素；锗晶体管 I_{CBO} 为主要影响因素。

2. 温度对放大电路静态工作点的影响

上述受温度影响的晶体管参数最终均反映在对晶体管放大电路静态工作点的影响。晶体管集电极电流 $I_C=\beta I_B+(1+\beta)I_{CBO}$，温度升高时，$\beta$ 增大，I_{CBO} 增大，均使 I_C 增大。而温度升高 $|U_{BE}|$ 下降，同样促使 I_C 增大，如图 4-6 所示，虚线所示为温度升高后的晶体管输入特性曲线，显

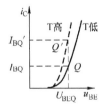

图 4-6　晶体管 U_{BE} 变化对 I_B 的影响

然，若晶体管基极发射极之间所加电压 U_{BEQ} 相同，温度较高时，产生的基极电流 I'_{BQ} 比温度较低时产生的基极电流 I_{BQ} 要大。I_B 增大，最终也引起 I_C 增大。因此，温度升高，使晶体管三项参数变化，最终结果均使 I_C 增大。

I_C 增大后，将引起集电结功耗增大，使晶体管温度进一步升高，工作不稳定，甚至引起恶性循环，最终导致晶体管热击穿而损坏。

因此，静态工作点的稳定（即 I_{CQ} 的稳定）成为放大电路稳定工作的重要问题。静态工作点稳定电路主要有分压式偏置电路和电压负反馈偏置电路。

3. 分压式偏置电路

分压式偏置电路如图 4-7a 所示。与共射基本放大电路相比，基极电压有 R_{B1}、R_{B2} 分压；发射极串入射极电阻 R_E。

（1）稳定静态工作点的工作原理。分压式偏置电路稳定静态工作点（即稳定 I_C）的过程：

$$温度 T\uparrow \to I_{CQ}\uparrow \to U_{EQ}\uparrow \xrightarrow{(U_{BQ}\,不变)} U_{BEQ}\downarrow \to I_{BQ}\downarrow \to I_{CQ}\downarrow$$

若某种原因（例温度上升）使 I_C 增大，则 U_E 上升（$U_{EQ}=I_{CQ}R_E$）。由于 R_{B1}、R_{B2} 分压，U_{BQ} 基本固定，加在晶体管基极与射极间电压 U_{BE} 减小（$U_{BEQ}=U_{BQ}-U_{EQ}$），致使 I_C 减小，从而起到稳定静态工作点的作用。

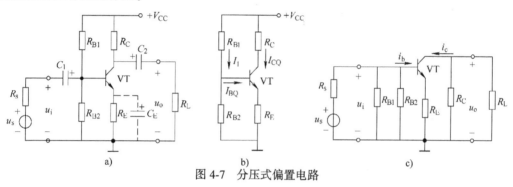

图 4-7　分压式偏置电路
a）电路　b）直流通路　c）交流通路

（2）静态分析。分压式偏置电路的直流通路如图 4-7b 所示，在满足 $I_1 \gg I_{BQ}$ 的条件下，晶体管基极电压 U_{BQ} 可认为由 R_{B1}、R_{B2} 分压而得，因此：

静态基极电压：

$$U_{BQ}=\frac{V_{CC}R_{B2}}{R_{B1}+R_{B2}} \tag{4-8}$$

静态基极电流：

$$I_{BQ}=\frac{U_{BQ}-U_{BEQ}}{(1+\beta)R_E} \tag{4-9}$$

静态集电极电流：

$$I_{CQ}=\beta I_{BQ}=\frac{\beta(U_{BQ}-U_{BEQ})}{(1+\beta)R_E}\approx\frac{U_{BQ}}{R_E}=\frac{V_{CC}R_{B2}}{R_E(R_{B1}+R_{B2})} \tag{4-10}$$

上式表明，在满足 $I_1 \gg I_{BQ}$ 和 $U_{BQ} \gg U_{BEQ}$ 的条件下，分压式偏置电路的集电极电流与晶体管的温度敏感参数 I_{CBO}、β、U_{BE} 基本无关。

实际上，根据上述分析，分压式偏置电路稳定静态工作点的关键是 R_E 足够大。R_E 具有电流负反馈作用（负反馈概念参阅 4.3 节），R_E 越大，电流负反馈作用越强，I_{CQ} 稳定性越好。

（3）动态分析。分压式偏置电路的交流通路如图 4-7c 所示，因此：

电压放大倍数：

$$A_u = \frac{U_o}{U_i} = \frac{-\beta I_b R'_L}{I_b r_{be} + (1+\beta) I_b R_E} = \frac{-\beta R'_L}{r_{be} + (1+\beta) R_E} \tag{4-11}$$

电路输入电阻：

$$R_i = R_{B1} /\!/ R_{B2} /\!/ [r_{be} + (1+\beta) R_E] \tag{4-12}$$

电路输出电阻：

$$R_o = R_C \tag{4-13}$$

比较式（4-11）与式（4-4）可得出，图 4-7a 电路虽能稳定静态工作点，但电压放大倍数 A_u 大大降低，原因是 R_E 对交直流电流均具有负反馈作用，对直流电流的负反馈作用是稳定 I_{CQ}，即稳定电路的静态工作点；对交流电流的负反馈作用是降低电压放大倍数 A_u。为使分压式偏置电路既能稳定静态工作点，又不降低电压放大倍数，通常在 R_E 两端并联一个较大的电容 C_E（$20\sim100\,\mu F$），称为发射极旁路电容，如图 4-7a 中虚线所示。电容对直流相当于开路，并联大电容不影响稳定静态工作点；大电容对交流相当于短路，R_E 与大电容并联后的复阻抗趋于 0。因此对动态分析无影响，不降低电压放大倍数。此时，电压放大倍数与式（4-4）相同，输入电阻与式（4-6）相同。

【例 4-3】 分压式偏置电路如图 4-7a 所示，已知 $V_{CC} = 24\,V$，$\beta = 50$，$r_{bb'} = 300\,\Omega$，$U_{BEQ} = 0.6\,V$，$U_s = 1\,mV$，$R_s = 1\,k\Omega$，$R_{B1} = 82\,k\Omega$，$R_{B2} = 39\,k\Omega$，$R_C = 10\,k\Omega$，$R_E = 7.7\,k\Omega$，$R_L = 9.1\,k\Omega$，$C_1 = C_2 = 10\,\mu F$。试求：（1）静态工作点；（2）r_{be}、R_i、R_o、A_u、A_{us}、U_o；（3）若在 R_E 两端并联电容 $C_E = 47\,\mu F$，试再求上述两项。

解：（1）$U_{BQ} = \dfrac{V_{CC} R_{B2}}{R_{B1} + R_{B2}} = \dfrac{24 \times 39}{82 + 39}\,V \approx 7.74\,V$

$$I_{BQ} = \frac{U_{BQ} - U_{BEQ}}{(1+\beta) R_E} = \frac{7.74 - 0.6}{(1+50) \times 7.7 \times 10^3}\,A \approx 18.2\,\mu A$$

$$I_{CQ} = \beta I_{BQ} = (50 \times 18.2)\,\mu A = 0.910\,mA$$

$$U_{CEQ} = V_{CC} - I_{CQ}(R_C + R_E) = [24 - 0.910 \times (10 + 7.7)]\,V \approx 7.89\,V$$

（2）$r_{be} = r_{bb'} + (1+\beta)\dfrac{26\,mV}{I_{EQ}} = \left[300 + (1+50)\dfrac{26}{0.91}\right]\Omega \approx 1.76\,k\Omega$

$R_i = R_{B1} /\!/ R_{B2} /\!/ [r_{be} + (1+\beta) R_E] = \{82 /\!/ 39 /\!/ [1.76 + (1+50) \times 7.7]\}\,k\Omega \approx 24.8\,k\Omega$

$R_o = R_C = 10\,k\Omega$

$$A_u = \frac{-\beta R'_L}{r_{be} + (1+\beta) R_E} = \frac{-50 \times (10 /\!/ 9.1)}{1.76 + (1+50) \times 7.7} \approx -0.604$$

$$A_{us} = \frac{A_u R_i}{R_s + R_i} = \frac{-0.604 \times 24.8}{1 + 24.8} \approx -0.581$$

$$U_o = A_{us} u_i = (-0.581 \times 1)\,mV = -0.581\,mV$$

（3）并联电容 C_E 后，静态工作点不受影响、与（1）相同。动态响应：

$R_i = R_{B1} /\!/ R_{B2} /\!/ r_{be} = (82 /\!/ 39 /\!/ 1.76)\,k\Omega = 1.65\,k\Omega$

$$R_o = R_C = 10\,\text{k}\Omega$$

$$A_u = \frac{-\beta R'_L}{r_{be}} = \frac{-50 \times (10//9.1)}{1.76} \approx -135.4$$

$$A_{us} = \frac{A_u R_i}{R_s + R_i} = \frac{-135.4 \times 1.65}{1 + 1.65} \approx -84.3$$

$$u_o = A_{us} u_i = (-84.3 \times 1)\,\text{mV} = -84.3\,\text{mV}$$

4. 电压负反馈偏置电路

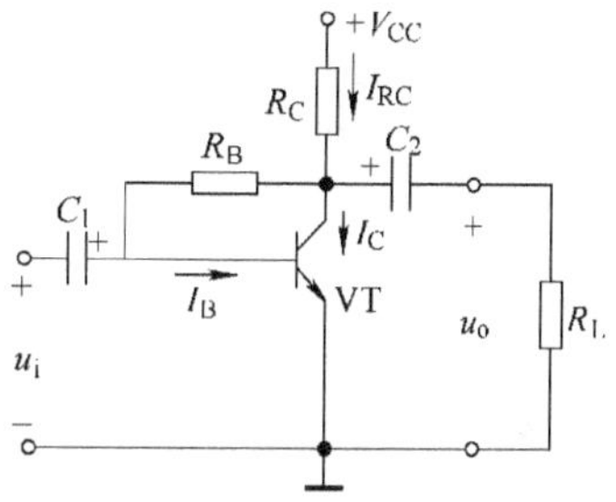

电压负反馈偏置电路如图 4-8 所示，也能稳定静态工作
点，其工作原理是：

图 4-8 电压负反馈偏置电路

$$温度\ T\uparrow \rightarrow I_C\uparrow \rightarrow I_{RC}\uparrow \rightarrow U_C\downarrow \rightarrow I_B\downarrow \rightarrow I_C\downarrow$$

【复习思考题】

4.1 画出共射基本放大电路，并叙述电路中各元件的作用。

4.2 什么叫放大电路的直流通路和交流通路？如何画出？

4.3 设共射基本放大电路输入信号为正弦波，$u_i = \sqrt{2}\,U_i\sin\omega t$，试定性画出 u_{BE}、i_B、i_C、u_{CE}、u_o 的波形。并写出其表达式，叙述其组成成分。

4.4 晶体管放大电路中的电流电压既有直流，又有交流，还有交直流并存，在书写形式上如何区分？

4.5 什么叫截止失真和饱和失真？其原因是什么？

4.6 调节共射基本放大电路的静态工作点，为什么以调节 R_B 最为方便有效？

4.7 叙述温度对晶体管参数 I_{CBO}、β、U_{BE} 的影响。对晶体管放大电路的影响最终体现在什么地方？

4.8 分压式偏置电路稳定静态工作点最关键的元件是什么？

4.9 为什么要在 R_E 两端并联大电容？

4.2 共集电极电路和共基极电路

除共发射极电路外，晶体管放大电路的另两种组态是共集电极电路和共基极电路。

4.2.1 共集电极电路

共集电极电路也称为射极输出器、射极跟随器或电压跟随器，如图 4-9 所示。初学者初看共集电极电路往往对电路输入输出的公共端是集电极感到不可理解，在 4.1.1 中曾提到接电源 V_{CC} 相当于交流接地，画出其交流通路如图 4-9b 所示，电路输入和输出的公共端是集电极 C。

1. 静态分析

画出共集电极电路的直流通路如图 4-9c 所示，可求得其静态工作点：

静态基极电流：

$$I_{BQ} = \frac{V_{CC} - U_{BEQ}}{R_B + (1+\beta)R_E} \tag{4-14}$$

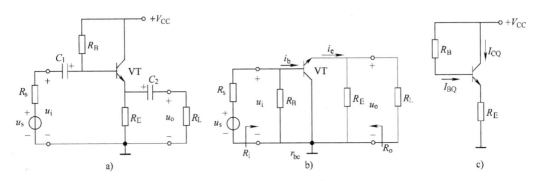

图 4-9 共集电极电路

a）共集电路 b）交流通路 c）直流通路

静态集电极电流：

$$I_{CQ} = \beta I_{BQ} \tag{4-15}$$

静态集射电压：

$$U_{CEQ} = V_{CC} - I_{EQ}R_E \approx V_{CC} - I_{CQ}R_E \tag{4-16}$$

2. 动态分析

根据图 4-9b 所示共集电极电路的交流通路，可得：

电压放大倍数：

$$A_u = \frac{U_o}{U_i} = \frac{(1+\beta)I_b R_L'}{I_b r_{be} + (1+\beta)I_b R_L'} = \frac{(1+\beta)R_L'}{r_{be} + (1+\beta)R_L'} \tag{4-17}$$

上式表明，共集电路电压放大倍数小于 1，接近于 1；无负号为输入、输出电压同相。

电路输入电阻：

$$R_i = R_B /\!/ [r_{be} + (1+\beta) R_L'] \tag{4-18}$$

其中，$R_L' = R_E /\!/ R_L$。

电路输出电阻：

$$R_o = R_E /\!/ \frac{r_{be} + R_s /\!/ R_B}{1+\beta} \tag{4-19}$$

上式表明共集电极电路输出电阻很小，一般只有十几到几十欧左右。

3. 主要特点

1）电压放大倍数小于 1，接近于 1。

2）输入输出电压同相。

3）输入电阻大。

4）输出电阻小。

5）具有电流放大和功率放大作用。

4. 主要用途

共集电路在电子线路中有着极其广泛的应用，主要是：

1）用作多级放大器输入级，提高放大器的输入电阻。

2）用作多级放大器的输出级，提高带负载能力。

3）用作多级放大器的中间级，起到阻抗变换、前后级隔离和缓冲的作用。

4.2.2 共基极电路

共基极电路如图4-10a所示，电路主要特征是基极有足够大的电容C_B接地，可认为对交流信号相当于短路，在图4-10c交流通路中，基极是电路输入和输出的公共端。

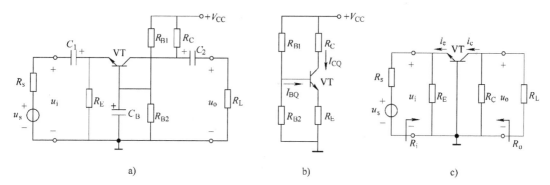

图4-10 共基极电路
a）电路 b）直流通路 c）交流通路

1. 静态分析

画出共基极电路的直流通路如图4-10b所示，求解静态工作点方法与共射分压偏置电路相同。

静态基极电压：

$$U_{BQ} = \frac{V_{CC}R_{B2}}{R_{B1}+R_{B2}} \tag{4-20}$$

静态基极电流：

$$I_{BQ} = \frac{U_{BQ}-U_{BEQ}}{(1+\beta)R_E} \tag{4-21}$$

静态集电极电流：

$$I_{CQ} = \beta I_{BQ} \tag{4-22}$$

静态集-射电压：

$$U_{CEQ} = V_{CC} - I_{CQ}(R_C+R_E) \tag{4-23}$$

2. 动态分析

根据图4-10c所示共基极电路的交流通路，可得：
电压放大倍数：

$$A_u = \frac{U_o}{U_i} = \frac{-\beta I_b R_L'}{-I_b r_{be}} = \frac{\beta R_L'}{r_{be}} \tag{4-24}$$

电流放大倍数：

$$A_i = \frac{I_o}{I_i} \approx \frac{-I_c}{-I_e} = \alpha \tag{4-25}$$

α为晶体管共基极电流放大系数，$\alpha = \frac{\beta}{1+\beta}$。因此，共基电路电流放大倍数小于1，接近于1。

电路输入电阻：

$$R_i = R_E \mathbin{/\mkern-5mu/} \frac{r_{be}}{1+\beta} \approx \frac{r_{be}}{1+\beta} \tag{4-26}$$

电路输出电阻：

$$R_o = R_C \tag{4-27}$$

3. 主要特点

（1）电流放大倍数小于1，接近于1。

（2）输入输出电压同相。

（3）输入电阻小。

（4）输出电阻大。

（5）具有电压放大和功率放大作用。

4. 主要用途

（1）共基极电路高频特性好，广泛应用于高频及宽带放大电路中。

（2）因共基极电路输入电阻小，输出电阻大，常用于阻抗变换电路。

【复习思考题】

4.10　共集电路有什么主要特点和主要用途？

4.11　共基电路有什么主要特点和主要用途？

4.3　放大电路中的负反馈

负反馈在自然科学和社会科学各领域普遍存在。例如吃饭，吃到一定程度，就会有饱的感觉，这个饱的感觉即为负反馈信号，提醒不要再吃了。又如某种产品生产过多，市场出现滞销，价格下跌，这个负反馈信号，必然抑制该产品的生产；如果产品生产少了，市场脱销，价格上涨，这个负反馈信号又促使该产品增加产量。同样，在电子电路中，负反馈也得到了广泛的应用。

4.3.1　反馈的基本概念

1. 反馈的定义和分类

（1）电路反馈的定义。将放大电路输出量（电压或电流）中的一部分或全部通过某一电路，引回到输入端，与输入信号叠加，共同控制放大电路，称为反馈。

（2）负反馈和正反馈。从输出端引回的信号可以用来增强输入信号或减弱输入信号，即反馈有正负之分。

若引回的反馈信号削弱输入信号而使放大电路的放大倍数降低，这种反馈称为负反馈；若引回的反馈信号增强输入信号而使放大电路的放大倍数提高，这种反馈称为正反馈。

判别正、负反馈用"瞬时极性法"。即设输入端在某一瞬时输入信号极性为"+"，然后按各级放大电路输入和输出的相位关系（中频区），确定输出端和反馈端的瞬时极性"+"或"–"。若反馈信号极性与输入信号极性相同，则为正反馈；相反，则为负反馈。

（3）直流反馈和交流反馈。若反馈信号属直流量（直流电压或直流电流），则称为直流反馈；若反馈信号属交流量，则称为交流反馈。

在 4.1 节中得出，放大电路中的电压电流通常同时含有直流成分和交流成分，复合后仍为交流量，本节主要研究分析这种含有直流成分和交流成分的交流负反馈。

（4）电压反馈和电流反馈。若反馈信号属电压量，则称为电压反馈；若反馈信号属电流量，则称为电流反馈。

（5）串联反馈和并联反馈。若反馈信号与输入信号的叠加方式为串联，则称为串联反馈；若叠加方式为并联，则称为并联反馈。

（6）放大电路中负反馈的 4 种组合类型。根据上述电压反馈和电流反馈、串联反馈和并联反馈，放大电路中的负反馈可有 4 种组合类型，即电压串联负反馈、电压并联负反馈、电流串联负反馈和电流并联负反馈。

2. 基本负反馈电路

在单级负反馈电路中，有几种常见的基本负反馈电路。

（1）单级电流串联负反馈。如图 4-11a 所示，单级共射放大电路在发射极串接电阻，且电阻两端未并联旁路电容，输出信号从集电极输出，属电流串联负反馈电路。

在图 4-11b 中，R_E 分为两部分，R_{E1} 和 R_{E2}，其中 R_{E1} 两端未并联旁路电容，对交流直流均具有负反馈作用；R_{E2} 两端并联旁路电容 C_E，对交流无负反馈作用，对直流仍具有负反馈作用。直流负反馈能稳定直流信号，即稳定静态工作点。

（2）单级电压串联负反馈。如图 4-12 所示，单级共集放大电路，在发射极串接电阻，输出信号从发射极输出，属电压串联负反馈电路。

比较图 4-11 与图 4-12，其区别在于输出端。发射极串接电阻均为串联负反馈，从集电极输出时为电流串联负反馈，从发射极输出时为电压串联负反馈。

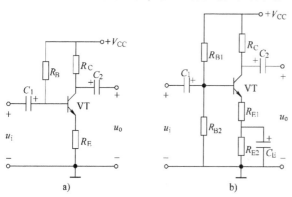

图 4-11　单级电流串联负反馈电路

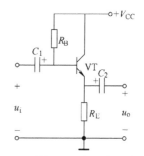

图 4-12　单级电压串联负反馈电路

（3）单级电压并联负反馈。如图 4-13 所示，单级共射放大电路，在集电极与基极间并联电阻（包括电抗元件），均属电压并联负反馈电路。

3. 负反馈放大电路的方框图

负反馈放大电路可用图 4-14 方框图表示。虚线方框为负反馈放大电路，其中，方框 A 为基本放大电路，方框 F 为反馈网络，符号 ⊕ 表示叠加环节，"+" "−" 表示瞬时极性。x_i 为输入信号；x_f 为反馈网络输出信号；x_{id} 为基本放大电路的净输入信

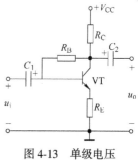

图 4-13　单级电压
并联负反馈电路

号，$x_{id} = x_i - x_f$；x_o 为负反馈放大电路输出信号。设输入信号频率为中频，A 为负反馈放大电路开环放大倍数（基本放大电路的放大倍数，也称为开环增益），$A = x_o/x_{id}$；F 为反馈网络的反馈系数，$F = x_f/x_o$；A_f 为负反馈放大电路的闭环放大倍数（也称为闭环增益）。从图4-14可得出：

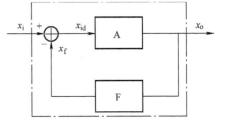

图4-14 负反馈放大器方框图

$$A_f = \frac{x_o}{x_i} = \frac{A}{1+AF} \tag{4-28}$$

其中，$(1+AF)$ 定义为负反馈放大电路的反馈深度。若 $(1+AF) \gg 1$，称为深度负反馈。一般认为，$(1+AF) \geqslant 10$，就满足深度负反馈条件。在深度负反馈条件下，式(4-28)可用下式表示：

$$A_f \approx \frac{1}{F} \tag{4-29}$$

4.3.2 负反馈对放大电路性能的影响

负反馈虽然使放大电路增益下降，却从多方面改善了放大电路的性能。如提高电路增益的稳定性，减小非线性失真，扩展通频带，改变电路的输入和输出电阻等。

1. 提高电路增益稳定性

电子产品在批量生产时，由于元器件参数的分散性，如晶体管 β 不同、电阻电容值的误差等，会带来同一电路增益的较大差异，引起产品性能的较大差异。如收音机、电视机灵敏度高低。另外，由于负载、环境、温度、电源电压的变化以及电路元器件老化等也会引起电路增益产生较大变化。当放大电路引入负反馈后，提高了电路增益稳定性（注意：是提高稳定性，而不是提高增益，增益是下降的）。

对式(4-28)求微分，可得：

$$\frac{dA_f}{A_f} = \frac{1}{1+AF} \frac{dA}{A} \tag{4-30}$$

其中，dA_f/A_f 为闭环增益相对变化率，dA/A 为开环增益相对变化率。式(4-30)表明：引入负反馈后，由电路参数变化或分散性引起的增益相对变化率，下降到开环时的 $1/(1+AF)$，即负反馈放大电路的增益稳定性比未加负反馈时基本放大电路的增益稳定性提高了 $(1+AF)$ 倍。

负反馈对放大电路增益稳定性的影响与负反馈类型有关，电压负反馈能稳定输出电压；电流负反馈能稳定输出电流；直流负反馈能稳定静态工作点；交流负反馈能稳定交流放大倍数，改善电路动态性能。

【例4-4】 已知某负反馈放大电路开环增益 $A = 10^4$，反馈系数 $F = 0.05$，试求：（1）反馈深度；（2）闭环增益 A_f；（3）若开环增益 A 变化10%，闭环增益 A_f 变化多少？

解：（1）反馈深度：$1+AF = 1 + 10^4 \times 0.05 = 501$

（2）闭环增益 $A_f = \dfrac{A}{1+AF} = \dfrac{10^4}{501} \approx 19.96$

因 $1+AF = 501 \gg 1$，则满足深度负反馈条件，按式(4-29)，$A_f \approx 1/F = 20$，与按式(4-28)

计算相比，误差极小。

（3）$\dfrac{dA_f}{A_f}=\dfrac{1}{1+AF}\dfrac{dA}{A}=\dfrac{1}{501}\times 10\%\approx 0.02\%$

可见，加负反馈后闭环增益相对变化大大缩小。

2. 减小非线性失真

由于放大电路通常由半导体非线性元件组成，因此严格来讲，总存在不同程度的非线性失真，当输入信号为单一频率正弦波时，输出信号已不是单一频率的正弦波了。引入负反馈后，可减小电路的非线性失真，其原理可用图 4-15 说明。

设输入信号 x_i 为正弦波，输出信号 x_o。无反馈时，产生非线性失真，设 x_o 波形为正半周幅度大，负半周幅度小，如图 4-15a 所示。引入负反馈后，由于反馈信号类似于非线性失真的输出信号 x_o，与输入信号叠加后，使得净输入信号 x_{id} 产生相反的失真，正半周幅度小，负半周幅度大，正好在一定程度上补偿了基本放大电路的非线性失真，使输出信号 x_o 接近于正弦波，如图 4-15b 所示。反馈深度越大，非线性失真改善越好。可以证明，加负反馈后电路的非线性失真减小为未加反馈时的 $\dfrac{1}{1+AF}$。

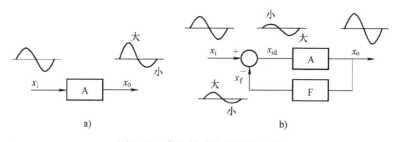

图 4-15　负反馈减小非线性失真

a）无反馈时信号波形　b）引入负反馈时信号波形

需要指出的是，负反馈只能减小放大电路内部引起的非线性失真，且只能减小不能消除。对于输入信号原有的失真，负反馈无能为力。

3. 扩展通频带

负反馈电路的反馈信号基本上正比于输出信号，在高频段和低频段时，由于基本放大电路放大倍数下降，其反馈信号也相应减弱，因此，与中频段信号相比，对净输入信号的削弱作用相应减小。即负反馈电路对中频段信号反馈较强，闭环增益下降较多；对高频段和低频段信号反馈较弱，闭环增益下降较少，从而扩展了电路的通频带，如图 4-16 所示。

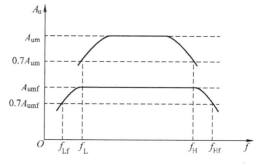

图 4-16　负反馈扩展通频带

由于放大电路通频带宽度主要取决于上限频率 f_H，所以 $BW\approx f_H$。可以证明，加负反馈后电路通频带 BW_f 与未加反馈时电路通频带 BW 之间的关系为：

$$BW_f=(1+AF)BW$$

(4-31)

上式也可表示为：

$$A_f \cdot BW_f = A \cdot BW \tag{4-32}$$

式(4-32)表明，放大电路的增益带宽积为一常数。负反馈越深，放大倍数下降越多，通频带越宽。

4. 改变输入输出电阻

分析负反馈对输入输出电阻的影响是一个比较复杂的问题，限于篇幅，本书不予详述，只给出定性结论：

串联负反馈使输入电阻增大，并联负反馈使输入电阻减小；电压负反馈使输出电阻减小，电流负反馈使输出电阻增大。

5. 负反馈放大电路的稳定

负反馈放大电路性能的改善，与反馈深度$(1+AF)$有关，$(1+AF)$越大，反馈越深，性能改善越大。但是，反馈深度过大时，有可能产生自激振荡。负反馈放大电路中的自激振荡是有害的，将使电路无法处于放大工作状态。

自激振荡的定义是放大电路无外加输入信号时，输出端仍有一定频率和幅度的信号输出。产生自激振荡的原因是电路形成正反馈，其条件可用下式表示：

$$\dot{A}\dot{F} = -1 \tag{4-33}$$

上式又可分解为自激振荡的幅值条件和相位条件。

幅值条件：

$$|\dot{A}\dot{F}| = 1 \tag{4-34a}$$

相位条件：

$$\varphi_A + \varphi_F = \pm(2n+1)\pi \quad (n=0,1,2,\cdots) \tag{4-34b}$$

根据自激振荡频率的高低可分为高频自激振荡和低频自激振荡。消除高频自激的方法是破坏其自激振荡的条件，在基本放大电路中插入相位补偿网络。消除由直流电源内阻引起低频自激的方法，一是采用低内阻稳压电路；二是在电源接入处加入 RC 去耦电路。消除由地线电阻引起低频自激的方法是合理接地，通常采用一点接地的方法。

【复习思考题】

4.12 试述电路反馈的定义。如何区分放大电路的正反馈和负反馈？

4.13 放大电路负反馈有哪几种组合类型？

4.14 画出 3 种单级基本负反馈电路，并叙述其基本特征。

4.15 写出负反馈电路闭环增益 A_f 的一般表达式。满足深度负反馈的条件是什么？有什么特点？

4.16 引入负反馈对放大电路增益和增益稳定性各有什么影响？

4.17 简述负反馈对放大电路性能的影响。

4.18 什么叫自激振荡？产生自激振荡的根本原因是什么？

4.4 互补对称功率放大电路

多级放大电路的末级通常要驱动一定负载，如音频电路驱动扬声器，因此要求最后一级放大电路输出足够大的功率，并满足尽可能小的失真和高效率等条件，这种放大电路称为功率放大电路。

功率放大电路按功放管的工作状态主要可分为甲类和乙类。工作在甲类状态时，功放管静态工作点设置在负载线的中央，静态功耗很大，效率很低。工作在乙类状态时，功放管静态工作点设置在截止区，静态功耗为 0，效率提高了，但输出信号只有 1/2，失真严重。若将两个工作在乙类状态的功放管在正负半周期轮流工作，然后将两个半波拼接，失真严重的问题就明显解决了。但由于晶体管存在导通死区，在两个功放管交替工作的瞬间，还会产生短时截止失真，这种失真称为交越失真，如图 4-17 所示。解决交越失真的办法是给功放管设置一定静态偏流，一般取 I_{CQ} 为 $2 \sim 4\,\text{mA}$。但这种静态偏置绝不是甲类状态中的偏置，Q 点应设置在靠近截止区的边缘，工作状态既不是甲类，又不是乙类，称为甲乙类工作状态，因其偏向乙类，因此分析时仍用乙类状态的分析方法，这种电路称为互补对称功放电路。

互补对称功放电路由两个类型不同的 NPN 型和 PNP 型的功放管（互补）组成，要求该两个功放管参数一致（对称），其原理电路如图 4-18 所示。

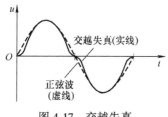

图 4-17 交越失真

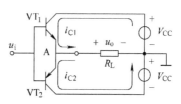

图 4-18 互补对称功放原理电路

1. 工作原理

由于电路对称，静态时，$U_A = 0$。

设输入信号为正弦波，当输入信号正半周时，VT_1 导通，VT_2 截止；输入信号负半周时，VT_2 导通，VT_1 截止，VT_1、VT_2 各自工作在乙类状态，两管轮流导通工作。在负载 R_L 上流过一个完整的正弦波电流信号。

互补对称功放电路属共集电极组态（射极输出器），其主要特点是输出电阻小。输出电阻小的好处是带负载能力强，能输出大电流。而且，功放电路的负载电阻一般很小，例如扬声器，通常为低阻抗，$4\,\Omega$、$8\,\Omega$、$16\,\Omega$ 等。互补对称功放电路的输出电阻小，与功放电路负载电阻小阻抗匹配，能达到最大功率传输。

2. 性能指标

限于篇幅，互补对称功放电路的分析计算不予展开，仅给出在理想条件下的最大输出功率、最大效率和功放管单管最大管耗，以便在选择功放管时参考。

（1）最大输出功率：

$$P_{om} = \frac{V_{CC}{}^2}{2R_L} \tag{4-35}$$

（2）最大效率：

$$\eta_m = \frac{\pi}{4} \approx 78.5\% \tag{4-36}$$

（3）功放管最大管耗：

$$P_{V1m} = \frac{2}{\pi^2} P_{om} \approx 0.2 P_{om} \tag{4-37}$$

因此，功放管选择：

1）P_{CM}：根据式（4-37），每个功放管的 $P_{CM} > 0.2P_{om}$。

2）$U_{(BR)CEO}$：由于互补对称功放电路两管轮流工作，一管导通时，另一管承受的最大电压为 $2V_{CC}$，因此要求每个功放管 $U_{(BR)CEO} > 2V_{CC}$。

3）I_{CM}：每个功放管的最大电流为 $I_{cm} = \dfrac{V_{CC}}{R_L}$，因此要求 $I_{CM} > \dfrac{V_{CC}}{R_L}$。

上述 P_{CM}、$U_{(BR)CEO}$、I_{CM} 值均为最小值，实际选择时，应留有一定余量。

3. OTL 电路

OTL（Output Transformer Less）电路是单电源无输出变压器互补对称功放电路，图 4-19 为其基本电路。

（1）电路分析。

1）VT_1、VT_2 构成互补对称功放电路。VT_1、VT_2 类型必须互补，即一个是 NPN 型，另一个是 PNP 型。

2）VT_3 为推动管（或称激励管），由于功放电路输出电流很大，一般需要提供较大的激励信号，VT_3 的主要作用就在于此，R_2 为 VT_3 的直流负载电阻。

3）R_4、VD_1、VD_2 提供 VT_1、VT_2 静态偏置，其中 VD_1、VD_2 的主要作用有以下 3 点：

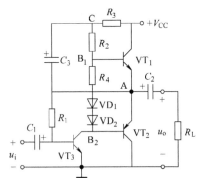

图 4-19　OTL 功放电路

① 提供 VT_1、VT_2 的静态偏压。VD_1、VD_2 选用与 VT_1、VT_2 同一半导体材料的二极管，其正向导通电压 $2U_{on}$ 正好提供 VT_1、VT_2 管导通所需 $2U_{BE}$，从而消除交越失真。

② 交流信号耦合，减小不对称失真。为 VT_1、VT_2 提供 $2U_{BE}$ 也可用电阻，其成本更低，但是交流信号通过电阻时被衰减了，耦合到 VT_1、VT_2 基极的信号就不一致，VT_2 大 VT_1 小，功放输出时会出现不对称失真。二极管 VD_1、VD_2 交流电阻很小，通过 VD_1、VD_2 耦合，可使 VT_1、VT_2 基极信号大小基本一致，减小输出端不对称失真。

③ 具有温度补偿作用，稳定静态工作点。VD_1、VD_2 与 VT_1、VT_2 发射结属同一半导体材料 PN 结，具有相同的温度特性，正好用于补偿晶体管 U_{BE} 随温度变化的特性，从而稳定 VT_1、VT_2 的静态工作点。

R_4 一般很小，约 $100\,\Omega$，用于微调 VT_1、VT_2 的静态电流。

4）R_1 为电压并联负反馈电阻，为 V_3 提供静态偏置，同时可调节中点电压 $U_A = V_{CC}/2$。若 $R_1 \uparrow \to I_{B3} \downarrow \to I_{C3} \downarrow \to U_{R2} \downarrow \to U_{B1} \uparrow \to U_A \uparrow$；若 $R_1 \downarrow$，其调节过程相反，使 $U_A \downarrow$。

5）输出电容 C_2 的作用有如下两点：

① 输出信号耦合隔直。OTL 功放电路常带动扬声器，扬声器的主要结构是一个电感线圈，线径较细，直流电阻很小，不允许通过直流电流（扬声器通过直流电流将引起磁钢退磁），电容 C_2 可隔断直流电流。

② 起到 $V_{CC}/2$ 等效电源的作用。信号正半周，VT_1 导通，C_2 充电，由于 C_2 足够大，其两端电压 $V_{CC}/2$ 可认为基本不变；信号负半周，VT_1 截止，电源直流通路被切断，VT_2 电流由电容 C_2 提供，实际上是利用电容的储能作用，由 C_2 充当 $V_{CC}/2$ 等效电源，如图 4-20 所示。互补对称功放电路应有两组电源 $+V_{CC}$ 和 $-V_{CC}$，而单电源 OTL 电路只有一组电源，电容 C_2 起到

了另一组电源的作用，相当于双电源状态。

需要指出的是，输出电容 C_2 容量应足够大，C_2 大，一则频率响应特性好（低音频丰富）；二则可维持其两端电压 $V_{CC}/2$ 基本不变。一般取时间常数 $R_L C_2$ 比信号最低频率的周期大 $3 \sim 5$ 倍，即 $C_2 \geqslant (3 \sim 5) \dfrac{1}{2 \pi R_L f_L}$，其中 f_L 为功放电路输出信号的下限频率。

6）自举电路 $R_3 C_3$。在理想状态下。OTL 电路输出电压的最大幅度为 $V_{CC}/2$，在信号正半周峰值，VT_1 管处于接近饱和导通状态，$U_A \to V_{CC}$（C_2 两端电压为 $V_{CC}/2$），但若要 VT_1 接近饱和导通，则 $U_{B1} = V_{CC} + U_{BE}$，显然是不可能的。但由 $R_3 C_3$ 组成的自举电路能使 U_{B1} 高于 V_{CC}。当 C_3 足够大时，其两端电压可认为维持 $V_{CC}/2$ 基本不变，即 $U_{CA} = V_{CC}/2$，当 $U_A \to V_{CC}$ 时，$U_C = U_A + U_{CA} \approx 3V_{CC}/2$，从而使 VT_1 管在信号正峰值时有足够的驱动能力。

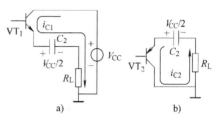

图 4-20　输出电容 C_2 作用
a）信号正半周　b）信号负半周

（2）功放管选择。

在选择功放管时，由于 OTL 是单电源互补功放电路，因此应用 $V_{CC}/2$ 代入原选择公式中的 V_{CC}。

1）P_{CM}：每个功放管的 $P_{CM} > 0.2 P_{om} = 0.2 \times \dfrac{(V_{CC}/2)^2}{2R_L} = \dfrac{V_{CC}^2}{40R_L}$。

2）$U_{(BR)CEO}$：由于互补对称功放电路两管轮流工作，一管导通时，另一管承受的最大电压为 V_{CC}，因此要求每个功放管 $U_{(BR)CEO} > V_{CC}$。

3）I_{CM}：每个功放管的最大电流为 $I_{cm} = \dfrac{V_{CC}}{2R_L}$，因此要求 $I_{CM} > \dfrac{V_{CC}}{2R_L}$。

上述 P_{CM}、$U_{(BR)CEO}$、I_{CM} 值均为最小值，实际选择时，应留有一定余量。

（3）调试方法。

图 4-19 电路调试主要调功放管静态电流和中点电压 U_A。

调节 R_4 可调功放管电流，调节 R_1 可调中点电压 U_A，但两者互有牵连，即调功放管电流时会影响中点电压，调中点电压时会改变功放管电流，反复调节 $2 \sim 3$ 次，可满足要求。

4. OCL 电路

OCL（Output Capacitor Less）电路是双电源无输出电容互补对称电路，如图 4-21 所示。OCL 电路与 OTL 电路的主要区别除无输出电容外，必须要有双电源，以保证输出端静态电位为 0。

图 4-21 电路中，由 VT_4、R_1、R_2 组成恒压源，提供 VT_1、VT_2 静态偏置。$U_{CE4} = I_{R1} R_1 + U_{BE4} \approx \dfrac{U_{BE4}}{R_2} R_1 + U_{BE4} = U_{BE4} \left(1 + \dfrac{R_1}{R_2}\right)$，表明 U_{CE4} 仅与 R_1、R_2 有关，若 R_1、R_2 固定不变，则 U_{CE4} 恒定不变，具有恒压源特性。恒压源的特点是内阻很小（使 VT_1、VT_2 两管基极的电压信号对称相同），而又能使两端电压恒定（提供功放管

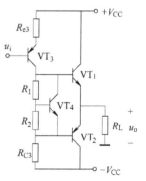

图 4-21　OCL 电路

静态偏压,稳定静态工作点)。这种恒压源提供静态偏置的作用与图 4-19 中的二极管 VD_1、VD_2作用相同，在集成电路中广泛应用。

5. 集成功放电路

随着电子技术的发展，用分列元件组成功放电路在现代电子产品中已基本淘汰，集成功放电路已成为主流应用状态，而且进一步发展到集成功放电路仅是大规模集成功能电路的一部分。

集成功放电路种类很多，在理解分列元件 OCL、OTL 电路的基础上，不难掌握集成功放电路的工作原理和应用。限于篇幅，本书不予展开。

6. CMOS 电路

在电子技术书籍和资料中，常出现的英文 CMOS 缩写。什么叫 CMOS？CMOS 电路由两个不同类型的 MOS 管构成互补对称电路，一个为 PMOS，一个为 NMOS，如图 4-22 所示，两个 MOS 管中只能有一个导通，另一个必须截止，互为负载，CMOS 具有优良的电气性能，在集成电路和计算机电路中得到了极其广泛的应用。

图 4-22　CMOS 电路

【复习思考题】

4.19　什么是功放电路的甲类、乙类工作状态？有何优缺点？

4.20　什么叫互补对称功放电路？简述其工作原理。

4.21　图 4-19 电路中 VD_1、VD_2有什么作用？

4.22　OTL 电路中输出电容如何起到 $V_{CC}/2$ 等效电源的作用？该电容大小对电路性能有何影响？

4.23　什么叫自举电路？有什么作用？

4.24　功放电路中的恒压源有什么作用？

4.25　OCL 电路与 OTL 电路有什么区别？为什么 OCL 电路中点电压必须为 0？

4.5　集成运算放大电路

由电阻、电容、电感、二极管、晶体管等在结构上彼此独立的元器件组成的电路称为分立元器件电路。集成电路是将上述元器件组成的电路集中制作在一小块硅基片上，封装在一个管壳内，构成一个特定功能的电子电路。集成电路具有体积小、重量轻、耗电省、成本低、可靠性高和电性能优良等突出优点，因而得到了极其广泛的应用，反过来又大大促进了电子技术的飞跃发展，而集成运算放大器是应用最早和最广的集成电路。

4.5.1　集成运放基本概念

1. 集成运放组成框图

集成运算放大器简称集成运放，其符号如图 4-23a 所示。u_N、u_P 分别为其反相输入端和同相输入端，用 "−" 和 "+" 标识；u_O 为输出端；V_{CC}、V_{EE} 为其正负电源加入端，为简化电路画面，通常不画。框图内 "▷" 表示信号传输方向，"∞" 表示为集成运放理想化。

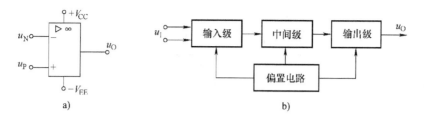

图 4-23　集成运放电路符号和组成框图

a）电路符号　b）组成框图

集成运放组成框图如图 4-23b 所示，主要由输入级、中间级和输出级组成。输入级由差动放大电路构成，主要作用是减小运放的零漂；中间级通常由一至二级有源负载放大电路构成，主要作用是提供较高的电压放大倍数；输出级一般由准互补对称电路构成，主要作用是提高运放输出功率和带负载能力。此外，集成运放还有一些辅助电路，如偏置电路（为各级放大电路提供静态偏流），双端变单端电路和过流保护电路等。

2. 集成运放中的信号

集成运放是一个采用直接耦合方式的多级放大电路，直接耦合方式的最大缺点是零点漂移问题，而解决零漂问题的办法就是在输入级采用差动放大电路。差动放大电路有两种输入信号：差模输入信号和共模输入信号。差模输入信号是大小相等、极性相反的输入信号，用 u_{id} 表示；共模输入信号是大小相等、极性相同的输入信号，用 u_{ic} 表示。

对集成运放来说，有用的或需要放大的信号是差模信号；无用的或需要抑制的信号为共模信号。为何共模信号是集成运放有害无用、需要抑制的信号呢？因为造成零点漂移的因素主要是由温度变化和电源电压波动引起，而温度变化和电源电压波动因素对集成运放中差动电路的两个放大管的影响是相同的，大小相等、极性相同，因而属于共模信号性质。

3. 集成运放主要参数

集成运放的参数很多，这里介绍几种主要参数。

（1）开环差模电压增益 A_{od}。A_{od} 是指集成运放未加负反馈时的差模电压放大倍数，A_{od} 越大越好，一般 A_{od} 为 100～140dB（100 000～10 000 000 倍）。

（2）共模抑制比 K_{CMR}。$K_{CMR} = \left| \dfrac{A_{ud}}{A_{uc}} \right|$，$K_{CMR}$ 定义为差模增益与共模增益之比，主要表明抑制零漂的能力，K_{CMR} 越大越好，一般 K_{CMR} 为 80～100 dB。

（3）差模输入电阻 R_{id}。R_{id} 是指开环时集成运放差模输入电阻，R_{id} 越大越好，一般为几十千欧至几兆欧。

（4）输出电阻 R_o。R_o 指开环时集成运放输出电阻，R_o 越小越好，一般为几十欧至几百欧。

（5）输入失调电压 U_{IO}。U_{IO} 是集成运放输出电压为 0 时，加在两个输入端的补偿电压，U_{IO} 越小越好，一般小于 1 mV。

几种常用集成运放主要技术指标参阅表 4-1。其中 LM324 在低端产品和要求不高的场合得到了广泛的应用。

表 4-1　常用集成运放技术指标

型号	电源电压 /V	失调电压 /mV	失调电压温漂 μV/℃	偏置电流 /nA	开环增益 /dB	共模抑制比 /dB	输入电阻 /MΩ	静态电流 /mA	转换速率 V/μs	增益带宽 /MHz	主要特点
μA741	±22	1	10	80	106	70	1	1.4	0.5	1	通用
μA747	±22	2	10	80	106	90		3.4	0.5		通用
LM356	±5~±22	3	5	0.03	106	100	1000	5	12	5	高阻抗
LM324	±1.5~±16	2	7	45	100	70		1.5	0.05	0.1	四通用 单电源
OP07A	±1.5~±22	0.03	0.3	1.2	110	126	80	2.5	0.3	0.6	高精度
OP27	±22	0.01	0.2	10	110	126		3	2.8	8	高精度
TL084	±18	3	10	0.005	200					3	4JFET
AD522			6				1000		10	2	仪用

4. 理想化集成运放

集成运放是一个高放大倍数的直流放大电路，各种不同型号的集成运放性能差别较大，为了便于分析集成运放电路，将集成运放理想化为一个电路模型。

（1）理想化集成运放参数的主要要求：

1）开环电压增益 $A_{od} \rightarrow \infty$。

2）共模抑制比 $K_{CMR} \rightarrow \infty$，即无零漂，各种失调电压失调电流为 0。

3）差模输入电阻 $R_{id} \rightarrow \infty$。

4）输出电阻 $R_o \rightarrow 0$。

除上述 4 项主要参数外，还要求开环带宽 $\rightarrow \infty$，转换速率 $\rightarrow \infty$，输入偏置电流 $\rightarrow 0$，无干扰和噪声等。

（2）理想化集成运放的特点：

1）虚短。

图 4-23a 中，$u_{Od} = A_{od} u_{Id} = A_{od}(u_P - u_N)$，$u_P - u_N = \dfrac{u_{Od}}{A_{od}}$，当输出电压 u_{Od} 为有限值，且 A_{od} 很大时，$\dfrac{u_{Od}}{A_{od}} \rightarrow 0$，即：

$$u_P = u_N \tag{4-38}$$

u_P 和 u_N 为集成运放同相输入端和反相输入端的对地电压，其数值相等，相当于短路，但又不是真正的短路，因此称为"虚短"。

需要指出的是，上述结论是在集成运放工作在线性放大状态时推出的。因此，若集成运放不工作在线性放大状态，上述结论不成立。

2）虚断。

由于集成运放差模输入电阻 $R_{id} \rightarrow \infty$，则集成运放的输入电流 i_I 必定趋近于 0，即：

$$i_I = 0 \tag{4-39}$$

$i_I = 0$，相当于集成运放的两个输入端开路，但不是真正的开路，若真正开路，还有什么

106

信号输入可言？因此称为"虚断"。

虚断结论，不论集成运放是否工作在线性放大状态，均能成立。

4.5.2 集成运放基本输入电路

集成运放有两个输入端，其信号基本输入方式可分为 3 种：反相输入、同相输入和差动输入。

1. 反相输入

反相输入电路如图 4-24a 所示，由于同相输入端接地，且同相输入端无输入电流（虚断），$u_P = 0$。反相输入端电压 $u_N = u_P = 0$（虚短），因此：$i_1 = \dfrac{u_I - u_N}{R_1} = \dfrac{u_I}{R_1}$，$i_F = \dfrac{u_N - u_O}{R_f} = \dfrac{-u_O}{R_f}$

又由于反相输入端无输入电流（虚断），根据 KCL，$i_1 = i_F$。因此，$\dfrac{u_I}{R_1} = \dfrac{-u_O}{R_f}$，即：

$$A_u = \frac{u_O}{u_I} = -\frac{R_f}{R_1} \tag{4-40}$$

上式表明，反相输入时，集成运放闭环电压增益取决于 R_f 与 R_1 比值，需要说明的是：

1）反相输入时，同相输入端接地，$u_N = u_P = 0$，反相输入端对地电位为 0，相当于接地，但不是真正接地，称为"虚地"。

2）同相输入端通过电阻 R_2 接地，主要是为了减小集成运放输入偏置电流在反相和同相输入端等效电阻上产生不平衡电压降而引起运算误差。对于双极型集成运放，一般要求，$\sum R_P = \sum R_N$，即两个输入端的等效电阻相等。此处要求：$R_2 = R_1 // R_f$。在输入偏置电流很小且要求不高情况下，R_2 可去除，同相输入端直接接地，对运算影响一般可忽略不计。

3）式（4-40）似乎表明，集成运放的电压增益与集成运放本身无关。但是必须明确，式（4-40）结论是在理想化集成运放的前提下推出的。因此式（4-40）能否成立与集成运放特性是否符合理想化参数要求有关。

4）图 4-24a 电路所加的负反馈属电压并联负反馈。负反馈信号从输出端取出，反馈到集成运放反相输入端差动输入管的基极，属电压并联负反馈。

根据理想化运放和电压负反馈的特点，反相输入电路的输入电阻（不是集成运放的输入电阻）：

$$R_i = R_1 \tag{4-41}$$

输出电阻：

$$R_o \to 0 \tag{4-42}$$

2. 同相输入

同相输入电路如图 4-24b 所示，由于同相输入端无输入电流（虚断），因此 $u_P = u_I$，又由于理想化集成运放虚短特性，$u_N = u_P = u_I$，因此：

$i_1 = -\dfrac{u_N}{R_1} = -\dfrac{u_I}{R_1}$，$i_F = \dfrac{u_N - u_O}{R_f} = \dfrac{u_I - u_O}{R_f}$，且 $i_F = i_1$，即：$-\dfrac{u_I}{R_1} = \dfrac{u_I - u_O}{R_f}$，整理得：

$$A_u = \frac{u_O}{u_I} = 1 + \frac{R_f}{R_1} \tag{4-43}$$

上式表明，同相输入时，集成运放闭环电压增益为 $\left(1+\dfrac{R_\text{f}}{R_1}\right)$，大于或等于 1，且为正值（同相）。

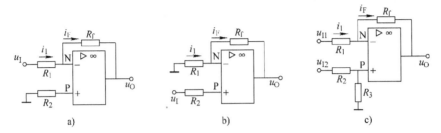

图 4-24　集成运放基本输入电路

a）反相输入　b）同相输入　c）差动输入

与反相输入时相同，要求 $R_2=R_1//R_\text{f}$，但 R_2 与集成运放运算结果基本无关。

同相输入电路属电压串联负反馈，其负反馈示意电路如图 4-25 所示，负反馈信号反馈至差动管 VT_1 的基极，再通过射极耦合加到差动输入管 VT_2 的发射极，因此属电压串联负反馈。

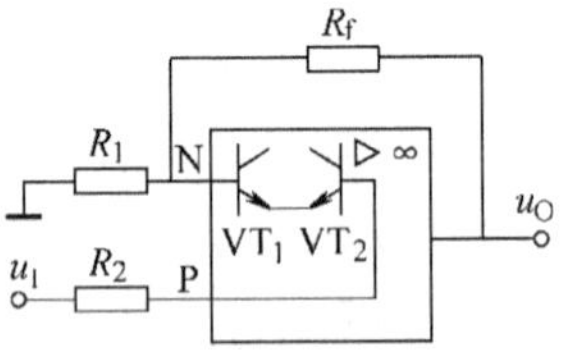

输入电阻：

$$R_\text{i} \rightarrow \infty \tag{4-44}$$

输出电阻：

$$R_\text{o} \rightarrow 0 \tag{4-45}$$

图 4-25　同相输入
负反馈示意图

需要指出的是，同相输入方式存在共模输入电压，要求集成运放有较高的共模最大输入电压和共模抑制比。

3. 差动输入

差动输入电路如图 4-24c 所示，输入信号 u_I1、u_I2 分别从反相和同相输入端输入，根据集成运放"虚断""虚短"特性，可得：

$$i_1=\frac{u_\text{I1}-u_\text{N}}{R_1},\quad i_\text{F}=\frac{u_\text{N}-u_\text{O}}{R_\text{f}},\quad i_1=i_\text{F},\quad u_\text{N}=u_\text{P}=\frac{u_\text{I2}R_3}{R_2+R_3}, \text{整理得：}$$

$$u_\text{O}=\left(1+\frac{R_\text{f}}{R_1}\right)\frac{R_3}{R_2+R_3}u_\text{I2}-\frac{R_\text{f}}{R_1}u_\text{I1} \tag{4-46}$$

上式表明，差动输入集成运放电路的输出电压由两部分叠加组成，一部分为同相输入端输入电压（u_I2 经 R_2、R_3 分压）作用，增益为 $\left(1+\dfrac{R_\text{f}}{R_1}\right)$（与同相输入增益相同）；另一部分为反相输入端输入电压作用，增益为 $-\dfrac{R_\text{f}}{R_1}$（与反相输入增益相同）。

【例 4-5】 试按下列电压增益要求设计由集成运放组成的放大电路。（设 $R_\text{f}=20\,\text{k}\Omega$）

（1）$A_\text{ud}=2$；（2）$A_\text{ud}=-2$；（3）$A_\text{ud}=-0.5$；（4）$A_\text{ud}=0.5$。

解：（1）$A_\text{ud}=2$，既为正值，又大于 1，应选用同相输入电路。

$A_\text{ud}=1+\dfrac{R_\text{f}}{R_1}=2$，当 $R_\text{f}=20\,\text{k}\Omega$ 时，取 $R_1=20\,\text{k}\Omega$，$R_2=R_1//R_\text{f}=10\,\text{k}\Omega$，电路同图 4-24b 所示。

（2）$A_{ud}=-2$，A_{ud} 为负值，应选用反相输入电路。

$A_{ud}=-\dfrac{R_f}{R_1}=-2$，当 $R_f=20\,k\Omega$ 时，取 $R_1=10\,k\Omega$，$R_2=R_1/\!/R_f\approx6.67\,k\Omega$，电路同图 4-24a 所示。

（3）$A_{ud}=-0.5$，A_{ud} 为负值，且小于 1，应选用反相输入电路。

$A_{ud}=-\dfrac{R_f}{R_1}=-0.5$，当 $R_f=20\,k\Omega$ 时，取 $R_1=40\,k\Omega$，$R_2=R_1/\!/R_f\approx13.3\,k\Omega$，电路同图 4-24a 所示。

（4）$A_{ud}=0.5$，A_{ud} 既为正值，又小于 1，应选用反相输入电路，反相再反相获得正极性，如图 4-26a 所示。当 $R_f=20\,k\Omega$ 时，取 $R_{11}=2R_{f1}=40\,k\Omega$，$R_{12}=R_{11}/\!/R_{f1}\approx13.3\,k\Omega$，$u_{O1}=-\dfrac{R_{f1}}{R_{11}}u_1=-\dfrac{20}{40}u_1=-0.5u_1$；$R_{21}=R_{f2}=20\,k\Omega$，$R_{22}=R_{21}/\!/R_{f2}=10\,k\Omega$，$u_0=-u_{O1}=0.5u_I$。

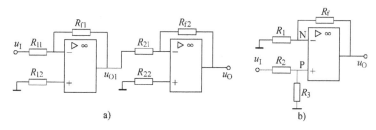

图 4-26　例 4-5 电路

图 4-26b 是利用 R_2、R_3 分压，减小净输入电压 u_P 值，$A_{ud}=\left(1+\dfrac{R_f}{R_1}\right)\dfrac{R_3}{R_2+R_3}=0.5$，当 $R_f=20\,k\Omega$ 时，取 $R_1=20\,k\Omega$，$R_3=10\,k\Omega$，则 $R_2=30\,k\Omega$。

需要指出的是，$\sum R_P=\sum R_N$，并不需要严格要求，一般只需相对平衡（阻值接近）就可以了，而电阻值应根据电阻标称值系列取用。

4.5.3　集成运放基本运算电路

根据集成运放基本输入电路，可组成许多基本运算功能电路。

1. 比例运算

比例运算可分为反相比例运算和同相比例运算，图 4-24a、b 可分别达到目的，例 4-5 已给出这方面的解答，需要注意的是：

1）反相输入能反相，比例系数可大于 1、等于 1 或小于 1。

2）同相输入能同相，比例系数只能大于 1 或等于 1，若要小于 1，可采用例 4-5（4）方法。

3）相位要求有出入时，可再加一级集成运放反相。

4）比例电阻的选取，从理论上讲，比例运算取决于 R_f 与 R_1 的比值，且无条件限制。但实际上考虑到集成运放电路的输入电阻、反馈电压等因素，R_f 与 R_1 并不宜任取，其阻值既不宜过小（如小于 $1\,k\Omega$），又不宜过大（如大于 $1\,M\Omega$），一般在几千欧～几百千欧之间为宜。

2. 电压跟随器

利用同相输入电路可构成电压跟随器。同相输入时，$A_{ud} = 1 + \dfrac{R_f}{R_1}$，若 $R_f = 0$ 或 $R_1 \to \infty$（开路），则 $A_{ud} = 1$。图 4-27 为几种电压跟随器电路，其中图 4-27c 简便有效。需要指出的是，电压跟随器与分列元件组成的射极跟随器（射极输出器）、源极输出器相比，电压跟随特性更好（后两种电路不能真正跟随），$u_0 = u_I$。对一些负载能力差的信号，用集成运放电压跟随器隔离，电气特性大为改善（集成运放输入电阻大，对信号源几乎无影响）。

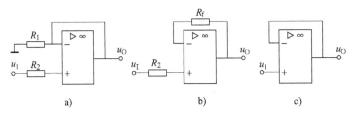

图 4-27　电压跟随器

a) $R_f = 0$　b) $R_1 = \infty$　c) $R_f = 0$，$R_1 = \infty$

3. 加法运算

加法运算可分为反相加法和同相加法运算。

（1）反相加法。

反相加法运算如图 4-28 所示，$u_N = u_P = 0$，反相输入端为虚地，因此：

$i_{11} = \dfrac{u_{I1}}{R_{11}}$，$i_{12} = \dfrac{u_{I2}}{R_{12}}$，$i_{13} = \dfrac{u_{I3}}{R_{13}}$，$i_F = \dfrac{-u_0}{R_f}$，$i_{11} + i_{13} + i_{13} = i_F$，即 $\dfrac{u_{I1}}{R_{11}} + \dfrac{u_{I2}}{R_{12}} + \dfrac{u_{I3}}{R_{13}} = \dfrac{-u_0}{R_f}$，整理得：

$$u_0 = -\left(\frac{R_f}{R_{11}} u_{I1} + \frac{R_f}{R_{12}} u_{I2} + \frac{R_f}{R_{13}} u_{I3} \right) \tag{4-47}$$

上式表明，图 4-28 电路能将多个输入信号 u_{I1}、u_{I2}、u_{I3} 按一定比例相加并反相后输出。反相加法典型应用例如彩色电视机中的色彩，就是由三基色红、绿、蓝按一定比例相加后得到。

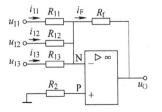

（2）同相加法。

同相加法调节困难，几个输入信号之间相互影响，无法操作，且存在共模电压，因此在实际电路中很少应用。若要同相，可在反相加法后再反相。

图 4-28　反相加法电路

4. 减法运算

图 4-24c 电路，若取 $R_2 = R_1$，$R_3 = R_f$，可实现比例减法：

$$u_0 = \frac{R_f}{R_1} (u_{I2} - u_{I1}) \tag{4-48}$$

若取 $R_1 = R_2 = R_3 = R_f$，可实现减法运算：

$$u_0 = u_{I2} - u_{I1} \tag{4-49}$$

【例 4-6】　电路如图 4-24c 所示，$R_1 = R_2 = R_3 = R_f = 51 \, \text{k}\Omega$，$u_{I1}$、$u_{I2}$ 波形如图 4-29a、b 所示，试画出输出电压 $u_0(t)$ 波形。

解：图 4-24c 电路，当 $R_1 = R_2 = R_3 = R_f$ 时，电路构成减法器。

$u_O = u_{I2} - u_{I1} = u_{I2} + (-u_{I1})$。

画出 $u_O(t)$ 波形如图 4-29c 所示。解题步骤：

1）先画出 $-u_{I1}$ 波形（将 u_{I1} 反相）。

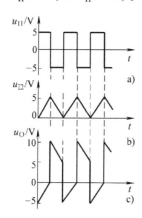

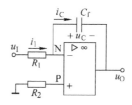

图 4-29　例 4-6 波形　　　　　　　图 4-30　积分电路

a）u_{I1}　b）u_{I2}　c）u_O

2）再将 u_{I2} 与（$-u_{I1}$）相加。

5. 积分运算

积分运算电路如图 4-30 所示，同相输入端接地，反相输入端虚地，$u_N = 0$，因此：

$$u_O = -u_C, \quad i_1 = \frac{u_I}{R_1}, \quad i_C = C_f \frac{du_C}{dt}, \quad i_1 = i_C, \quad 整理得：$$

$$u_O = -\frac{1}{R_1 C_f} \int u_I dt \tag{4-50}$$

上式表明，输出电压 u_O 与输入电压 u_I 呈积分关系。考虑到初始条件时，$u_O(t)$ 表达式可写为定积分形式：

$$u_O(t) = u_O(t_0) - \frac{1}{R_1 C_f} \int_{t_0}^{t} u_I(t) dt \tag{4-50a}$$

【例 4-7】　已知电路如图 4-30 所示，$R_1 = R_2 = 10\,k\Omega$，$C_f = 10\,nF$，$u_C(0-) = 0$，$u_I(t)$ 波形如图 4-31a 所示，试求输出电压 $u_O(t)$，并画出 $u_O(t)$ 波形。

解：$u_O(t) = u_O(t_0) - \dfrac{1}{R_1 C_f} \displaystyle\int_{t_0}^{t} u_I(t) dt$

由于 $u_I(t)$ 为方波，属分段函数，在一定区间内为直流（常数），因此：

$$u_O(t) = u_O(t_0) - \frac{1}{10 \times 10^3 \times 10 \times 10^{-9}} u_I(t)(t - t_0) = u_O(t_0) - 10000 u_I(t)(t - t_0)$$

上式表明，在一定区间内，$u_O(t)$ 为 t 的一次函数，即为一条直线。只需求解其中两点，就可确定该直线。因此，分段（区间）求解如下：

$$u_O(0) = u_C(0-) = 0$$

$$u_O(0.1\,ms) = u_O(0) - 10000 \times 5 \times (0.1 - 0) \times 10^{-3}\,V = -5\,V$$

$$u_0(0.3\,\mathrm{ms}) = u_0(0.1\,\mathrm{ms}) - 10000 \times (-5) \times (0.3 - 0.1) \times 10^{-3}\,\mathrm{V} = 5\,\mathrm{V}$$

$$u_0(0.5\,\mathrm{ms}) = u_0(0.3\,\mathrm{ms}) - 10000 \times 5 \times (0.5 - 0.3) \times 10^{-3}\,\mathrm{V} = -5\,\mathrm{V}$$

依次类推,画出 $u_0(t)$ 波形为三角波,如图 4-31b 所示。

同理,若 $u_I(t)$ 为图 4-32a 所示矩形波,则可导出 $u_0(t)$ 为锯齿波,如图 4-32b 所示。有集成运放组成的积分电路称为有源积分电路,简单的 RC 电路在满足 $\tau \gg \tau_a$ 条件下也能构成积分电路,称为无源积分电路。有什么区别呢?两者都能将矩形波转换为锯齿波。但无源 RC 积分电路输出的锯齿波如图 4-32c 所示,线性度差、幅度小、带负载能力差,不如集成运放组成的有源积分电路输出的锯齿波线性度好、幅度大、带负载能力强。锯齿波主要用于电视机、示波器屏幕扫描电压,锯齿波线性度好,图形失真小。

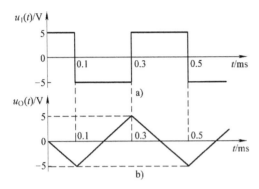

图 4-31 例 4-7 输入和输出波形

a) 输入波形 b) 输出波形

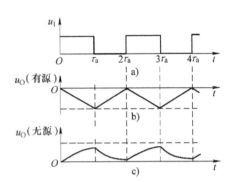

图 4-32 有源积分和无源积分波形

a) u_I b) 有源积分 c) 无源积分

除此以外,集成运放还可实现微分运算、指数运算、对数运算、乘法运算和除法运算等,需要指出的是上述各种运算,包括加、减、积分、微分、指数和对数运算均为模拟运算,与计算器中的运算(数字运算)相比,性质完全不同。

4.5.4 电压比较器

集成运放除用做线性放大,还常用于电压比较。放大应用时,工作在负反馈状态。既能放大直流信号(变化缓慢的信号),又能放大交流信号。用于电压比较时,工作在开环或正反馈状态,由于集成运放放大倍数很高,又未加负反馈,因此一般不能稳定工作在线性区,而主要工作在非线性区。此时"虚短"和"虚地"等概念一般不再适用,但"虚断"概念仍能成立,在非线性应用中,输入端电流仍趋于 0。

1. 电压比较器的工作原理

由集成运放构成的电压比较器电路如图 4-33a 所示。电压比较器是将集成运放两个输入端的电压进行比较,根据比较结果(大于或小于),输出高电平或低电平。常用于信号检测、自动控制和波形转换等电路中。

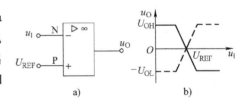

图 4-33 电压比较器及其传输特性

a) 电压比较器电路 b) 传输特性

若输入信号 u_I 由反相输入端输入,基准电压 U_{REF} 由同相输入端输入,不加负反馈,则:

$$U_O = A_{od}(u_P - u_N) = A_{od}(U_{REF} - u_I) = \begin{cases} +U_{OH}, & \text{当 } U_{REF} > u_I \text{ 时} \\ -U_{OL}, & \text{当 } u_I > U_{REF} \text{时} \end{cases} \quad (4\text{-}51a)$$

由于 A_{od} 很大，u_I 与 U_{REF} 之间稍有微小差值，均能使开环状态的集成运放输出电压达到正饱和(最大正输出电压 U_{OH})或负饱和(最大负输出电压 U_{OL})，其传输特性如图 4-33b 中实线所示。

若输入信号 u_I 由同相输入端输入，基准电压 U_{REF} 由反相输入端输入，不加负反馈，则：

$$U_O = A_{od}(u_P - u_N) = A_{od}(u_I - U_{REF}) = \begin{cases} +U_{OH}, & \text{当 } u_I > U_{REF} \text{时} \\ -U_{OL}, & \text{当 } U_{REF} > u_I \text{时} \end{cases} \quad (4\text{-}51b)$$

其传输特性如图 4-33b 中虚线所示。

电压比较器输出电平发生跳变的输入电压称为门限电压或阈值电压，用 U_{TH} 表示，上述电路中 $U_{TH} = U_{REF}$。

若 $U_{TH} = U_{REF} = 0$，则上述电压比较器可构成过零比较器，如图 4-34a 所示。若输入电压 u_I 为正弦波，从反相输入端输入，同相输入端接地，则输出电压 u_{O1} 如图 4-34c 所示；若输入电压 u_I 从同相输入端输入，反相输入端接地，则输出电压 u_{O2} 如图 4-34d 所示。

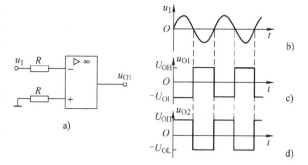

图 4-34 过零比较器
a) 过零比较器电路 b) 输入电压波形
c) 输出电压 u_{O1} 波形 d) 输出电压 u_{O2} 波形

2. 集成电压比较器

由集成运放组成的电压比较器，其传输特性中的线性一般不陡峭，在要求较高的场合，尚不理想。集成电压比较器具有高精度和高灵敏度的特点。如 LM311(单电压比较器)、LM339(双电压比较器)和 LM393(四电压比较器)等。

需要指出的是，集成运放和集成电压比较器输出端结构不一样，因此电路连接不相同。集成运放输出端一般为互补对称电路，输出端可直接驱动负载；集成电压比较器输出端一般为 OC 门，即集电极开路，需外接上拉电阻。

【复习思考题】

4.26 集成运放主要由哪几部分组成？每一组成部分一般为哪种电路？有什么主要作用？

4.27 简述差模信号与共模信号的含义。为什么共模信号是有害需抑制的信号？

4.28 集成运放有哪些主要参数？叙述其含义。

4.29 理想化集成运放主要有哪些理想化参数要求？

4.30 理想化集成运放有什么特点？有否条件？

4.31 什么叫"虚地"？什么情况下产生虚地？

4.32 如何理解集成运放反相和同相输入时输入输出电压关系仅与外接电阻 R_1、R_f 有关？

4.33 集成运放反相和同相输入放大器分别属于什么反馈？为什么？

4.34 集成运放输入端电阻和负反馈电阻的取值范围有否限制？

4.35 集成运放电压跟随器与分立元器件组成的射极跟随器和源极输出器相比有什么不同？

4.36 集成运放构成的有源积分与 RC 无源积分电路有何区别？

4.37 集成运放的加减运算电路与计算器的加减运算有何不同？

4.38 集成运放工作在非线性状态时，虚短、虚断、虚地概念是否成立？

4.39 为什么电压比较器的输出电压总是$+U_{OH}$或$-U_{OL}$？

4.40 与集成运放组成的电压比较器相比，集成电压比较器有什么特点？

4.6 习题

4-1 画出图4-35电路的直流通路和交流通路。（设图中电容对交流信号的容抗均可忽略）

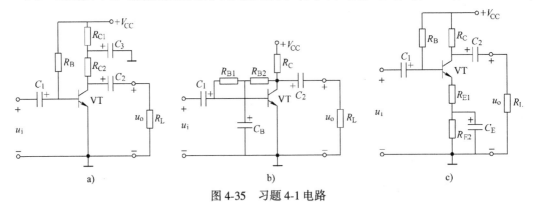

图4-35 习题4-1电路

4-2 已知共射基本放大电路如图4-1所示，$V_{CC}=12\,\text{V}$，$R_B=240\,\text{k}\Omega$，$R_C=3\,\text{k}\Omega$，$U_{BEQ}=0.7\,\text{V}$，$\beta=40$，$R_L=3\,\text{k}\Omega$，$r_{bb'}=200\,\Omega$，$R_s=1\,\text{k}\Omega$，试求：

（1）电路静态工作点。

（2）r_{be}、A_u、R_i、R_o。

4-3 已知共射基本放大电路如图4-36所示，$V_{CC}=15\,\text{V}$，$R_C=5.1\,\text{k}\Omega$，$R_B=300\,\text{k}\Omega$，$R_P=1\,\text{M}\Omega$，$\beta=100$，$U_{BEQ}=0.7\,\text{V}$，$U_{CES}=0.1\,\text{V}$，试求：

（1）若RP调至中点，求静态工作点。

（2）若要使$U_{CEQ}=7\,\text{V}$，求RP值。

（3）若要使$I_{CQ}=1.5\,\text{mA}$，求RP值。

（4）若不小心，RP调至0，将出现什么情况？如何防止晶体管进入饱和区？

4-4 已知共射基本放大电路，输入电压u_i波形如图4-37所示，原无明显失真。现按下列要求改变R_B：（1）减小R_B；（2）增大R_B；使输出波形产生失真，试定性画出失真的输出波形，并指出属何种失真。

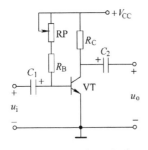

图4-36 习题4-3电路

图4-37 习题4-4波形

4-5 分压式偏置电路如图 4-38 所示, 已知 $V_{CC} = 15\,V$, $\beta = 100$, $r_{bb'} = 200\,\Omega$, $U_{BEQ} = 0.7\,V$, $R_{B1} = 62\,k\Omega$, $R_{B2} = 20\,k\Omega$, $R_C = 3\,k\Omega$, $R_E = 1.5\,k\Omega$, $R_L = 5.6\,k\Omega$, $C_1 = C_2 = 10\,\mu F$, $C_E = 47\,\mu F$, 试求:

（1）静态工作点。

（2）r_{be}、R_i、R_o、A_u。

（3）若 R_L 开路, 再求 A_u。

（4）若 C_E 开路, 再求 R_i、R_o、A_u。

4-6 已知共射电路如图 4-39 所示, 参数同题 4-2, 发射极串接电阻 R_E, $R_E = 200\,\Omega$, 试求:

（1）静态工作点。

（2）r_{be}、A_u、R_i、R_o。

（3）简述发射极串接电阻 R_E 后电路交直流性能的变化。

（4）若在 R_E 两端并接射极电容 $C_E(C_E = 47\,\mu F)$, 试分析交直流性能的变化。

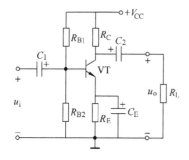

图 4-38 习题 4-5 电路

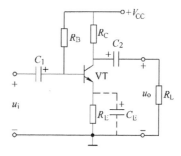

图 4-39 习题 4-6 电路

4-7 已知电路如图 4-40 所示, 有两个输出端 u_{o1} 和 u_{o2}。试写出从两个输出端分别输出的电压增益表达式。若 $R_C = R_E$, 试画出两个输出端输出的电压波形(设 u_i 为正弦波)。

4-8 已知功放电路如图 4-41 所示, 试回答下列问题:

（1）电路名称。

（2）$U_A = ?$ 若需提高 U_A, 调何元件最为合适? 增大还是减小?

（3）若需减小 VT_1、VT_2 静态电流, 调何元器件最为合适? 增大还是减小?

（4）VD_1、VD_2 的作用是什么?

（5）C_2 的作用是什么? 若最低信号频率 $f_L = 50\,Hz$, R_L 为 $8\,\Omega$ 扬声器, C_2 至少应取多大?

（6）R_3C_3 的作用是什么?

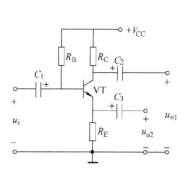

图 4-40 习题 4-7 电路及波形

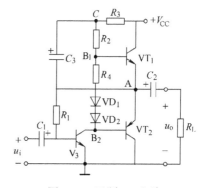

图 4-41 习题 4-8 电路

4-9　已知集成运放电路如图 4-42 所示，$R_f = 100\,\text{k}\Omega$，$R_1 = 10\,\text{k}\Omega$，$R_2 = 10\,\text{k}\Omega$，$R_3 = 10\,\text{k}\Omega$，$u_{I1} = 0.1\,\text{V}$，$u_{I2} = 0.2\,\text{V}$，试求输出电压 u_O。

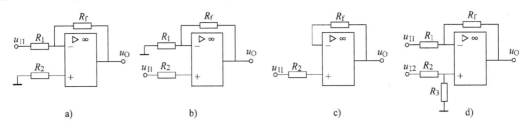

图 4-42　习题 4-9 电路

4-10　按下列输入和输出电压的关系，画出集成运放电路，并标出电阻值(限用一个运放，$R_f = 20\,\text{k}\Omega$)。

(1) $u_O = u_I$；　(2) $u_O = -u_I$；　(3) $u_O = 2u_I$；

(4) $u_O = -2u_I$；　(5) $u_O = 0.5u_I$；　(6) $u_O = -0.5u_I$

4-11　已知集成运放电路如图 4-43 所示，且 $R_1 = R_2 = R_3 = R_{f1} = R_{f2}$，试证明：$u_O = u_1 - u_2$。

4-12　已知集成运放电路如图 4-44 所示，且 $R_1 = R_3 = R_4 = R_6$，试求输出电压 u_O 与输入电压 u_I 关系式。

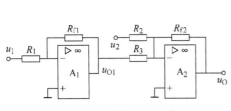

图 4-43　习题 4-11 电路

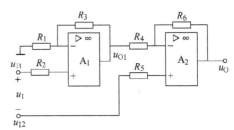

图 4-44　习题 4-12 电路

第5章 直流稳压电路

【本章要点】

- 半波整流、全波整流和桥式整流
- 电容滤波
- 硅稳压管稳压电路
- 线性串联型稳压电路
- 78/79 系列输出电压固定集成稳压器
- LM317/337 输出电压可调集成稳压器
- 开关型直流稳压电路
- PC 电源

电子电路之所以能将输入信号放大，必须依靠电源提供能量，这个电源通常为直流稳压电源。图 5-1 为直流稳压电源组成框图及每一框图输入和输出电压波形。

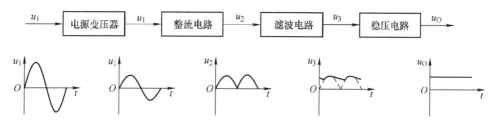

图 5-1 直流稳压电源组成框图

1. 电源变压器

电源变压器的作用是将较高的交流电网电压(例如单相 AC 220 V)变换为较低的适用的交流电压(电子电路通常需要较低的电压)，同时还可起到与电网安全隔离的作用。

2. 整流电路

整流电路的作用是将交流电压变换为单向脉动直流电压，这种电压含有很大的脉动成分(纹波)，一般不适合电子电路应用。

3. 滤波电路

滤波电路的作用是将单向脉动电压变得稍微平滑些，但仍含有不少脉动成分，还不能适应要求较高的电子电路。

4. 稳压电路

稳压电路的作用是将含有脉动成分的直流电压变换为稳恒直流电压。

5.1 电源变压器

变压器是电工、电子技术中常用电气设备，是利用互感耦合实现从一个电路向另一个电路传输能量或信号的一种器件。

1. 变压器基本结构

变压器虽然种类很多，但基本结构均相同。主要由铁心和绕组两部分组成。铁心通常用表面涂有绝缘漆膜的薄硅钢片叠成，以减小涡流的形成。绕组通常由一次绕组和二次绕组组成。

2. 理想变压器特性

由于铁心变压器铁心材料的磁导率 μ 很大，绕组的直流电阻很小，且在制作工艺上采取一系列措施，使其接近理想变压器的条件。因此，可以当作理想变压器分析计算。理想变压器电路模型如图 5-2 所示，N_1 为一次绕组匝数，N_2 为二次绕组匝数，n 称为匝数比，$n = N_1/N_2$。理想变压器具有下列特性。

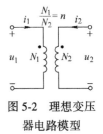

图 5-2　理想变压器电路模型

（1）一、二次绕组电压比等于匝数比。

$$\frac{U_1}{U_2} = \frac{N_1}{N_2} = n \tag{5-1}$$

（2）一、二次绕组电流比等于匝数比的倒数。

$$\frac{I_1}{I_2} = \frac{N_2}{N_1} = \frac{1}{n} \tag{5-2}$$

（3）一、二次阻抗比等于匝数比的二次方。

理想变压器具有阻抗变换作用，其原理如图 5-3 所示。

$$Z_1 = \frac{\dot{U}_1}{\dot{I}_1} = \frac{n U_2}{-\dot{I}_2/n} = n^2 \left(\frac{\dot{U}_2}{-\dot{I}_2} \right) = n^2 Z_2$$

即

$$\frac{Z_1}{Z_2} = \left(\frac{N_1}{N_2} \right)^2 = n^2 \tag{5-3}$$

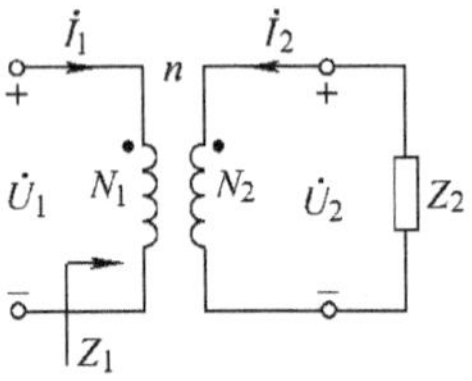

图 5-3　理想变压器阻抗变换

式（5-3）表明，理想变压器二次侧的负载阻抗 Z_2 折合到一次侧，将变换为 $n^2 Z_2$。同理，若将一次侧阻抗 Z_1 折合到二次侧，将得到 Z_1/n^2 的阻抗。变压器的阻抗变换作用在电子技术中得到广泛应用，阻抗匹配后能获得最大功率传输。

从上述 3 个特点可得出：理想变压器既不耗能，也不储能。它将一次绕组输入的能量全部从二次绕组输出。在传输过程中，仅将电压和电流按匝数比作数值变换。理想变压器纯粹是一种变换信号和传输电能的器件。

【例 5-1】　已知理想变压器一次绕组 $N_1 = 200$ 匝，接在 220 V 正弦电压上，测得二次绕组端电压为 22 V，试求变压器匝数比 n 及二次绕组匝数。

解：

$$n = \frac{U_1}{U_2} = \frac{220}{22} = 10$$

$$N_2 = \frac{N_1}{n} = \frac{200}{10} 匝 = 20 \text{ 匝}$$

【例 5-2】　已知扩音机输出变压器，$N_1 = 300$ 匝，$N_2 = 60$ 匝，二次绕组原来接 16 Ω 扬声器，现若改接 8 Ω 扬声器，并要求一次输入阻抗保持不变，二次绕组匝数应改为多少？

解：原一次输入阻抗：$R_i = \left(\dfrac{N_1}{N_2}\right)^2 R_L = \left(\dfrac{300}{60}\right)^2 \times 16\,\Omega = 400\,\Omega$

现接 $R'_L = 8\,\Omega$，则 $N'_2 = \dfrac{N_1}{\sqrt{\dfrac{R_i}{R'_L}}} = \dfrac{300}{\sqrt{\dfrac{400}{8}}}$ 匝 ≈ 42.4 匝，取 $N'_2 = 43$ 匝

3. 铁心变压器功率损耗

理想的变压器是不消耗能量的，但实际变压器还是要损耗一定的功率，包括铜损和铁损。

铜损是指交变电流在绕组直流电阻上产生的损耗，与绕组的直流电阻和交变电流的大小有关。因此，绕组线径越粗，绕组直流电阻越小，铜损越小。变压器负载电流增大时，不仅使二次绕组电流 I_2 增大，而且根据式(5-2)，一次绕组电流 I_1 也随着增大，使铜损增大。负载电流过大时，将使绕组发烫，甚至烧毁。

铁损是指在交变磁通作用下，铁心中的能量损耗。铁损主要由两部分组成：磁滞损耗和涡流损耗。

磁滞损耗是由于铁磁性物质磁滞特性而引起，与铁磁性物质磁滞回线面积成正比。因此，变压器铁心通常选用磁滞回线面积较小的铁磁性材料，例如硅钢、坡莫合金、铁氧体等。

交变磁通不仅能在绕组中产生感应电动势，而且也能在同样是导体的铁心中产生感应电动势和感应电流，感应电流在铁心中垂直于磁通方向的平面内一圈一圈回旋流动，称为涡流。涡流在具有一定电阻的铁心中流动，当然要消耗能量。涡流损耗是涡流在铁心中流动产生的损耗，而涡流的大小与铁心的电阻有关，严格讲是与垂直于磁通方向平面内的铁心电阻有关。为了减小涡流损耗，通常在钢中加入适量硅，炼成硅钢，以增加其电阻率。并将其加工成片状，表面涂上一层绝缘清漆，以阻断涡流流动。或者将铁、锰、镁、锌、铜等金属氧化物粉末按一定比例混合压铸烧结成电阻率很高的铁氧体等。需要说明的是，涡流损耗虽然有害，但也有变害为利的应用，例如利用涡流的中频炼钢炉和加热食品的电磁炉等。

【复习思考题】

5.1　画出直流稳压电源组成框图和输入、输出电压波形，并叙述每一部分的功能。

5.2　理想变压器有什么特性？

5.3　实际变压器有哪些功率损耗？主要与哪些因素有关？如何减小？

5.2　整流电路

整流电路是利用二极管单向导电特性将交流电压变换为单向脉动直流电压。整流电路按其电路结构可分为半波整流、全波整流和桥式整流。

5.2.1　半波整流

1. 工作原理

半波整流电路如图 5-4a 所示，u_2 为变压器二次电压，VD 为半波整流二极管，u_0 为输出

电压，R_L 为负载电阻。u_2 正半周，VD 正偏导通；u_2 负半周，VD 反偏截止。在负载 R_L 上得到一个半波单向脉动电压，如图 5-4b 所示。

2. 电压电流计算

整流电路的输出电压因属于非正弦波，一般不以有效值表示，而以平均值表示。

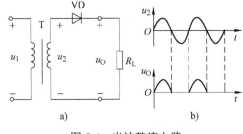

图 5-4 半波整流电路
a）电路 b）输入和输出电压波形

$$U_O = \frac{1}{2\pi} \int_0^\pi U_{2m} \sin\omega t \mathrm{d}\omega t = \frac{\sqrt{2}}{\pi} U_2 \approx 0.45 U_2 \quad (5\text{-}4)$$

其中，U_2 为变压器二次电压 u_2 的有效值。

流过二极管 VD 和负载 R_L 电流平均值为

$$I_O = \frac{U_O}{R_L} = \frac{0.45 U_2}{R_L} \tag{5-5}$$

二极管两端所承受的最大反向电压：

$$U_{Drm} = \sqrt{2}\, U_2 \tag{5-6}$$

5.2.2 全波整流

1. 工作原理

全波整流电路如图 5-5a 所示，变压器二次侧由两个匝数相同的绕组顺向串联组成，每个绕组电压为 u_2。u_2 正半周，VD_1 导通，VD_2 截止；u_2 负半周，VD_1 截止，VD_2 导通。负载 R_L 上由于正负半周均有电流流过，且方向相同。得到一个全波单向脉动电压，如图 5-5b 所示。

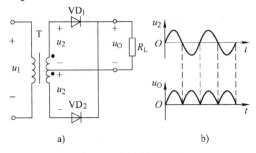

图 5-5 全波整流电路
a）电路 b）输入和输出电压波形

实际上，全波整流相当于两个半波整流电路叠加而成。

2. 电压电流计算

$$U_O = \frac{1}{\pi} \int_0^\pi U_{2m} \sin\omega t \mathrm{d}\omega t = \frac{2\sqrt{2}}{\pi} U_2 \approx 0.9 U_2 \tag{5-7}$$

流过负载 R_L 的电流：

$$I_O = \frac{U_O}{R_L} = \frac{0.9 U_2}{R_L} \tag{5-8}$$

流过二极管 VD_1、VD_2 的电流：

$$I_D = \frac{1}{2} I_O = \frac{0.45 U_2}{R_L} \tag{5-9}$$

二极管所承受的最大反向电压：

$$U_{Drm} = 2\sqrt{2}\, U_2 \tag{5-10}$$

5.2.3 桥式整流

1. 工作原理

桥式整流电路如图 5-6a 所示，由 4 个二极管 $VD_1 \sim VD_4$ 组成。u_2 正半周，VD_1、VD_3 导

通、VD_2、VD_4 截止(电流实际流向如实线所示)；u_2 负半周，VD_2、VD_4 导通，VD_1、VD_3 截止(电流实际流向如虚线所示)。负载 R_L 上正负半周均有电流流过，且方向相同，得到一个与图 5-5b 相同波形的全波单向脉动电压。

综上所述，桥式整流中 4 个二极管分成两组，轮流导通。在实际应用中，4 个整流二极管常封装在一起，称为桥堆，其电路表达形式如图 5-6b 所示。

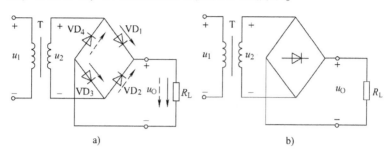

图 5-6　桥式整流电路
a) 二极管组成电路　b) 桥堆组成电路

2. 电压电流计算

由于桥式整流输出波形与全波整流输出波形相同，因此输出电压 U_O、负载电流 I_O、二极管电流 I_D、脉动系数 S 与全波整流时相同，但二极管承受的最大反向电压为 $\sqrt{2}U_2$。

3. 桥式整流与全波整流比较

桥式整流与全波整流相比，有关问题说明如下：

（1）从输出波形角度看，桥式整流也属于全波整流。但习惯上，因其是由二极管组成的桥式电路，所以称为桥式整流。

（2）桥式整流多用了两个二极管，这在早期的电子电路中，因二极管价格因素，桥式整流不及全波整流应用广泛。现代电子技术中，二极管价格低廉，因此全波整流已很少见。

（3）全波整流中用的变压器二次绕组需双线并绕，工艺复杂，且绕组利用率只有 50%（两个绕组轮流工作），这也是全波整流让位于桥式整流的重要原因。

【例 5-3】　已知桥式整流电路如图 5-6a 所示，试分析下列情况下电路正负半周工作状态：（1）VD_1 反接；（2）VD_1 短路；（3）VD_1 开路；（4）VD_1、VD_2 均反接；（5）VD_1、VD_2、VD_3 均反接；（6）$VD_1 \sim VD_4$ 均反接。

解：（1）VD_1 反接，u_2 正半周时，无输出电流，$u_O = 0$；u_2 负半周时，u_2 短路，变压器一、二次绕组均流过很大电流，轻则 VD_1、VD_2 和变压器温度大大上升，发烫；重则 VD_1、VD_2 击穿，变压器绕组烧毁损坏(轻重主要取决于 u_2 的电压值和短路时间的长短)。

（2）VD_1 短路，u_2 正半周时，正常工作；u_2 负半周时，同 VD_1 反接情况。

（3）VD_1 开路，u_2 正半周时，无输出电流，$u_O = 0$；u_2 负半周，正常工作。整个电路相当于半波整流，$u_O = 0.45U_2$。

（4）VD_1、VD_2 均反接，电路正、负半周均截止，无输出电流，$u_O = 0$。

（5）VD_1、VD_2、VD_3 均反接，与情况（1）状态相似。

（6）$VD_1 \sim VD_4$ 均反接，正、负半周均能整流工作，但输出电压极性相反。

5.4 若将半波整流电路中的二极管 VD 反接，会出现什么情况？画出输出电压波形。

5.5 全波整流电路，若需输出负电压，整流二极管应如何连接？

5.6 为什么全波整流不如桥式整流应用广泛？

5.3 滤波电路

整流电路虽然能将交流电压转换成为单向脉动电压（属直流电压），但对大多数电子电路，用作直流电源，尚不符合要求。因此，必须滤去其脉动成分。非正弦周期电压电流一般是由直流成分（平均值）、基波和一系列高次谐波组成，利用电感、电容对不同频率的交流信号呈现不同阻抗的特点，可以滤去大部分脉动成分。

1. 电容滤波工作原理

图 5-7 为桥式整流电容滤波电路，图 5-8 为电容滤波 u_C（$u_C = u_O$）、i_D 波形。为便于叙述其工作原理，这里忽略其初始过渡过程。

（1）设 $t = 0$ 时，$u_C = 0$，接通电源后，随着 u_2 增大，电容 C 开始充电。当 u_2 过峰值下降至 $u_2 < u_C$ 时，电容 C 开始通过 R_L 放电，放电时间常数 $\tau_d = R_L C$，一般 τ_d 较大，u_C 放得较慢，因此还没等电容上电压放完，u_2 已上升到 $u_2 = u_C$，对应于图 5-8a 中 ab 段。

（2）当 $u_2 > u_C$ 后，电容 C 又开始充电，充电时间常数 $\tau_c = (R_L /\!/ R_S) C \approx R_S C$，其中，$R_S$ 为从电容 C 两端向桥式整流电路看进去的戴维南等效电路的入端电阻，它包括整流二极管正向导通电阻和变压器二次绕组的直流电阻，一般 R_S 很小，因此电容 C 充电充得很快，对应于图 5-8a 中的 bc 段。

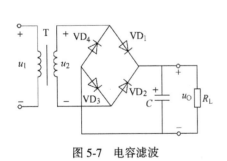

图 5-7 电容滤波

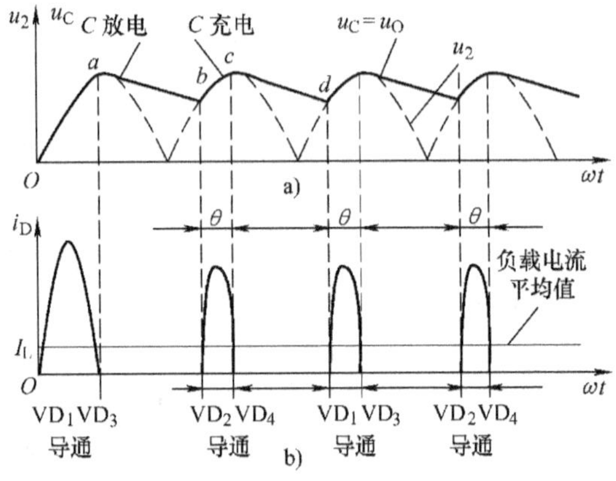

图 5-8 单相桥式整流电容滤波电路
a）u_2、u_O、u_C 波形　b）二极管电流 i_D 的波形

（3）当电容电压上升至 $u_C = u_2$（此时 u_2 已开始下降）时，电容 C 再次进入放电周期，如图 5-8a 中的 cd 段所示。

（4）如此反复循环，得到图 5-8a 所示 u_C 波形。

（5）电容 C 充电的时间也是整流二极管导通的时间，由于 C 充电时间很短，因此整流二极管导通的时间也很短。因横坐标 ωt 的单位是弧度，所以整流二极管导通时间称为导通角，用 θ 表示。根据能量守恒的概念，从变压器二次侧输出的电荷量应等于负载上输入的电荷量，而整流二极管导通角 θ 很小，因此整流二极管导通时的瞬时电流 i_D 比负载电流 I_L 大得多，如图 5-8b 所示。

2. 电容滤波输出电压平均值

电容滤波输出电压平均值一般很难精确计算，主要取决于放电时间常数 τ_d，即 R_L 和 C 的大小。R_L、C 越大，输出电压平均值越高；$R_L \to \infty$（开路）时，$U_0 = \sqrt{2}U_2$；$C \to 0$ 时，桥式整流，$U_0 = 0.9U_2$；即输出电压平均值为 $(0.9 \sim 1.4)U_2$，如图 5-9 所示。一般来说，滤波电容可按下式选取：

$$R_L C \geqslant (3 \sim 5)\frac{T}{2} \tag{5-11}$$

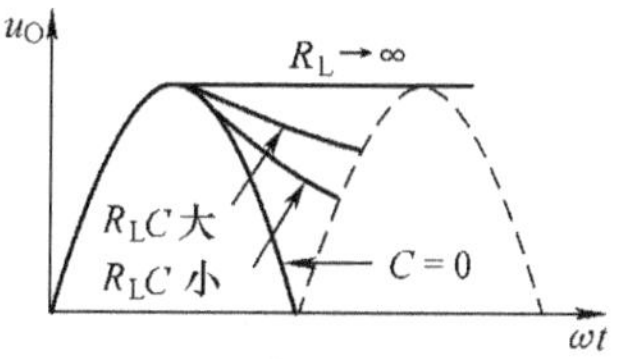

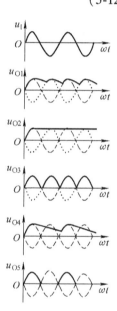

图 5-9　$R_L C$ 对 u_0 的影响

其中，T 为输入交流电压周期，工频电 $T = 20\,\text{ms}$。满足式（5-11）时，输出电压平均值可用下式估算：

$$U_0 = 1.2U_2（桥式整流） \tag{5-12a}$$
$$U_0 = 1.0U_2（半波整流） \tag{5-12b}$$

3. 电容滤波的特点

（1）电路简单、轻便。

（2）输出电压平均值升高（原因是电容储能）。

（3）外特性较差（即输出电压平均值随负载电流增大而很快下降，带负载能力差）。

（4）对整流二极管有很大的冲击电流，选管参数要求较高。整流二极管的冲击电流主要体现在以下两个方面：

1）若电容初始电压为 0，开机瞬间，相当于短路，整流二极管会流过很大的电流。

2）由于整流二极管导通角较小，导通时电流很大。

故电容滤波适用于负载电流变化不大的场合。

【例 5-4】 已知电路如图 5-7 所示，$U_2 = 12\,\text{V}$，$f = 50\,\text{Hz}$，$R_L = 100\,\Omega$，试求下列情况下输出电压平均值 U_0。（1）正常工作，并求滤波电容容量；（2）R_L 开路；（3）C 开路；（4）VD_2 开路；（5）VD_2、C 同时开路；（6）分别定性画出（1）、（2）、（3）、（4）、（5）题 u_0 波形。

图 5-10　例 5-4 u_0 波形

解： （1）正常工作：$U_{01} = 1.2U_2 = 1.2 \times 12\,\text{V} = 14.4\,\text{V}$，

最小电容量：$C = (3 \sim 5)\dfrac{T}{2R_L} = (3 \sim 5) \times \dfrac{0.02}{2 \times 100}\,\text{F} = 300 \sim 500\,\mu\text{F}$。

（2）若 R_L 开路，$U_{02} = \sqrt{2}U_2 = \sqrt{2} \times 12\,\text{V} \approx 17.0\,\text{V}$。

（3）若 C 开路，$U_{03} = 0.9U_2 = 0.9 \times 12\,\text{V} = 10.8\,\text{V}$。

（4）若 VD_2 开路，相当于半波整流，$U_{04} = 1.0U_2 = 12\,\text{V}$。

（5）若 VD_2、C 同时开路，$U_{05} = 0.45U_2 = 5.4\,\text{V}$。

（6）定性画出（1）、（2）、（3）、（4）、（5）题 u_0 波形，如图 5-10 所示。

4. 电感滤波

电感滤波是利用电感对脉动成分呈现较大感抗的原理来减少输出电压中的脉动成分。其主要特点是输出特性较平坦，整流二极管电流为连续波形。缺点是铁心质重、体大、价高，且易引起电磁干扰。适用于输出电流较大、负载变化较大的场合。

桥式整流电感滤波输出电压平均值 $U_0 = 0.9U_2$。

5. 复式滤波

电容滤波和电感滤波各有优缺点，复式滤波是将电阻、电感、电容组合，可进一步提高滤波效果。元件组合方式有 RC 滤波和 LC 滤波，结构形式有 π 形和 Γ 形。

【复习思考题】

5.7　电容滤波有什么主要特点？

5.8　电容滤波输出电压平均值与哪些因素有关？如何估算？有什么条件？

5.9　如何理解电容滤波时整流二极管的冲击电流？

5.10　电感滤波有什么主要特点？

5.4　硅稳压管稳压电路

1. 电路和工作原理

硅稳压管组成的稳压电路如图 5-11 所示，其中 U_I 为输入电压，U_0 为输出电压，VS 为稳压管（处于反偏状态），R 为限流电阻（提供稳压管合适工作电流，使 $I_{Zmin} < I_Z < I_{ZM}$），R_L 为负载电阻。按图 5-11 电路，可列出 KVL 和 KCL 方程：

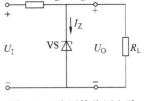

图 5-11　稳压管稳压电路

$$U_0 = U_I - I_R R = U_Z$$
$$I_R = I_Z + I_L$$

其稳压过程可从两个方面分析，一是输入电压 U_I 变化，二是负载电阻 R_L 变化，看电路能否起稳压作用。所谓稳压，就是当该两个参数发生变化时，仍能保持输出电压稳定。

（1）输入电压 U_I 变化。

设 U_I 上升引起 U_0 上升，即 U_Z 变大，根据稳压管伏安特性可知，U_Z 稍有增大，就能引起 I_Z 增大很多，从而引起一系列负反馈过程而稳定输出电压 U_0，其过程如下：

$$U_I \uparrow \rightarrow U_0 \uparrow (U_Z \uparrow) \rightarrow I_Z \uparrow \rightarrow I_R \uparrow (I_R = I_Z + I_L) \rightarrow U_R \uparrow (U_R = I_R R) \rightarrow U_0 \downarrow (U_0 = U_I - I_R R)$$
$$\underset{\text{维持 } U_0 \text{ 基本不变}}{\underline{\qquad\qquad\qquad\qquad\qquad\qquad\qquad}}$$

若 U_I 下降，其过程相反。

（2）负载 R_L 变化（输出电流 I_L 变化）。

负载 R_L 变化时，稳压过程如下：

$$R_L \downarrow \rightarrow I_L \uparrow (I_L = U_0/R_L) \rightarrow I_R \uparrow (I_R = I_Z + I_L) \rightarrow U_R \uparrow \rightarrow U_0 \downarrow (U_Z \downarrow) \rightarrow I_Z \downarrow \rightarrow I_R \downarrow \rightarrow U_R \downarrow \rightarrow U_0 \uparrow$$
$$\underset{\text{维持 } U_0 \text{ 基本不变}}{\underline{\qquad\qquad\qquad\qquad\qquad\qquad\qquad}}$$

综上所述，硅稳压管组成的稳压电路中，稳压管通过自身的电流调节作用，并通过限流电阻 R，转化为电压调节作用，从而达到稳定电压的目的。

2. 元器件选择

硅稳压管稳压电路的稳压性能主要取决于限流电阻 R 和稳压管动态电阻 r_Z。稳压管动态电阻 r_Z 越小，电流调节作用越明显；限流电阻 R 越大，电压调节作用越明显。但是限流电阻 R 大小受到其他参数(如输入电压 U_I、负载电流 I_L、稳压管电流 I_{Zmin} 和 I_{ZM}、电阻功耗、电路效率等)的限制，一般可按下式求取：

$$\frac{U_{Imax}-U_Z}{I_{ZM}+I_{Lmin}}<R<\frac{U_{Imin}-U_Z}{I_{Zmin}+I_{Lmax}} \tag{5-13}$$

3. 适用场合

硅稳压管电流变化范围不大，即电流调节范围有限。因此，硅稳压管稳压电路适用于负载电流较小，且变化不大的场合。

【复习思考题】

5.11 稳压管稳压电路中，稳压管和限流电阻 R 各起什么作用？

5.5 线性串联型稳压电路

稳压管稳压电路在负载电流较小，且变化不大的场合，因简单实用而被广泛应用，但在要求输出电流较大，负载电流变化较大，输出电压可调、稳压精度较高的场合，不太适用。线性串联型稳压电路能获得较好的稳压效果。

5.5.1 线性串联型稳压电路概述

1. 基本电路

图 5-12a 为线性串联型稳压电路的基本电路，该电路可分为 4 个组成部分：基准、取样、比较放大和调整。

1）基准。由 R_3、VS 组成稳压管稳压电路，提供基准电压。

2）取样。由 R_1、R_2 组成输出电压分压取样电路。

3）比较放大。由 VT_2、R_4 组成比较放大电路，将基准电压和取样电压比较并放大。

4）调整。VT_1 为调整管，根据比较放大的信号控制和调整输出电压。

2. 工作原理

稳压电路在某种原因下输出电压发生变化时能稳定输出电压，其控制过程如下：

$$U_O\uparrow\to U_{B2}\uparrow\left(U_{B2}=\frac{U_O R_2}{R_1+R_2}\right)\to U_{BE2}\uparrow(U_{BE2}=U_{B2}-U_Z)\to I_{C2}\uparrow\to U_{B1}\downarrow(U_{B1}=U_I-I_{C2}R_4)$$

$$\uparrow\underline{\qquad\qquad\qquad\qquad\qquad\qquad\qquad\qquad}\downarrow$$
$$U_O\downarrow(U_O=U_{B1}-U_{BE1})$$

线性串联型稳压电路是一个二级直流放大器，射极输出，从负反馈角度看，是一个电压串联型负反馈电路。电压负反馈，能稳定输出电压。

3. 输出电压

根据

$$\frac{U_O R_2}{R_1+R_2}=U_{B2}=U_{BE2}+U_Z\approx U_Z，\text{可得出：}\ U_O\approx\left(1+\frac{R_1}{R_2}\right)U_Z \tag{5-14}$$

为了使输出电压可调，可在 R_1、R_2 之间串入一个电位器。调节电位器，即调节了取样分压比，调节了输出电压，如图 5-12b 所示。

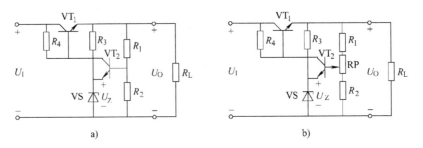

图 5-12　串联型稳压电路
a）基本电路　b）输出电压可调电路

4. 性能分析

稳压电路的主要技术指标有稳压系数、输出电阻和温度系数，线性串联型稳压电路的性能主要与调整管、比较放大电路的增益以及基准电压的稳定有关。

（1）调整管 VT_1。

1）线性串联型稳压电路要求调整管工作在放大状态，β 越大，效果越好。因此，通常用复合管组成调整管。

2）线性串联型稳压电路的输出电流须全部流过调整管，即输出电流受制于调整管 I_{CM}。

3）因调整管工作在放大状态，且输出较大电流。因此，调整管功耗较大，即输出电流同时受制于调整管 P_{CM}。为减小调整管 P_{CM}，输入和输出压差（U_1-U_O）不宜过大，一般视输出电流大小取 $2\sim5\,V$，同时选饱和压降 U_{CES} 小的调整管。一般情况下，调整管应加装散热片。

（2）比较放大电路增益。

据分析，线性串联型稳压电路的稳压系数、输出电阻均与比较放大电路增益 A_{u2} 有关。A_{u2} 越大，电路稳压性能越好。$A_{u2}=\dfrac{\beta_2 R_4}{R_1 /\!/ R_2+r_{be2}+(1+\beta_2)r_Z}$，其中 r_Z 为稳压管动态电阻，从该式看出，欲增大 A_{u2}，主要从以下几点着手：

1）提高比较放大管 VT_2 的 β 值。

2）增大 VT_2 集电极负载电阻 R_4，但 R_4 过大会减小 VT_2 的动态范围，因此，在改进电路中，常用恒流源代替 R_4。

3）选用动态电阻 r_Z 较小的稳压管，基准电压 U_{REF} 的稳定对串联型稳压电路的性能有很大影响，稳压管的 r_Z 越小，稳压性能越好。

5.5.2　三端集成稳压器

目前在电子设备中，采用分立元器件组成线性串联型稳压电路的情况已较少见，普遍应用的是集成稳压电路。这里介绍广泛应用的输出电压固定的三端集成稳压器 78/79 系列和输出电压可调的三端集成稳压器 LM317/337。

1. 输出电压固定的集成稳压器 78/79 系列

78/79 系列集成稳压器内部具有过电流、过热和安全工作区 3 种保护，稳压性能优良可靠，使用简单方便，价格低廉，体积小，国内外许多生产厂商制造生产。

图 5-13 为 78/79 系列集成稳压器 TO220 封装外形正视图。78 系列引脚 1、2、3 依次为输入端、公共端和输出端；79 系列引脚 1、2、3 依次为公共端、输入端和输出端。

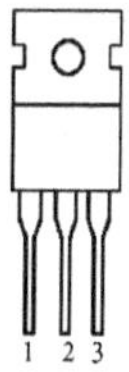

（1）分类。

78 系列输出正电压，79 系列输出负电压。

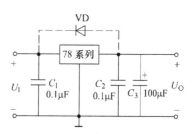

图 5-13　集成稳压器

按输出电压高低（以 78 系列为例）可分为 7805、7806、7808、7809、7812、7815、7818、7824（末 2 位数字为输出电压值）。

按输出电流大小可分 78L（0.1 A）、78M（0.5 A）、78（1.5 A）、78T（3 A）、78H（5 A）、78P（10 A）系列。

（2）典型应用电路。

图 5-14 为 78 系列集成稳压器典型应用电路（79 系列应用电路电解电容 C_3 及二极管 VD 应反接，输入电压必须为负极性）。

（3）有关事项说明：

1）电容 C_1 用于输入端高频滤波，包括滤除电源中高频噪声和干扰脉冲。

2）电容 C_2、C_3 用于输出端滤波，改善负载的瞬态响应，并消除来自负载电路的高频噪声。需要指出

图 5-14　78 系列集成稳压器典型应用电路

的是，有些教材和技术资料有关三端集成稳压器的电路中，没有大容量电容 C_3，这是不合理的。实验表明，如 78 系列（1.5 A）输出电流大于 200 mA 后，若未接入大容量电容 C_3，输出电压纹波将明显增大。因此应根据负载电流的大小在输出端接大容量电解电容，一般取 100~1000 μF，负载电流越大，电容容量应越大。

3）负载电流较大时，集成稳压器应加装散热片，否则，集成稳压器将因温升过高而进入过热保护状态（输出限流）。

4）图 5-14 电路中二极管 VD 的作用是输入端短路时为 C_3 提供放电通路，防止 C_3 两端电压击穿集成稳压器内调整管发射结。但在集成稳压器输出电压不高的情况下，也可不接。注意稳压器浮地故障，当 78 系列集成稳压器公共端断开时，输入、输出电压几乎同电位，将引起负载端高电压。78/79 系列三端集成稳压器内部有完善的保护电路，一般不会损坏。

5）78 系列集成稳压器输入电压一般不得高于 35 V（7824 允许 40 V），不得低于-0.8 V；输入和输出电压最小电压差约 2 V。

6）78/79 系列集成稳压器输出最大电流是在 3 种保护电路未作用时的极限参数，实际上，还未到输出最大电流极限值，3 种保护电路已动作。增大输出电流并保持稳压的途径是加装大散热片和在输出端接大容量电容。

2. 输出电压可调的集成稳压器 LM317/337

LM317/337 为输出电压可调集成稳压器。317 输出正电压，337 输出负电压。TO220 封装外形正视图同图 5-13。引脚 1、2、3 依次为调整端（Adj）、输出端和输入端。

（1）典型应用电路：图5-15为LM317典型应用电路（LM337电路连接与图5-15相似，但二极管、电解电容极性应反接，输入电压也必须是负极性）。

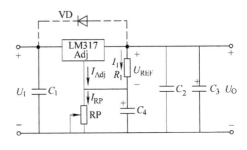

图5-15　LM317典型应用电路

（2）芯片特点：

1）输出端与调整端之间有一个稳定的带隙基准电压 $U_{REF}=1.25\ V$。

2）$I_{Adj}<50\ \mu A$。

（3）输出电压：

$$U_O=I_1R_1+(I_1+I_{Adj})R_{RP}\approx I_1(R_1+R_{RP})=\frac{U_{REF}}{R_1}(R_1+R_{RP})=\left(1+\frac{R_{RP}}{R_1}\right)U_{REF} \tag{5-15}$$

式（5-15）表明，输出电压 U_O 取决于RP与 R_1 的比值，调节RP即能调节输出电压 U_O。

（4）电路说明：

1）R_1 的取值范围应适当，一般取 $120\sim240\ \Omega$。$I_1=U_{REF}/R_1=(10\sim5)\ mA$，满足 $I_1\gg I_{Adj}$，I_{Adj} 可忽略不计，R_1 越小，输出电压精度及稳压性能越好；但 R_1 过小，功耗过大，热稳定性变差，一般可选用 RJX/0.25 W 电阻（金属膜）。

2）调节RP即可调节输出电压，RP可选用线性线绕电位器或多圈电位器。LM317输入电压不得高于 40 V。输入和输出电压最小电压差约 2 V。

3）电容 C_4 用于旁路RP两端的稳波电压，VD用于输入端短路时提供 C_3 的放电回路，以防损坏 LM317。

【复习思考题】

5.12　线性串联型稳压电路的基本电路由哪几部分组成？各有什么作用？

5.13　线性串联型稳压电路的输出电压与哪些因素有关？如何使输出电压可调？

5.14　线性串联型稳压电路的稳压性能主要与哪些因素有关？

5.15　叙述输出电压固定的三端集成稳压器输出电压正负、输出电压高低、输出电流大小分类概况。

5.16　应采取什么措施保障 78 系列集成稳压器有足够的输出电流？

5.17　若需要+5 V 稳定输出电压，应选择哪一种集成稳压器芯片？其输入电压范围应如何选择？

5.6　开关型直流稳压电路

78/79 系列和 LM317/337 系列三端集成稳压器属于线性稳压电路，其内部调整管必须工作在线性放大区，调整管 U_{CE} 较大，同时输出电流全部流过调整管，因此调整管功耗很大，整个电源效率很低，一般只有 30%～60%。特别是当输入和输出电压压差大、输出电流大时，不但电源效率很低，也使调整管工作可靠性降低。开关型稳压电路中的调整管工作在截止与饱和两种状态，管耗很小，电源效率明显提高，可达 70%～90%，近年来发展迅速，得到广泛应用。

1. 工作原理

图 5-16 为开关型稳压电路工作原理示意图，电路由开关元器件、控制电路和 LC 滤波器组成。其中开关元器件由功率晶体管或功率 MOSFET 担任，工作在饱和导通或截止状态，由控制电路根据输出电压的高低组成闭环控制系统。开关元器件饱和导通时，$U_D = U_I$；截止时，$U_D = 0$。因此，U_D 为矩形脉冲波，其包络线为输入电压 U_I。此矩形脉冲再经过 LC 滤波器，得到比较平滑的直流电压，如图 5-17 所示。

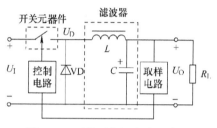

图 5-16 开关型稳压电路示意图

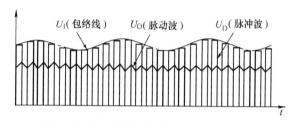

图 5-17 开关型稳压电路 U_I、U_D、U_O 波形

LC 滤波器工作原理如图 5-18 所示。开关元器件导通时，L 和 C 充电储能，同时负载 R_L 中有电流流过；开关元器件截止时，L 和 C 中储能向负载放电，二极管 VD 提供放电时的电流通路，称为续流二极管。显然，输出电压 U_O 的大小与一个周期中开关元器件导通的时间 t_{on} 成正比。

$$U_O = \frac{t_{on}}{T} U_I = q U_I \tag{5-16}$$

式中，T 为矩形脉冲周期，q 称为矩形脉冲的占空比，$q = t_{on}/T$。

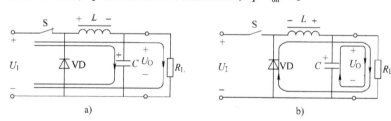

图 5-18 滤波器工作示意图

a) 充电阶段　b) 放电阶段

读者可能有疑问的是，仅凭 LC 滤波能否达到稳压的目的？若能达到稳压目的，那么还要稳压电路做什么？需要指出的是，开关型稳压电路中的 LC 滤波与 5.3 节中所述的 LC 滤波不一样。5.3 节所述 LC 滤波是对 100 Hz(50 Hz 电源桥式整流后为 100 Hz)脉动电压滤波，而开关型稳压电路中的 LC 滤波器是对高频脉冲波(早期多为 20 ~ 50 kHz，目前多为 200 ~ 500 kHz,已有许多 1 MHz 以上应用)滤波，因此较小的 LC 元件即能达到很好的滤波效果，电感元件 L 中的磁心也不是普通的低频磁心，而是一种特殊的高频磁心，体积很小，L 绕组匝数很少，开关频率越高，L 可越小。当然，与线性串联型稳压电路相比，开关型稳压电路输出电压中含有较多的高频脉动成分，这是开关型稳压电路的缺点。

2. 开关型稳压电路分类

开关型稳压电路发展很快，种类很多，各有优缺点和用途。主要分类情况如下：

（1）串联型和并联型。按开关元器件连接方式，开关型稳压电路可分为串联型（Buck）和并联型（Boost），串联型属降压型变换，并联型属升压型变换，图 5-16 为串联型开关稳压电路；图 5-19a 为并联型开关稳压电路。其工作原理是：开关元器件导通时，L 充电，C 放电，如图 5-19b 所示；开关元器件截止时，L 上的反电动势与 U_I 叠加，向 C 充电，如图 5-19c 所示，C 上充得的电压将大于 U_I，因此负载 R_L 上可获得比 U_I 更高的电压。

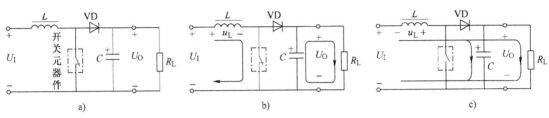

图 5-19　并联型开关稳压电路原理图
a）电路组成　b）L 充电　c）L 放电

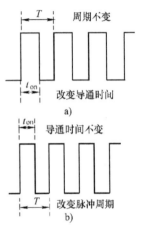

（2）脉冲宽度调制型和脉冲频率调制型。

脉冲宽度调制（Pulse Width Modulation，PWM）型是在开关元器件开关周期 T 不变条件下，改变导通脉冲宽度 t_{on}，从而改变占空比 q，改变输出电压 U_O，如图 5-20a 所示。

脉冲频率调制（Pulse Frequency Modulation，PFM）型是在开关元器件导通脉冲宽度 t_{on} 不变的条件下，改变开关元器件工作频率，从而改变占空比 q，改变输出电压 U_O，如图 5-20b 所示。

（3）正激式和反激式。正激式变换是在开关元器件导通时传递能量，如图 5-21a 所示，开关元器件导通时，VD_1 导通（注意变压器 T 同名端），LC 充电；开关元器件截止时，VD_1 截止，LC 放电（VD_2 为续流二极管）。

图 5-20　开关电源调制类型
a）PWM　b）PFM

反激式变换是在开关元器件截止时传递能量，如图 5-21b 所示，开关元器件导通时，VD 截止（注意变压器 T 同名端），变压器 T 二次侧储能；开关元器件截止时，VD 导通，变压器 T 二次侧在开关元器件导通时存储的能量通过 VD 向电容 C 充电。显然，反激式变换电路简单，但对元器件要求较高。

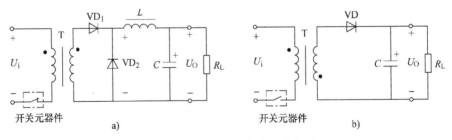

图 5-21　正激式和反激式开关电源
a）正激式　b）反激式

3. 开关电源中的开关元器件

开关元器件在开关型稳压电路中是一个很关键的元器件，要求高频、大电流、通态电压低、驱动控制简单等，目前常用 MOSFET、VMOS 和 IGBT，小功率开关电源也使用双极型晶体管，其中以 IGBT 最为理想。

4. 开关电源与线性电源性能比较

与串联型线性电源相比，开关电源的主要优点是效率高；调整管功耗低，不需要较大的散热器；用轻量的高频变压器替代笨重的工频变压器，体小量轻。表 5-1 为开关型稳压电源与串联型线性稳压电源性能比较。

表 5-1　开关型稳压电源与串联型线性稳压电源性能比较

	串联型线性稳压电源	开关型稳压电源
效率	低（30%~60%）	高（70%~90%）
尺寸	大	小
重量	重	轻
电路	简单	复杂
稳定度	高（0.001%~0.1%）	普通（0.1%~3%）
纹波（p-p）	小（0.1~10mV）	大（10~200mV）
暂态反应速度	快（50μs~1ms）	普通（500μs~10ms）
输入电压范围	窄	宽
成本	低	普通
电磁干扰	无	有

5. 开关型稳压电路实例

图 5-22 为 TINY264 组成的 5V/500mA 开关型稳压电路。TINY264 将控制电路和功率开关元器件集成在一起，因此也称为智能功率开关，主要优点是体小、量轻、效率高，性价比高，适合 AC 220V 输入电压、较小功率输出场合，在移动电话充电器、PC 电源、电视机电源中有广泛应用。

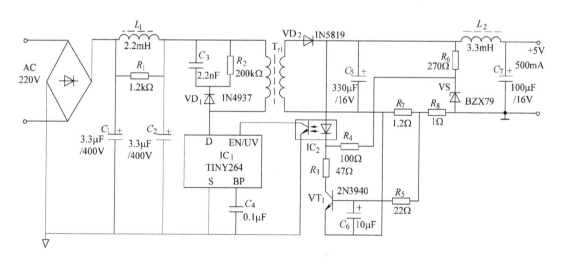

图 5-22　TINY264 典型应用电路

1）TINY264 D 端和 S 端为集成在片内的功率 MOSFET 漏极 D 和源极 S，同时提供片内工作电源通路。

2）TINY264 片内功率 MOSFET 导通时，向 BP 端的外接 0.1 μF 电容充电，为片内电路提供 5.8 V 电源。由于 TINY264 低功耗，即使很短的导通周期，0.1 μF 电容充电电能也足以提供维持 TINY264 片内电能需求。

3）EN/UV 端，具有双重功能。正常工作时，用于控制片内功率 MOSFET 的通断；超载时（从 EN/UV 流出的电流大于 240 μA），强迫 TINY264 片内功率 MOSFET 关断。

4）图 5-22 输入电压 AC 220 V，经桥式整流、LC π 形滤波转换为 300 V 直流脉动电压。由 TINY264 控制，斩波为高频脉冲，VD_1、R_2、C_3 组成钳位电路，防止高频电源变压器一次绕组反电动势过电压。

5）高频电源变压器二次绕组经 VD_2 整流，C_5、L_2、C_7 组成 π 形滤波，变换为 5 V/500 mA 直流电压。

6）光电耦合器 IC_2 作用有两个：一是连接输出电压电流取样信号与智能功率开关控制器 TINY264，组成闭环控制系统；二是起隔离作用。IC_2 中的发光二极管一端通过 R_4 接稳压管 VS（3.9 V），VS、R_6 组成稳压管稳压电路，流过 R_4 的电流取决于输出电压高低；发光二极管一端同时通过 R_3 接 VT_1，VT_1 的电流取决于输出电流的大小，输出电流在取样电阻 R_7 上的电压决定了 VT_1 的电流；IC_2 中的发光二极管电流受输出电压和输出电流双重控制。

需要指出的是，TINY264 的工作原理与传统的 PWM 控制器不同，称为 Tiny Switch（或 On/Off 型），内部有固定频率（132 kHz）的振荡器，正常工作时，依靠简单的开/关控制调节输出电压，并在每个时钟周期检测 EN/UV 端的电流，若大于 240 μA，开关控制器跳过（关断）一个周期。而 EN/UV 端的电流取样正比于负载端电压电流，满负载时，Tiny Switch 几乎工作在所有周期；负载低一些时，Tiny Switch 会跳过一些周期；负载非常小时，Tiny Switch 只产生很少的周期维持电能供给。因此，Tiny Switch 响应时间比普通的 PWM 型快得多。

智能功率开关因其优点而发展很快，除 Tiny Switch 外，还有一种 Top Switch 属复合控制型（PWM+On/Off），已发展为 Top Switch-FX（第三代）和 Top Switch-GX（第四代），性能优越，在 PC、电视机等现代电子产品中得到广泛应用。

【复习思考题】

5.18　串联型线性稳压电源与开关型稳压电源的效率各为多少？为什么串联型线性稳压电源效率低而开关型稳压电源效率高？

5.19　开关型稳压电路输出电压如何计算？

5.20　同样是 LC 滤波，为什么开关型稳压电路中的 LC 滤波器所需 LC 数值小得多？

5.21　简述 PWM 和 PFM 开关型稳压电路的区别。

5.22　比较串联型线性稳压电源和开关型稳压电源的优缺点。

5.7　PC 电源概述

PC 电源是计算机的重要配件，它的作用就像是一台发动机，为 PC 中的其他部件提供足够的动力，让它们更好地工作。因此，PC 电源能否输出合格的电压电流，会直接影响到计算机的正常工作。PC 电源盒外形如图 5-23 所示。

1. PC 电源发展概况

PC 电源发展大致经历了 4 个阶段。

（1）PC/XT 电源。IBM 公司最先推出 PC/XT 时制定的标准。

（2）AT 电源。由 IBM 公司早期推出 PC/AT 时所提出的标准，20 世纪 90 年代之前，AT 电源就已经诞生，而且技术非常成熟，并提供 4 组直流电压输出。分别为 +5 V：供硬盘、主板、CD-ROM

图 5-23　PC 电源盒外形图

控制电路使用；−5 V：供 MODEM 及 CMOS 的 IC 使用；+12 V：供风扇、磁盘驱动电动机等使用；−12V：主要供串行口使用。

（3）ATX 电源。1995 年 Intel 公司制定出了 ATX 版规范。与 AT 电源比较，主要区别是增加了 +3.3 V 和 +5 V SB 两路输出，+3.3 V 用于 CPU 和内存供电，以减小主板功耗和发热；+5 V SB 作为待机电源，用于电源及系统的唤醒服务。另外，ATX 电源与主板的连接接口上也有了明显的改进。

（4）ATX 12 V 电源。2000 年，为了适应 Intel P4 的要求，ATX 12 V 标准应运而生，是目前的主流标准。与 ATX 2.03 比较，新标准使用 +12 V 电压取代之前的 +5 V 电压向处理器供电，改变了各路输出功率分配方式，增强 +12 V 负载能力。同时还对涌浪电流峰值、滤波电容的容量、保护电路等做出了相应规定，以确保电源的稳定性。

2. PC 电源的基本工作原理

所有 PC 电源均为开关型直流稳压电路。主要由 EMI 滤波电路、高压整流滤波电路、脉冲宽度调制电路、高频变压器、低压整流滤波电路、辅助电源电路和控制信号产生电路等组成，其基本原理框图如图 5-24 所示。

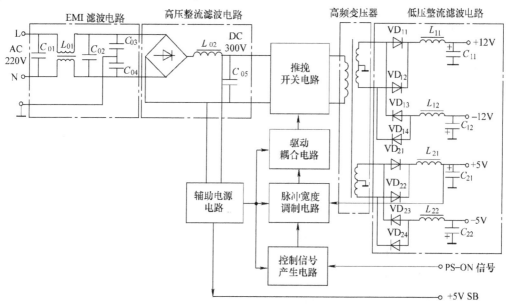

图 5-24　PC 电源基本原理框图

（1）EMI 滤波电路。EMI（Electro Magnetic Interference）滤波器由 L_{01} 和 C_{01}、C_{02}、C_{03}、C_{04} 组成，其主要作用是滤除外界电网的高频脉冲对电源的干扰，同时也起到减少开关电源本身对外界的电磁干扰。实际上它是一个低通滤波器，利用电感和电容的特性，使频率为 50 Hz 左右的交流电可以顺利通过滤波器，而高于 50 Hz 以上的高频干扰杂波则被滤波器滤除。

（2）高压整流滤波电路。高压整流滤波电路由二极管整流桥堆和 L_{02}、C_{05} 滤波电路组成，其主要作用是将 AC 220 V 的交流电压转换为 300 V 左右的直流脉动电压。

（3）脉冲宽度调制电路。PWM 电路由推挽开关电路、开关管驱动耦合电路和脉宽调制电路等组成，其主要作用是将 300 V 直流脉动电压转换为脉宽可调的高频脉冲电压。其中常用的脉宽调制集成电路为 TL494，它包含了开关电源控制所需的全部功能，片内有一个线性锯齿波振荡器，与输出电压反馈信号比较，即能调节输出脉冲的脉宽，控制开关管通断时间（改变占空比 q），从而控制输出电压的大小。

（4）高频变压器和低压整流滤波电路。高频变压器是将 300 V 的高频高压转换为高频低压（例如 12 V 和 5 V），同时隔离高压与低压，增加安全系数，降低对元件耐压的要求。低压整流滤波电路是将该高频低压转换为直流电压。需要指出的是，由于频率高，且采用高磁导率的高频磁心，高频变压器与 5.1 节所述工频变压器有很大不同，体积很小，绕组匝数很少，能采用较粗的导线，功耗很小。同理，滤波电感器 L 也具有上述高频变压器的特点；滤波电容器 C 容量也可小得多。高频滤波电路输出电压中虽然含有较多的高频脉动成分，但输出电压还是比较稳定，其波形如图 5-17 所示。

（5）辅助电源电路和+5 V SB 电压。辅助电源电路是一个独立于主电源的小功率开关电源电路。插上电源插座，辅助电源即开始工作。其主要作用有二：一是提供电源内部的 PWM 等芯片的工作电源；二是输出+5 V SB（Standby）。+5 V SB 是在系统关闭后保留的待机电压，利用+5 V SB 和 PS-ON 信号，就可以实现软件开/关机器、键盘开机、网络唤醒等功能。PS-ON 信号是主板向电源提供的电平信号，低电平时电源启动，高电平时电源关闭。

（6）控制信号产生电路。PC 电源是一个完整的反馈控制系统，既要稳定输出电压，又要进行各种保护。如输出端的过电流、过电压、过热和短路保护等，还要接受主机的 PS-ON 控制信号，都需要通过检测和比较电路来实现。因此，使整个电源基路显得庞杂。限于篇幅和基础知识，本书不予展开，仅给出较为典型的 ATX 电源基本原理框图，如图 5-24 所示，有兴趣的读者可参阅有关技术资料。

综上所述，插上电源插座后，220 V 交流电压经整流滤波电路，输出 300 V 直流高压。该电压同时加到推挽开关电路和辅助电源上，推挽开关电路因无激励脉冲而处于待机状态。辅助电源则输出脉宽调制电路、控制信号产生电路和保护电路等所需的工作电压以及主板的+5 V SB 待机电压，但此时因没有得到主机的 PS-ON 控制信号，控制信号产生电路锁住脉宽调制电路，使其停振，电源处于待机状态。按下 PC 面板的开机触发开关后，主机发出 PS-ON 有效信号，控制信号产生电路解除对脉宽调制电路的锁定，PWM 电路开始工作，输出脉宽可控的高频脉冲，推动推挽开关电路中的推挽功率管，将 300 V 直流电压斩波为高频脉冲，高频变压器将该高频脉冲耦合至二次侧，转换为高频低压，经整流滤波，形成主机所需的各路电压。控制信号产生电路则监视各路输出电压高低及是否有过电压、过电流等故障，控制 PWM 电路工作，以保证输出电压稳定和主机安全。

【复习思考题】

5.23　什么叫 EMI 滤波？有何作用？

5.24　简述 PC 电源工作过程和原理。

5.25　+5 V SB 有什么作用？

5.8　习题

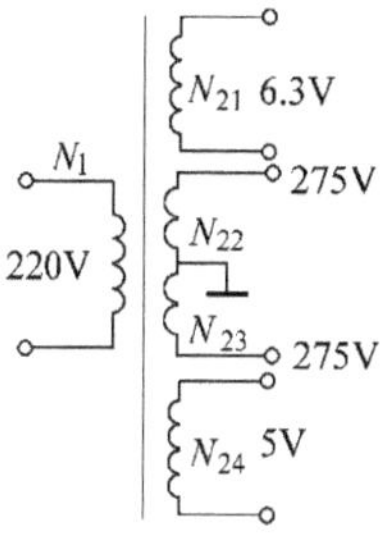

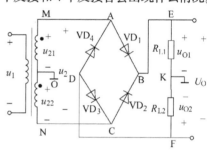

图 5-25　习题 5-1
电路

5-1　已知理想变压器电路如图 5-25 所示，$N_1 = 1320$ 匝，为满足二次电压要求，试求各二次绕组匝数。

5-2　已知桥式整流电路如图 5-6a 所示，$U_2 = 8$ V，$R_L = 5\,\Omega$，试求：

（1）输出电压平均值 U_O。

（2）负载电流平均值 I_O。

（3）整流二极管平均电流 I_D。

（4）整流二极管承受的最大反向电压 U_{Drm}。

（5）若 VD_2 反接、开路、短路，会出现什么情况？

（6）分析桥式整流 4 个整流二极管中，两个反接，3 个反接和 4 个反接各会出现什么情况。

5-3　已知整流电路如图 5-26 所示，$U_{21} = 10$ V，$U_{22} = 20$ V，$R_{L1} = 100\,\Omega$，$R_{L2} = 300\,\Omega$，试求：

（1）分析变压器二次电压 u_{21}、u_{22} 正负半周时电流流通路径。

（2）计算 U_{O1}、U_{O2} 和 U_O。

（3）若变压器二次接地点 O 开路，重新计算 U_{O1}、U_{O2} 和 U_O。

图 5-26　习题 5-3 电路

5-4　已知桥式整流电容滤波电路如图 5-7 所示，$U_2 = 10$ V，$R_L = 100\,\Omega$，输入电压为工频 50 Hz，试估算滤波电容取值和输出电压平均值。

5-5　已知桥式整流电容滤波电路如图 5-7 所示，$U_2 = 10$ V，有 5 位同学用直流电压表测得输出电压 U_O 值：（1）12 V。（2）14 V。（3）10 V。（4）9 V。（5）4.5 V。试分析电路工作是否正常？若不正常试指出故障情况。

5-6　已知桥式整流电容滤波电路如图 5-7 所示，有 5 位同学用示波器观察输出电压波形，如图 5-27 所示，试分析电路工作是否正常？若不正常，试指出电路故障情况。

5-7　已知稳压管稳压电路如图 5-28 所示，u_1 为 AC 220 V，$U_C = -12$ V，$U_O = -8$ V，$R_L = 200\,\Omega$，$R = 80\,\Omega$，试求：

（1）画出整流二极管 $VD_1 \sim VD_4$，滤波电容 C（包括极性），稳压管 VS。

（2）选取稳压管参数 U_Z、I_Z。

（3）选取滤波电容值。

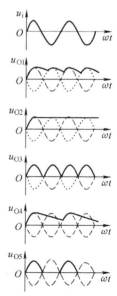

图 5-27　习题 5-6 波形

（4）计算变压器二次电压有效值 U_2。

5-8 已知串联型稳压电路如图 5-12b 所示，$R_1 = R_2 = R_{RP} = 2\ k\Omega$，$U_Z = 6.2\ V$，$U_I$ 足够大，R_3、R_4 取合适阻值，试求调节 RP 时 U_0 的范围。

5-9 已知图 5-29 电路，试分析电路工作状况，输出电压是否可调？与 LM317 组成的输出电压可调稳压电路有什么区别？

5-10 已知图 5-30 电路，试求 I_L 并分析其特点。

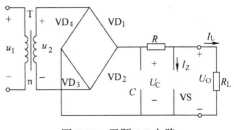

图 5-28 习题 5-7 电路

5-11 已知开关型稳压电路，输入电压平均值 $U_I = 100\ V$，开关元器件导通时间占整个周期的 1/3，试估算其输出电压平均值 U_0。

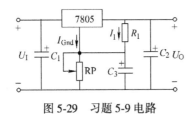

图 5-29 习题 5-9 电路

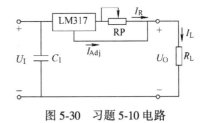

图 5-30 习题 5-10 电路

第6章　数字逻辑基础

【本章要点】
- 数字电路的特点
- 二进制数和十六进制数
- 基本逻辑运算与、或、非
- 逻辑代数的基本定律和常用公式
- 逻辑函数及其表示方法
- 公式法化简逻辑函数
- 卡诺图化简逻辑函数

6.1　数字电路概述

在时间上和数值上都是连续变化的信号，称为模拟信号。如音频信号、视频信号、温度信号等，其信号电压波形如图 6-1a 所示。处理模拟信号的电子电路称为模拟电路。如各类放大器、稳压电路等。

在时间上和数值上都是离散(变化不连续)的信号，称为数字信号。如脉冲方波、计算机和手机中的信号等，其信号电压波形如图 6-1b 所示。处理数字信号的电子电路称为数字电路。如各类门电路、触发器、寄存器等。

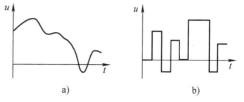

图 6-1　模拟信号和数字信号电压波形
a) 模拟信号　b) 数字信号

数字电路已十分广泛地应用于数字通信、自动控制、家用电器、仪器仪表、计算机等各个领域。如手机、计算机、数字视听设备、数字照相机等。可以这样认识，数字电路的发展标志着电子技术发展进入了一个新的阶段，进行了一场新的革命。当今电子技术的飞速发展是以数字化作为主要标志的。当然这并不是说数字化可以代替一切，信号的放大、转换和功能的执行等都离不开模拟电路，模拟电路是电子技术的基础，两者互为依存，互相促进，缺一不可。

与模拟电路相比，数字电路的主要特点如下。

1）内部晶体管主要工作在饱和导通或截止状态。

2）只有两种状态：高电平和低电平，便于数据处理。

3）抗干扰能力强。其原因是高低电平间容差较大，幅度较小的干扰不足以改变信号的有无状态。

4）电路结构相对简单，功耗较低，便于集成。

5）在计算机系统中得到广泛应用。

【复习思考题】

6.1　与模拟电路相比，数字电路主要有什么特点？

6.2 数制与编码

6.2.1 二进制数和十六进制数

人们习惯于用十进制数，但在数字电路和计算机中，通常采用二进制数和十六进制数。

1. 十进制数(DeCimal Number)

十进制数有 10 个数码(数符)：0、1、2、3、4、5、6、7、8、9。进位规则是"逢十进一"。其数值可表达为：

$$[N]_{10}=d_{i-1}\times10^{i-1}+d_{i-2}\times10^{i-2}+\cdots+d_1\times10^1+d_0\times10^0=\sum_{n=0}^{i-1}d_n\times10^n \tag{6-1}$$

$[N]_{10}$ 中的下标 10 表示数 N 是十进制数，十进制数也可用 $[N]_D$ 表示。更多情况下，下标 10 或 D 可省略不标。

10^{i-1}、10^{i-2}、$\cdots$、10^1、10^0 称为十进制数各数位的权。

例如，$1234=1\times10^3+2\times10^2+3\times10^1+4\times10^0$

2. 二进制数(Binary Number)

二进制数只有两个数码：0 和 1。进位规则是"逢二进一"。其数值可表达为：

$$[N]_2=b_{i-1}\times2^{i-1}+b_{i-2}\times2^{i-2}+\cdots+b_1\times2^1+b_0\times2^0=\sum_{n=0}^{i-1}b_n\times2^n \tag{6-2}$$

$[N]_2$ 中的下标 2 表示数 N 是二进制数，二进制数也可用 NB 表示。例如，1011B。尾缀 B 表示数 N 是二进制数，一般不能省略。

2^{i-1}、2^{i-2}、$\cdots$、2^1、2^0 称为二进制数各数位的权。

例如，$10101011\ B=1\times2^7+0\times2^6+1\times2^5+0\times2^4+1\times2^3+0\times2^2+1\times2^1+1\times2^0=171$

为什么要在数字电路和计算机中采用二进制数呢？

1）二进制数只有两个数码 0 和 1，可以代表两个不同的稳定状态，如灯泡的亮和暗、继电器的合和开、信号的有和无、电平的高和低、晶体管的饱和导通和截止。因此，可用电路来实现这两种状态。

2）二进制基本运算规则简单，操作方便。

但是二进制数也有其缺点，数值较大时，位数过多，不便于书写和识别。因此，在数字系统中又常用十六进制数来表示二进制数。

3. 十六进制数(HexadeCimal Number)

十六进制数有 16 个数码：0、1、$\cdots$、9、A、B、C、D、E、F。其中 A、B、C、D、E、F 分别代表 10、11、12、13、14、15。进位规则是"逢十六进一"。其数值可表达为：

$$[N]_{16}=h_{i-1}\times16^{i-1}+h_{i-2}\times16^{i-2}+\cdots+h_1\times16^1+h_0\times16^0=\sum_{n=0}^{i-1}h_n\times16^n \tag{6-3}$$

$[N]_{16}$ 中的下标 16 表示数 N 是十六进制数，十六进制数也可用 NH 表示。例如，A3H。尾缀 H 表示数 N 是十六进制数，一般不能省略。

16^{i-1}、16^{i-2}、$\cdots$、16^1、16^0称为十六进制数各位的权。

例如，AB H = $10\times16^1+11\times16^0$ = 160+11 = 171

十六进制数与二进制数相比，大大缩小了位数，缩短了字长。一个4位二进制数只需要用1位十六进制数表示，一个8位二进制数只需用2位十六进制数表示，转换极其方便，例如上例中 AB H = 10101011 B = 171。

十六进制数、二进制数、十进制数对应关系表如表6-1所示。

需要指出的是，除二进制数、十六进制数外，早期数字系统中还推出过八进制数，现早已淘汰不用。

表6-1　十六进制数、二进制数和十进制数对应关系表

十进制数	十六进制数	二进制数	十进制数	十六进制数	二进制数
0	00H	0000B	11	0BH	1011B
1	01H	0001B	12	0CH	1100B
2	02H	0010B	13	0DH	1101B
3	03H	0011B	14	0EH	1110B
4	04H	0100B	15	0FH	1111B
5	05H	0101B	16	10H	0001 0000B
6	06H	0110B	17	11H	0001 0001B
7	07H	0111B	18	12H	0001 0010B
8	08H	1000B	19	13H	0001 0011B
9	09H	1001B	20	14H	0001 0100B
10	0AH	1010B	21	15H	0001 0101B

4. 不同进制数间相互转换

（1）二进制数、十六进制数转换为十进制数。二进制数、十六进制数转换为十进制数只需按式(6-2)、式(6-3)展开相加即可。

（2）十进制整数转换为二进制数。十进制整数转换为二进制数用"除2取余法"。即用2依次去除十进制整数及除后所得的商，直到商为0止，并依次记下除2时所得余数，第一个余数是转换成二进制数的最低位，最后一个余数是最高位。

【例6-1】　将十进制数41转换为二进制数。

解：

```
          余数    低位
  2 | 41    1      ↑
  2 | 20    0      |
  2 | 10    0      |
  2 | 5     1      |
  2 | 2     0      |
  2 | 1     1      |
      0          高位
```

因此，41 = 101001B

（3）十进制整数转换为十六进制数。十进制整数转换为十六进制数用"除16取余法"，方法与"除2取余法"相同。

【例6-2】 将十进制数8125转换为十六进制数。

解：

		余数	低位
16	8125	13（D）	↑
16	509	11（B）	
16	31	15（F）	
16	1	1	
	0		高位

因此，8125 = 1FBDH

（4）二进制数与十六进制数相互转换。

前述4位二进制数与1位十六进制数有一一对应关系，如表6-1所示。相互转换时，只要用相应的数值代换即可。二进制数整数转换为十六进制数时，应从低位开始自右向左每4位一组，最后不足4位时高位用零补足。

【例6-3】 11100010011100 B = 0011 1000 1001 1100 B = 389C H
　　　　　　　　　　　　　　　 3　　 8　　 9　　 C

【例6-4】 5DFE H = 101 1101 1111 1110 B = 101110111111110 B
　　　　　　　　　 5　　D　　F　　E

5. 二进制数加减运算

（1）二进制数加法运算。

运算规则：① 0+0 = 0

② 0+1 = 1+0 = 1

③ 1+1 = 10，向高位进位1

运算方法：两个二进制数相加时，先将相同权位对齐，然后按运算规则从低到高逐位相加，若低位有进位，则必须同时加入。

【例6-5】 计算 10100101 B+11000011 B

解：　　 10100101 B　 加数

　　　+　 11000011 B　 加数

　　　 101101000 B　 和

因此，10100101 B+11000011 B = 101101000 B

（2）二进制数减法运算。

运算规则：① 0-0 = 0

② 1-0 = 1

③ 1-1 = 0

④ 0-1 = 1，向高位借位1

运算方法：两个二进制数相减时，先将相同权位对齐，然后按运算规则从低到高逐位相减。不够减时可向高位借位，借 1 当 2。

【例 6-6】 计算 10100101 B-11000011 B

解：　　　　10100101 B　被减数

　　　　－ 11000011 B　减数

借位 1　　 11100010 B　差

因此，10100101 B-11000011 B＝11100010 B(借位 1)

读者可能感到奇怪的是，二进制数减法怎么会出现差值比被减数和减数还要大的现象？在数字电路和计算机中，无符号二进制数减法可无条件向高位借位，不出现负数(二进制负数另有表达方法，不在本书讨论范围)。实际上该减法运算是 110100101 B-11000011 B。

（3）二进制数移位。

二进制数移位可分为左移和右移。左移时，若低位移进位为 0，相当于该二进制数乘 2；右移时，若高位移进位为 0，移出位作废，相当于该二进制数除以 2。

例如，1010 B 左移后变为 10100 B，10100 B＝1010 B×2；1010 B 右移后变为 0101 B，0101 B＝1010 B／2。

6.2.2 BCD 码

人们习惯上是用十进制数，而数字系统必须用二进制数分析处理，这就产生了二-十进制代码，也称为 BCD 码(Binary Coded DeCimal)。BCD 码种类较多，有 8421 码、2421 码和余 3 码等，其中 8421 BCD 码最为常用。8421 BCD 码用 $[N]_{8421BCD}$ 表示，常简化为 $[N]_{BCD}$。

1. 编码方法

BCD 码是十进制数，逢十进一，只是数符 0~9 用 4 位二进制码 0000~1001 表示而已。8421 BCD 码每 4 位以内按二进制进位；4 位与 4 位之间按十进制进位。其与十进制数之间的对应关系如表 6-2 所示。

但是 4 位二进制数可有 16 种状态，其中 1010、1011、1100、1101、1110 和 1111 六种状态舍去不用，且不允许出现，这 6 种数码称为非法码或冗余码。

表 6-2　十进制数与 8421 BCD 码对应关系

十进制数	8421 BCD 码	十进制数	8421 BCD 码	十进制数	8421 BCD 码
0	0000	4	0100	8	1000
1	0001	5	0101	9	1001
2	0010	6	0110	—	—
3	0011	7	0111	—	—

2. 转换关系

（1）BCD 码与十进制数相互转换。

由表 6-2 可知，十进制数与 8421 BCD 码转换十分简单，只要把数符 0~9 与 0000~1001 对应互换就行了。

【例 6-7】　$[10010010001]_{BCD}＝[\underline{0100}\ \underline{1001}\ \underline{0001}]_{BCD}＝491$

　　　　　　　　　　　　　4　　9　　1

【例6-8】 $786 = \begin{bmatrix} \underset{7}{0111} & \underset{8}{1000} & \underset{6}{0110} \end{bmatrix}_{BCD} = \begin{bmatrix} 11110000110 \end{bmatrix}_{BCD}$

（2）BCD码与二进制数相互转换。

8421 BCD码与二进制数之间不能直接转换，通常需先转换为十进制数，然后再转换。

【例6-9】 将二进制数01000011B转换为8421 BCD码。

解：$01000011\text{B} = 67 = \begin{bmatrix} 01100111 \end{bmatrix}_{BCD}$

需要指出的是，决不能把$\begin{bmatrix} 01100111 \end{bmatrix}_{BCD}$误认为01100111B，二进制码01100111B的值为103，而$\begin{bmatrix} 01100111 \end{bmatrix}_{BCD}$的值为67。显然，两者是不一样的。

【复习思考题】

6.2　为什么要在数字系统中采用二进制数？

6.3　二进制数减法，为什么有时差值会大于被减数？

6.4　BCD码与二进制码有何区别？如何转换？

6.3　逻辑代数基础

逻辑代数又称布尔（Boole）代数，是研究逻辑电路的数学工具。逻辑代数与数学代数不同，逻辑代数不是研究变量大小之间的关系，而是分析研究变量之间的逻辑关系。

6.3.1　基本逻辑运算

基本逻辑运算共有3种：与、或、非。

1. 逻辑与和与运算（AND）

（1）逻辑关系。与逻辑关系可用图6-2说明。只有当A、B两个开关同时闭合时，灯F才会通电点亮。即只有当决定某种结果的条件全部满足时，这个结果才能产生。

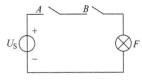

图6-2　与逻辑关系示意图

（2）逻辑表达式。

$$F = A \cdot B = AB$$

其中，"·"表示逻辑与，"·"号也可省略。有关技术资料中也有用$A \wedge B$、$A \cap B$表示逻辑与。逻辑与也称为逻辑乘。

（3）运算规则。

1）$0 \cdot 0 = 0$

2）$0 \cdot 1 = 1 \cdot 0 = 0$

3）$1 \cdot 1 = 1$

上述与逻辑变量运算规则可归纳为口诀：有0出0，全1出1。

（4）逻辑电路符号。与逻辑电路符号可用图6-3a表示，矩形框表示门电路，方框中的"&"表示与逻辑。图6-3b、c为常用和国际上通用的符号。

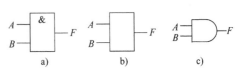

图6-3　与逻辑符号

a）国标符号　b）常用符号　c）国际符号

2. 逻辑或和或运算(OR)

(1) 逻辑关系。或逻辑可用图 6-4 说明。A、B 两个开关中，只需要有一个闭合，灯 F 就会通电点亮。即决定某种结果的条件中，只需其中一个条件满足，这个结果就能产生。

(2) 逻辑表达式。

$$F = A + B$$

其中，"+"表示逻辑或，有关技术资料也用 $A \vee B$、$A \cup B$ 表示逻辑或。逻辑或也称为逻辑加。

(3) 运算规则。

1) $0 + 0 = 0$

2) $0 + 1 = 1 + 0 = 1$

3) $1 + 1 = 1$

上述或逻辑变量运算规则可归纳为口诀：有 1 出 1，全 0 出 0。

(4) 逻辑电路符号。或逻辑电路符号可用图 6-5a 表示，矩形框中的"$\geqslant 1$"表示或逻辑，图 6-5b、c 为常用和国际上通用的符号。

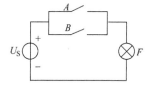

图 6-4　或逻辑关系示意图

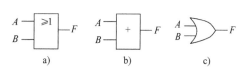

图 6-5　或逻辑符号

a) 国标符号　b) 常用符号　c) 国际符号

3. 逻辑非和非运算

(1) 逻辑关系。逻辑非可用图 6-6 说明，只有当开关 A 断开时，灯 F 才会通电点亮；开关 A 闭合时，灯 F 反而不亮。即条件和结果总是相反。

(2) 逻辑表达式。

$$F = \bar{A}$$

$\bar{A}$ 读作"A 非"。

(3) 运算规则。

1) $A = 0$，$F = 1$

2) $A = 1$，$F = 0$

(4) 逻辑电路符号。逻辑非的符号可用图 6-7a 表示，矩形框中的"1"表示逻辑值相同，小圆圈表示逻辑非，图 6-7b、c 为常用和国际上通用的符号。

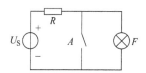

图 6-6　非逻辑关系示意图

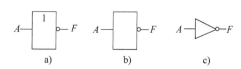

图 6-7　非逻辑符号

a) 国标符号　b) 常用符号　c) 国际符号

4. 复合逻辑运算

除与、或、非基本逻辑运算外，广泛应用的还有复合逻辑运算，由两种或两种以上逻辑运算组成，如表 6-3 所示。在此基础上，还可组合成更复杂的逻辑运算。

需要指出的是，多种逻辑运算组合在一起时，其运算次序应按如下规则进行：

1）有括号时，先括号内，后括号外。

2）有非号时应先进行非运算。

3）同时有逻辑与和逻辑或时，应先进行与运算。

例如，表 6-3 中异或运算逻辑表达式中，应先进行 B 和 A 非运算；再进行 $A\overline{B}$ 和 $\overline{A}B$ 的与运算，最后进行 $A\overline{B}$ 和 $\overline{A}B$ 之间的或运算。

表 6-3 复合逻辑门

名　称	逻辑符号	逻辑表达式
与非门		$F=\overline{AB}$
或非门		$F=\overline{A+B}$
与或非门		$F=\overline{AB+CD}$
异或门		$F=A\oplus B=A\overline{B}+\overline{A}B$
同或门		$F=A\odot B=AB+\overline{A}\,\overline{B}$

6.3.2 逻辑代数

1. 逻辑代数的基本定律

(1) 0-1 律：$A\cdot 0=0$　　　　　　　　　　　$A+1=1$

(2) 自等律：$A\cdot 1=A$　　　　　　　　　　　$A+0=A$

(3) 重叠律：$A\cdot A=A$　　　　　　　　　　　$A+A=A$

(4) 互补律：$A\cdot \overline{A}=0$　　　　　　　　　　　$A+\overline{A}=1$

(5) 交换律：$A\cdot B=B\cdot A$　　　　　　　　　$A+B=B+A$

(6) 结合律：$A\cdot (B\cdot C)=(A\cdot B)\cdot C$　　　$A+(B+C)=(A+B)+C$

(7) 分配律：$A\cdot (B+C)=AB+AC$　　　　$A+B\cdot C=(A+B)(A+C)$

(8) 吸收律：$A(A+B)=A$　　　　　　　　　$A+AB=A$

（9）反演律：$\overline{AB}=\overline{A}+\overline{B}$ $\overline{A+B}=\overline{A}\ \overline{B}$

（10）非非律：$\overline{\overline{A}}=A$

2. 逻辑代数常用公式

在逻辑代数的运算、化简和变换中，还经常用到以下公式：

（1） $A+\overline{A}B=A+B$ (6-4)

证明：根据分配律，$A+\overline{A}B=(A+\overline{A})\cdot(A+B)=1\cdot(A+B)=A+B$

上式的含义是：如果两个乘积项，其中一个乘积项中的部分因子恰是另一个乘积项的补，则该乘积项中的这部分因子是多余的。

（2） $AB+A\overline{B}=A$ (6-5)

证明：$AB+A\overline{B}=A(B+\overline{B})=A\cdot1=A$

式(6-5)的含义是：如果两个乘积项中的部分因子互补，其余部分相同，则可合并为公有因子。

（3） $AB+\overline{A}C+BC=AB+\overline{A}C$ (6-6)

证明：$AB+\overline{A}C+BC=AB+\overline{A}C+(A+\overline{A})BC=AB+\overline{A}C+ABC+\overline{A}BC$

$$=AB(1+C)+\overline{A}C(1+B)=AB\cdot1+\overline{A}C\cdot1=AB+\overline{A}C$$

式(6-6)的含义是：如果两个乘积项中的部分因子互补(例如 A 和 $\overline{A}$)，而这两个乘积项中的其余因子(例如 B 和 C)都是第三乘积项中的因子，则这个第三乘积项是多余的(例如 BC)。也可反过来理解：如果两个乘积项中的部分因子互补(例如 A 和 $\overline{A}$)，其余部分不同(例如 B 和 C)，则可扩展一项其余部分的乘积(例如 BC)。

【例 6-10】 求证：$AB+BCD+\overline{A}C+\overline{B}C=AB+C$

证明：$AB+BCD+\overline{A}C+\overline{B}C=AB+\overline{A}C+BC+BCD+\overline{B}C$

$$=AB+\overline{A}C+BC+\overline{B}C=AB+\overline{A}C+C=AB+C$$

【例 6-11】 求证：$\overline{\overline{AB}+\overline{AC}}=\overline{A}+\overline{B}C$

证明：$\overline{\overline{AB}+\overline{AC}}=\overline{AB}\cdot\overline{AC}=(\overline{A}+\overline{B})\cdot(\overline{A}+\overline{C})$

$$=\overline{A}\ \overline{A}+\overline{A}\ \overline{C}+\overline{A}\ \overline{B}+\overline{B}\ \overline{C}=(\overline{A}+\overline{A}\ \overline{C}+\overline{A}\ \overline{B})+\overline{B}\ \overline{C}=\overline{A}+\overline{B}\ \overline{C}$$

【复习思考题】

6.5　逻辑代数中的"1"和"0"与数学代数中的"1"和"0"有否区别？

6.6　多种逻辑运算组合在一起时，其运算次序有什么规则？

6.4　逻辑函数

6.4.1　逻辑函数及其表示方法

1. 逻辑函数定义

输入和输出变量为逻辑变量的函数称为逻辑函数。

在数字电路中，逻辑变量只有逻辑 0 和逻辑 1 两种取值，它们之间没有大小之分，不同于数学中的 0 和 1 。

逻辑函数的一般表达式可写为：

$$F = f(A、B、C、\cdots) \qquad (6\text{-}7)$$

2. 逻辑函数的表示方法

逻辑函数的表示方法主要有真值表、逻辑表达式、逻辑电路图、卡诺图和波形图等。

（1）真值表。真值表是将输入逻辑变量各种可能的取值和相应的函数值排列在一起而组成的表格。

现以 3 人多数表决逻辑为例，说明真值表的表示方法。

设 3 人为 A、B、C，同意为 1，不同意为 0；表决为 Y，有两人或两人以上同意，表决通过，通过为 1，否决为 0。因此，以 ABC 为输入量，Y 为输出量，列出输入和输出量之间关系的表格如表 6-4 所示。

表 6-4　3 人多数表决真值表

输　　入			输　　出	输　　入			输　　出
A	B	C	Y	A	B	C	Y
0	0	0	0	1	0	0	0
0	0	1	0	1	0	1	1
0	1	0	0	1	1	0	1
0	1	1	1	1	1	1	1

列真值表时，应将逻辑变量所有可能取值列出。例如，两个逻辑变量可列出 4 种状态：00、01、10、11；3 个逻辑变量可列出 8 种状态：000、001、010、011、100、101、110、111；n 个逻辑变量可列出 2^n 种状态，按 $0 \rightarrow (2^n - 1)$ 排列，既不能遗漏，又不能重复。这种所有输入变量的组合称为最小项，最小项主要有以下特点：

1）每项都包括了所有输入逻辑变量。

2）每个逻辑变量均以原变量或反变量形式出现一次。

用真值表表示逻辑函数，直观明了。但变量较多时，较烦琐。

（2）逻辑表达式。逻辑表达式是用各逻辑变量相互间与、或、非逻辑运算组合表示的逻辑函数，相当于数学中的代数式、函数式。

如上述 3 人多数表决通过的逻辑表达式为：

$$Y = \overline{A}BC + A\overline{B}C + AB\overline{C} + ABC$$

上式表示，A、B、C 三人在投票值为 011、101、110、111 时表决通过，即 $Y = 1$。

书写逻辑表达式的方法是：把真值表中逻辑值为 1 的所有项相加（逻辑或）；每一项中，A、B、C 的关系为"与"，变量值为 1 时取原码，变量值为 0 时取反码。

将最小项按序编号，并使其编号值与变量组合值对应一致，记作 m_i。如上述 3 人多数表决逻辑表达式中出现的最小项为 m_3、m_5、m_6 和 m_7。

由最小项组成的逻辑表达式称为最小项表达式。最小项表达式可用下式表示：

$$F(A、B、C、\cdots) = \sum m_i \qquad (6\text{-}8)$$

如上述 3 人多数表决逻辑最小项表达式可为：

$$Y = F(A、B、C、\cdots) = \sum m(3,5,6,7) = m_3 + m_5 + m_6 + m_7$$

（3）逻辑电路图。逻辑电路图是用规定的逻辑电路符号连接组成的电路图。

逻辑电路图可按逻辑表达式中各变量之间与、或、非逻辑关系用逻辑电路符号连接组成。图 6-8 为 3 人多数表决逻辑电路图。

（4）卡诺图。卡诺图是按一定规则画出的方格图，是真值表的另一种形式，主要用于化简逻辑函数，其画法将在 6.4.3 节详述。

（5）波形图。波形图是逻辑函数输入变量每一种可能出现的取值与对应的输出值按时间顺序依次排列的图形，也称为时序图。波形图可通过实验观察，在逻辑分析仪和一些计算机仿真软件工具中，常用这种方法给出分析结果。图 6-9 为 3 人多数表决逻辑函数波形图。

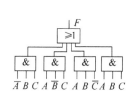

图 6-8　3 人多数表决逻辑电路图

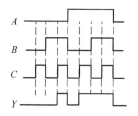

图 6-9　3 人多数表决波形图

真值表、逻辑表达式、逻辑电路图、卡诺图和波形图具有对应关系，可相互转换。对同一逻辑函数，真值表、卡诺图和波形图具有唯一性；逻辑表达式和逻辑电路图可有多种不同的表达形式。

3. 逻辑函数相等概念

逻辑函数的逻辑表达式和逻辑电路图往往不是唯一的，但真值表是唯一的。因此，若两个逻辑函数具有相同的真值表，则认为该两个逻辑函数相等。

例如，上述 3 人多数表决逻辑函数 $F=ABC+AB\overline{C}+\overline{A}BC+A\overline{B}C$。化简后，也可表达为：$F=AB+BC+CA$，或 $F=\overline{\overline{AB}\cdot\overline{BC}\cdot\overline{CA}}$，其逻辑电路图分别如图 6-10 a 和图 6-10b 所示。因此，逻辑函数的逻辑表达式和逻辑电路图可有多种形式。当然，我们希望得到最简逻辑表达式和逻辑电路，显然图 6-10 要比图 6-8 简洁，这就需要对逻辑函数化简。

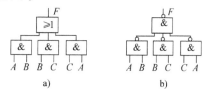

图 6-10　3 人多数表决逻辑电路

a）$F=AB+BC+CA$　b）$F=\overline{\overline{AB}\cdot\overline{BC}\cdot\overline{CA}}$

逻辑函数化简，通常要求化简为最简与或表达式。符合最简与或表达式的条件是：

① 乘积项个数最少。

② 每个乘积项中变量最少。

6.4.2　公式法化简逻辑函数

变换和化简逻辑表达式，一般可有两种方法：公式法和卡诺图法。

公式法化简逻辑函数是运用逻辑代数公式，消去多余的"与"项及"与"项中多余的因子。公式法化简一般有以下几种方法：并项法、吸收法、消去法和配项法。

1. 并项法

并项法是利用 $AB+A\overline{B}=A$ 将两个乘积项合并为一项，合并后消去一个互补的变量。

【例 6-12】　化简：$A\overline{B}C+A\overline{B}\,\overline{C}$

解：$A\overline{B}C+A\overline{B}\,\overline{C}=A\overline{B}(C+\overline{C})=A\overline{B}$

【例 6-13】　化简：$A(B+C)+A\cdot\overline{B+C}$

解：$A(B+C)+A \cdot \overline{B+C}=A[(B+C)+(\overline{B+C})]=A$

说明：将$(B+C)$看作一个变量，$(B+C)$与$(\overline{B+C})$互补。

2. 吸收法

吸收法是利用公式 $A+AB=A$ 吸收多余的乘积项。

【例 6-14】 化简：$\overline{AB}+\overline{AB}C$

解：$\overline{AB}+\overline{AB}C=\overline{AB}$

说明：将$\overline{AB}$看作是一个变量。

【例 6-15】 化简：$AD+BCD+A\overline{C}D+D+EF$

解：$AD+BCD+A\overline{C}D+D+EF=D(A+BC+A\overline{C}+1)+EF=D+EF$

说明：若多个乘积项中有一个单独变量，那么其余含有该变量原变量的乘积项都可以被吸收。

3. 消去法

消去法是利用 $A+\overline{A}B=A+B$ 消去多余的因子。

【例 6-16】 化简：$A+\overline{A}B+\overline{A}C$

解：$A+\overline{A}B+\overline{A}C=A+B+C$

说明：若多个乘积项中有一个是单独变量，且其余乘积项中含有该变量的反变量因子，则该反变量因子可以消去。

【例 6-17】 化简：$\overline{A}+ABC+ADE$

解：$\overline{A}+ABC+ADE=\overline{A}+BC+DE$

说明：将$\overline{A}$看作一个原变量，则A是$\overline{A}$的反变量。

4. 配项法

配项法是利用 $X+\overline{X}=1$，将某乘积项一项拆成两项，然后再与其他项合并，消去多余项。有时多出一项后，反而有利于化简逻辑函数。

【例 6-18】 化简：$A\overline{B}+B\overline{C}+\overline{B}C+\overline{A}B$

解：$A\overline{B}+B\overline{C}+\overline{B}C+\overline{A}B=A\overline{B}(C+\overline{C})+(A+\overline{A})B\overline{C}+\overline{B}C+\overline{A}B$

$=A\overline{B}C+A\overline{B}\,\overline{C}+AB\overline{C}+\overline{A}B\overline{C}+\overline{B}C+\overline{A}B=\overline{B}C+A\overline{C}+\overline{A}B$

另解：$A\overline{B}+B\overline{C}+\overline{B}C+\overline{A}B=A\overline{B}+B\overline{C}+(A+\overline{A})\overline{B}C+\overline{A}B(C+\overline{C})$

$=A\overline{B}+B\overline{C}+A\overline{B}C+\overline{A}\,\overline{B}C+\overline{A}BC+\overline{A}B\overline{C}=A\overline{B}+B\overline{C}+\overline{A}C$

上述两种解法表明，用公式法化简，方法不是唯一的，结果也不是唯一的。

配项法的另一种方法是利用公式 $AB+\overline{A}C=AB+\overline{A}C+BC$，增加一项再化简。

【例 6-19】 化简 $AB+BCD+\overline{A}C+\overline{B}C$

解：$AB+BCD+\overline{A}C+\overline{B}C=AB+\overline{A}C+BC+BCD+\overline{B}C=AB+\overline{A}C+BCD+C=AB+C$

6.4.3 卡诺图化简逻辑函数

1. 卡诺图

卡诺图是根据真值表按相邻原则排列而成的方格图，是真值表的另一种形式，主要有如下特点：

1）n 变量卡诺图有 2^n 个方格，每个方格对应一个最小项。

2）相邻两个方格所代表的最小项只有一个变量不同。

图 6-11a、b 分别为 3 变量和 4 变量逻辑函数卡诺图，其中 m_i 为最小项编号。一般来说，二变量较简，化简时不需要用卡诺图；5 变量及 5 变量以上卡诺图较繁杂，且与 3 变量、4 变量原理相同，也不予研究，本书例题和习题全部为 3 变量或 4 变量卡诺图。

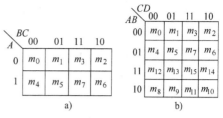

图 6-11 卡诺图

a) 3 变量 b) 4 变量

2. 合并卡诺圈

卡诺图的主要功能是合并相邻项。其方法是将最小项为 1（称为 1 方格）的相邻项圈起来，称为卡诺圈。一个卡诺圈可以包含多个 1 方格，一个卡诺圈可以将多个 1 方格合并为一项。因此，卡诺图可以化简逻辑函数。举例说明如下：

（1）3 变量卡诺圈合并。

图 6-12 为 3 变量卡诺图。其中：

图 6-12a，变量 AB 必须取 0；变量 C 既可取 0，又可取 1，属无关项。因此 $F=\overline{A}\,\overline{B}$。

图 6-12b，左右两个最小项为 1 的方格应看作相邻项，可合并。变量 AC 必须取 0；变量 B 既可取 0，又可取 1，属无关项。因此，$F=A\overline{C}$。

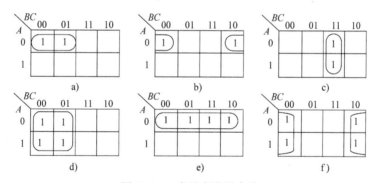

图 6-12 3 变量卡诺圈合并

a) $F=\overline{A}\,\overline{B}$ b) $F=\overline{A}\,\overline{C}$ c) $F=BC$ d) $F=\overline{B}$ e) $F=\overline{A}$ f) $F=\overline{C}$

图 6-12c，变量 BC 必须取 1；变量 A 既可取 0，又可取 1，属无关项。因此，$F=BC$。

图 6-12d，变量 B 必须取 0；变量 AC 既可取 0，又可取 1，属无关项。因此 $F=\overline{B}$。

图 6-12e，变量 A 必须取 0；变量 BC 既可取 0，又可取 1，属无关项。因此，$F=\overline{A}$。

图 6-12f，左右 4 个最小项为 1 的方格应看作相邻项，可合并。变量 C 必须取 0；变量 AB 既可取 0，又可取 1，属无关项。因此，$F=\overline{C}$。

（2）4 变量卡诺圈合并。

图 6-13 为 4 变量卡诺图。其中：

图 6-13a，变量 BC 必须取 0；变量 AD 既可取 0，又可取 1，属无关项。因此 $F=\overline{B}\,\overline{C}$。

图 6-13b，变量 B 必须取 1；变量 D 必须取 0；变量 AC 既可取 0，又可取 1，属无关项。因此，$F=B\overline{D}$。

图 6-13c，上下左右 4 个角最小项为 1 的方格应看作相邻项，可合并。变量 BD 必须取 0；变量 AC 既可取 0，又可取 1，属无关项。因此，$F=\overline{B}\,\overline{D}$。

图 6-13d，变量 CD 必须取 1；变量 AB 既可取 0，又可取 1，属无关项。因此 $F=CD$。

图 6-13e，变量 A 必须取 0；变量 C 必须取 1；变量 BD 既可取 0，又可取 1，属无关项。因此，$F=\overline{A}C$。

图 6-13f，左右 4 个最小项为 1 的方格应看作相邻项，可合并。变量 D 必须取 0；变量 ABC 既可取 0，又可取 1，属无关项。因此，$F=\overline{D}$。

图 6-13g，上下 4 个最小项为 1 的方格应看作相邻项，可合并。变量 B 必须取 0；变量 ACD 既可取 0，又可取 1，属无关项。因此，$F=\overline{B}$。

图 6-13h，变量 D 必须取 1；变量 ABC 既可取 0，又可取 1，属无关项。因此，$F=D$。

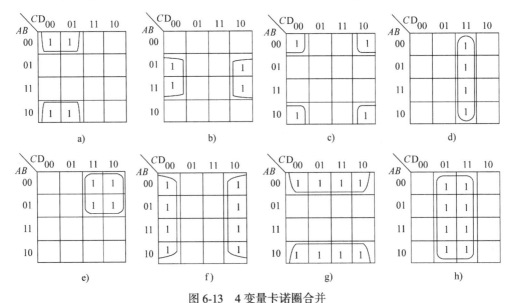

图 6-13　4 变量卡诺圈合并

a) $F=\overline{B}\,\overline{C}$　b) $F=B\overline{D}$　c) $F=\overline{B}\,\overline{D}$　d) $F=CD$　e) $F=\overline{A}C$　f) $F=\overline{D}$　g) $F=\overline{B}$　h) $F=D$

3. 卡诺图化简逻辑函数

利用卡诺圈合并，可化简逻辑函数。步骤如下：

（1）画卡诺图。

（2）化简卡诺图。

化简卡诺图需要遵循以下规则：

1）卡诺圈内的 1 方格应尽可能多，卡诺圈越大，消去的乘积项数越多。但卡诺圈内的 1 方格个数必须为 2^n 个，即 2、4、8、16 等，不能是其他数字。

2）卡诺圈的个数应尽可能少，卡诺圈数即与或表达式中的乘积项数。

3）每个卡诺圈中至少有一个 1 方格不属于其他卡诺圈。

4）不能遗漏任何一个 1 方格。若某个 1 方格不能与其他 1 方格合并，可单独作为一个卡诺圈。

（3）根据化简后的卡诺图写出与或逻辑表达式。

需要说明的是：

1）若卡诺图为最简（即按上述规则化简至不能再继续合并），则据此写出的与或表达式为最简与或表达式。

2）由于卡诺图圈法不同，所得到的最简与或表达式也会不同。即一个逻辑函数可能有多种圈法，而得到多种最简与或表达式。

【例6-20】 化简：$F(ABCD)=\sum m(0,1,3,5,6,9,11,12,13,15)$，写出其最简与或表达式。

解：（1）画出卡诺图，如图6-14a所示。

（2）化简卡诺图。

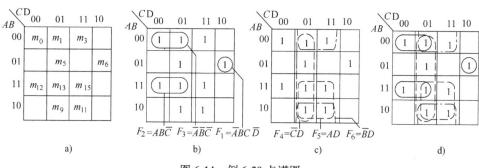

图6-14 例6-20卡诺图

化简卡诺图具体操作可按如下步骤：

1）先找无相邻项的1方格，称为孤立圈。本题只有一个孤立圈，$F_1=\overline{A}BC\overline{D}$，如图6-14b中所示。

2）再找只能按一条路径合并的两个相邻1方格。本题有两个：$F_2=AB\overline{C}$；$F_3=\overline{A}\,\overline{B}\,\overline{C}$；如图6-14b中所示。$m_1m_3$、$m_9m_{11}$、$m_{13}m_{15}$因有两条以上路径，暂不管它。

3）然后再找只能按一条路径合并的4个相邻1方格。本题有3个：$F_4=\overline{C}D$；$F_5=AD$；$F_6=\overline{B}D$，如图6-14c所示。

（3）最终可化简的卡诺图如图6-14d所示，写出最简与或表达式：

$$F=F_1+F_2+F_3+F_4+F_5+F_6=\overline{A}BC\overline{D}+AB\overline{C}+\overline{A}\,\overline{B}\,\overline{C}+\overline{C}D+AD+\overline{B}D$$

4. 具有无关项的卡诺图化简

在一些逻辑函数中，输入变量的某些取值组合不允许出现，称为约束项。如8421 BCD码输入变量不允许出现1010、1011、…、1111等6种状态，这6种状态就属于约束项。另有一种情况是，输入变量的某些取值组合项不影响逻辑函数输出的逻辑表达式，这种组合项称为任意项。如某些BCD码输入显示译码器对1010、1011、…、1111等6种输入变量不显示，不影响该显示译码器输出的逻辑表达式。这6个输入变量就属于任意项。约束项和任意项统称为无关项。无关项用d_i表示，i仍为最小项按序编号，在卡诺图中无关项用"×"填充。具有无关项的卡诺图化简时，无关项可以视作1，也可以视作0，以有利于化得最简为前提。

【例6-21】 试设计一个能实现四舍五入功能的逻辑函数，输入变量为8421码，当$X\geqslant5$时，输出变量$Y=1$，否则$Y=0$。

解：列出真值表如表6-5所示，最小项为$\sum m(5,6,7,8,9)$；因输入变量X为8421码，

逻辑函数无关项为 $\sum d(10,11,12,13,14,15)$；因此，其逻辑函数最小项表达式可写为：
$$Y = \sum m(5,6,7,8,9) + \sum d(10,11,12,13,14,15)$$

画出卡诺图如图 6-15 所示，合并相邻项得：$Y = A + BD + BC$。

表 6-5　例 6-21 真值表

X	A	B	C	D	Y	X	A	B	C	D	Y
0	0	0	0	0	0	8	1	0	0	0	1
1	0	0	0	1	0	9	1	0	0	1	1
2	0	0	1	0	0	10	1	0	1	0	×
3	0	0	1	1	0	11	1	0	1	1	×
4	0	1	0	0	0	12	1	1	0	0	×
5	0	1	0	1	1	13	1	1	0	1	×
6	0	1	1	0	1	14	1	1	1	0	×
7	0	1	1	1	1	15	1	1	1	1	×

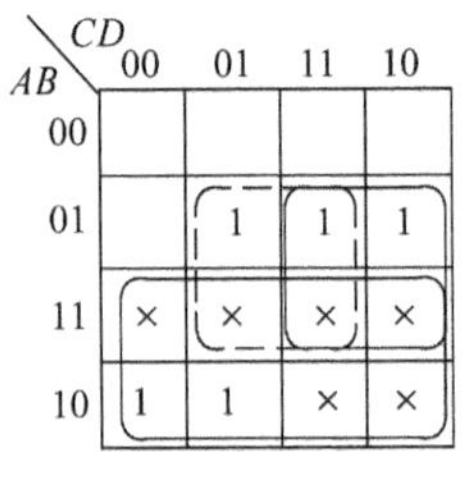

图 6-15　例 6-21 卡诺图

若不考虑无关项，则 $Y = \overline{A}BD + \overline{A}BC + A\overline{B}\,\overline{C}$。显然，有无关项的逻辑函数化简后表达式可能更简单些。

5. 卡诺图化简的特点

卡诺图化简法的优点是简单、直观，而且有一定的操作步骤可循，化简过程中易于避免差错，便于检验逻辑表达式是否化至最简，初学者容易掌握。但逻辑变量超过 5 个(含)时，将失去简单直观的优点，也就没有太大的实用意义了。

公式法化简的优点是它的使用不受条件限制，但化简时没有一定的操作步骤可循，主要靠熟练、技巧和经验；且一般较难判定逻辑表达式是否化至最简。

【复习思考题】

6.7　逻辑函数主要有哪几种的表示方法？相互间有什么关系？

6.8　什么叫最小项和最小项表达式？

6.9　两个逻辑函数符合怎样的条件可以认为相等？

6.10　什么叫卡诺圈？画卡诺圈应遵循什么规则？

6.5　习题

6-1　试将下列十进制数转换为二进制数。

（1）$48 = $＿＿＿＿＿＿。　　　　　　（2）$123 = $＿＿＿＿＿＿。

6-2　试将下列二进制数转换为十进制数。

（1）10100101B＝＿＿＿＿＿＿。　　　（2）01110110B＝＿＿＿＿＿＿。

6-3　试将下列十进制数直接转换为十六进制数。

（1）$48 = $＿＿＿＿＿＿。　　　　　　（2）$123 = $＿＿＿＿＿＿。

6-4　试将下列二进制数直接转换为十六进制数。

（1）10100101B＝＿＿＿＿＿＿。　　　（2）01110110B＝＿＿＿＿＿＿。

6-5　试将下列十六进制数转换为十进制数。

（1）E7H＝＿＿＿＿＿＿。　　　　　　（2）2AH＝＿＿＿＿＿＿。

6-6　试将下列十六进制数直接转换为二进制数。

（1）E7H = _____。　　　　　　　　（2）2AH = _____。

6-7　已知下列二进制数 X、Y，试求 $X+Y$、$X-Y$。

（1）$X=01011011B$，$Y=10110111B$　　（2）$X=11101100B$，$Y=11111001B$

6-8　试将下列十进制数转换成 8421 BCD 码。

（1）34　　　　　　　　　　　　　（2）100

6-9　试将下列二进制数转换成 8421 BCD 码。

（1）10110101B　　　　　　　　　（2）11001011B

6-10　已知门电路和输入信号如图 6-16 所示，试填写 $Y_1 \sim Y_{12}$ 逻辑电平值。

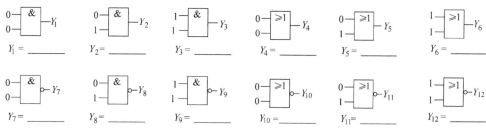

$Y_1 =$ _____　$Y_2 =$ _____　$Y_3 =$ _____　$Y_4 =$ _____　$Y_5 =$ _____　$Y_6 =$ _____

$Y_7 =$ _____　$Y_8 =$ _____　$Y_9 =$ _____　$Y_{10} =$ _____　$Y_{11} =$ _____　$Y_{12} =$ _____

图 6-16　习题 6-10 电路

6-11　已知门电路和输入信号如图 6-17 所示，试写出 $Y_1 \sim Y_6$ 逻辑电平值。

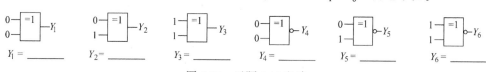

$Y_1 =$ _____　$Y_2 =$ _____　$Y_3 =$ _____　$Y_4 =$ _____　$Y_5 =$ _____　$Y_6 =$ _____

图 6-17　习题 6-11 电路

6-12　已知电路如图 6-18 所示，试写出输出信号表达式（不需化简）。

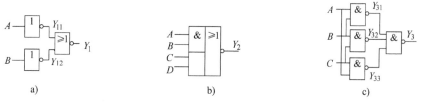

a)　　　　　　　　　b)　　　　　　　　　c)

图 6-18　习题 6-12 电路

6-13　试根据下列输出信号表达式，画出逻辑电路图。

（1）$Y_1 = \overline{\overline{AB} \cdot \overline{CD}}$

（2）$Y_2 = \overline{AB+CD}$

（3）$Y_3 = (A+B)(C+D)(A+C)$

6-14　求证下列逻辑等式。

（1）$\overline{A}\,\overline{B}+\overline{A}B+A\overline{B}+AB=1$

（2）$\overline{A}\,\overline{C}+\overline{A}\,\overline{B}+BC+\overline{A}\,\overline{C}\,D=\overline{A}+BC$

（3）$ABC+\overline{CD}+(\overline{A}+\overline{B})D=ABC+D$

6-15　已知下列逻辑电路如图 6-19 所示，试写出其逻辑函数表达式，并化简。

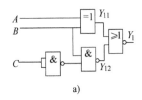

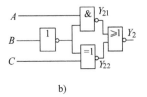

a)   b)

图 6-19 习题 6-15 逻辑电路

6-16 化简下列逻辑表达式。

（1） $Y_1 = A + B + C + D + \overline{A}\,\overline{B}\,\overline{C}\,\overline{D}$

（2） $Y_2 = A(\overline{A}+B) + B(B+C) + B$

（3） $Y_3 = A\overline{B} + B + \overline{A}B$

（4） $Y_4 = ABC + \overline{A}BC + \overline{BC}$

6-17 化简下列逻辑函数。

（1） $Y_1 = \overline{A}CD + (\overline{C}+\overline{D})E + A + A\overline{B}\,\overline{C}$

（2） $Y_2 = ABC + \overline{B}C + A\overline{C}$

（3） $Y_3 = \overline{\overline{A}\,\overline{B}\,\overline{C} \cdot \overline{A}\,\overline{B}} + \overline{B}\,\overline{C} + \overline{C}\,\overline{A}$

（4） $Y_4 = (A+B)(\overline{A}+C)(B+C)$

6-18 化简逻辑函数。 $Y = AC + \overline{B}C + B\overline{D} + C\overline{D} + A(B+\overline{C}) + \overline{A}BCD + A\overline{B}DE$

6-19 试画出下列逻辑函数的卡诺图，并化简为最简与或表达式。

（1） $Y_1 = \overline{A}\,\overline{B}\,\overline{C} + \overline{A}\,BC + A\overline{B}C + A\overline{B}\overline{C}$

（2） $Y_2(ABC) = \sum m(1,2,3,4,6)$

第7章　常用集成数字电路

【本章要点】
- 集成门电路外部特性和主要参数
- OC 门和 TSL 门的特性和功能
- CMOS 门电路的特点
- 编码器和译码器的基本概念
- 数码显示电路
- 触发器的基本概念
- 寄存器功能及其应用
- 集成计数器及其应用
- 存储器基本概念
- 只读存储器 ROM 和随机存取存储器 RAM

7.1　集成门电路

逻辑门电路是能实现基本逻辑功能的电子电路。早期，门电路通常由二极管和晶体管等分列元件组成；后来，发展成集成门电路。集成门电路按其内部器件组成主要可分为 TTL 门电路和 CMOS 门电路。

7.1.1　TTL 集成门电路

晶体管-晶体管逻辑（Transistor-Transistor Logic）是 TTL 集成门电路，是双极型器件组成的门电路。

1. 分类概况

TTL 门电路有许多不同的系列，总体可分为 54 系列和 74 系列，54 系列为满足军用要求设计，工作温度范围 −50℃ ~ +125℃；74 系列为满足民用要求设计，工作温度范围 0℃ ~ +70℃。而每一大系列中又可分为（为便于书写，以 74 为例）以下几个子系列：

1）74 系列（基本型）。
2）74L 系列（低功耗）。
3）74H 系列（高速）。
4）74S 系列（肖特基）。
5）74LS 系列（低功耗肖特基）。
6）74AS 系列（先进高速肖特基）。
7）74ALS 系列（先进低功耗肖特基）。

其中 74（基本型）子系列为早期 TTL 产品，已基本淘汰。74LS 子系列采用肖特基二极管晶体管，降低饱和程度，开关速度大为提高，以其价廉物美、综合性能较好而应用最广，目前仍是主流应用品种之一。现以 74LS 与非门电路为例，分析 TTL 集成门电路的外部特性和主要参数。

2. 外部特性和主要参数

门电路的特性参数反映了门电路的电气特性，是合理应用门电路的重要依据。若超出这些参数规定的范围，可能会引起逻辑功能的混乱，甚至损坏 TTL 门电路。不同系列的 TTL 门电路的参数含义相同，但数值各有不同。即使同一系列的 TTL 门电路，其特性参数的确切数值也因每一器件而异。

（1）电压传输特性。TTL 门电路的电压传输特性，是指空载时，输出电压与输入电压间的函数关系。

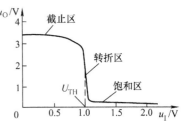

图 7-1 为 74LS 与非门电压传输特性。该传输特性大致可分为 3 个区域：截止区、转折区和饱和区。截止区是输入电压 u_I 很低时，与非门输出高电平 U_{OH}；饱和区是输入电压 u_I 较高时，与非门输出低电平 U_{OL}。转折区是输出电压由高电平变为低电平或由低电平变为高电平的分界线。转折区的输入电压称为阈值电压 U_{TH}，也称为门限电压或门槛电压，它的含义是：对与非门电路，当 $u_I > U_{TH}$ 时，$u_O = U_{OL}$；当 $u_I < U_{TH}$ 时，$u_O = U_{OH}$。

图 7-1 74LS TTL 与非门电压传输特性

74LS 系列门电路，$U_{TH} \approx 1\,V$，$U_{OH} \approx 3.4\,V$，$U_{OL} \approx 0.35\,V$。

（2）输出特性。门电路输出高电平时，输出电流从门电路输出端流出，称为拉电流。拉电流过大，将降低输出高电平电压值。输出高电平最大电流 I_{OHmax} 和输出高电平最小值 U_{OHmin} 即为衡量该特性的最低标准参数。

门电路输出低电平时，输出电流从门电路输出端流进，称为灌电流。灌电流过大，将提升输出低电平电压值，可能会高于允许的低电平阈值。输出低电平最大电流 I_{OLmax} 和输出低电平最大值 U_{OLmax} 即为衡量该特性的最低标准参数。

74LS 系列门电路，$I_{OHmax} = 4\,mA$，$U_{OHmin} = 2.7\,V$；$I_{OLmax} = 8\,mA$，$U_{OLmax} = 0.5\,V$。

门电路的负载能力也常用扇出系数 N_O 表示。扇出系数是指门电路带动（负载）同类门电路的数量，系数值越大，表明带负载能力相对越强。

（3）输入特性。从图 7-1 与非门电压传输特性中可得出，门电路对输入高电平和输入低电平有一定要求。为保证 TTL 与非门输出高电平，应满足 $u_I \leqslant U_{OFF}$，U_{OFF} 的称为关门电平，确切数值因每一器件而异，通常手册中给出输入低电平最大值 U_{ILmax} 代替 U_{OFF}。为保证 TTL 与非门输出低电平，应满足 $u_I \geqslant U_{ON}$，U_{ON} 称为开门电平，确切数值因每一器件而异，通常手册中给出输入高电平最小值 U_{IHmin} 代替 U_{ON}。

74LS 系列门电路，$U_{ILmax} = 0.8\,V$，$U_{IHmin} = 2\,V$。

此外，门电路输入端对接地电阻也有一定要求。输入端接地电阻 R_I 时，从输入端流出的电流在 R_I 上产生一定的电压降，将影响输入电平的高低，R_I 较小时，u_I 相当于输入低电平，与非门处于关门状态；R_I 较大时，u_I 相当于输入高电平，与非门处于开门状态。即：若需保持 u_I 为低电平（$u_I < U_{ILmax}$），R_I 不能过大，须 $R_I < R_{OFF}$，R_{OFF} 称为关门电阻，是使与非门保持关门状态的 R_I 最大值。若需保持 u_I 相当于输入高电平，R_I 不能过小，须 $R_I > R_{ON}$，R_{ON} 称为开门电阻，是使与非门保持开门状态的 R_I 最小值。

74LS 系列门电路，$R_{OFF} \approx 4.2\,\text{k}\Omega$，$R_{ON} \approx 6.3\,\text{k}\Omega$。

（4）噪声容限。噪声容限是指输入电平受噪声干扰时，为保证电路维持原输出电平，允许叠加在原输入电平上的最大噪声电平。因输入低电平和输入高电平时允许叠加的噪声电平不同，噪声容限可分为低电平噪声容限 U_{NL} 和高电平噪声容限 U_{NH}。噪声容限示意图如图 7-2 所示。其中：

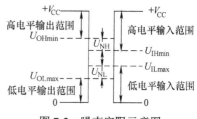

图 7-2　噪声容限示意图

高电平噪声容限

$$U_{NH} = U_{OHmin} - U_{IHmin} \tag{7-1a}$$

低电平噪声容限

$$U_{NL} = U_{ILmax} - U_{OLmax} \tag{7-1b}$$

74LS 系列门电路，$U_{NH} = 0.7\,\text{V}$，$U_{NL} = 0.3\,\text{V}$。

（5）静态动耗 P_D。静态功耗 P_D 是指维持输出高电平或维持输出低电平不变时的最大功耗。

74LS 系列门电路，$P_D < 2\,\text{mW}$。

需要说明的是，门电路输出高电平和输出低电平时，分别工作在截止区和饱和区，功耗很低。功耗较大的阶段发生在高低电平转换区域，因此，TTL 电路的实际功耗与信号频率有关，信号频率越高，功耗越大。

（6）传输延迟时间 t_{pd}。t_{pd} 是电路传输延迟时间的平均值，74LS 系列门电路，$t_{pd} < 10\,\text{ns}$。

3. 集电极开路门（OC 门）

TTL 门电路中，有一种特殊功能的门电路——集电极开路（Open Collector, OC）门。若门电路内部输出端晶体管的集电极不接负载电阻，直通输出端，则该门电路即称为集电极开路门，如图 7-3a 所示。用符号"◇"表示，如图 7-3b 所示。

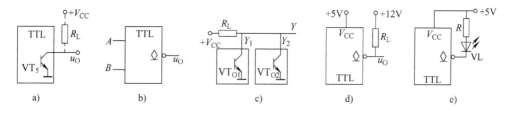

图 7-3　集电极开路门（OC 门）及其应用

a）输出端结构　b）电路符号　c）线与　d）电平转换　e）驱动

OC 门的主要作用如下。

（1）实现"线与"功能。一般来说，几个 TTL 门电路输出端不允许直接连接在一起。试想，若直接连接在一起，一个门电路输出高电平，另一个门电路输出低电平，其间没有限流电阻，将发生短路，损坏门电路。但 OC 门输出端集电极是开路的，不但可以直接接在一起，而且连接在一起后，可实现"与"逻辑功能，如图 7-3c 所示。当两个 OC 门输出 Y_1、Y_2 均为低电平（VT_{01}、VT_{02} 均饱和导通）时，Y 为低电平；当 Y_1、Y_2 中一个为低电平另一个为高电平（VT_{01}、VT_{02} 中一个饱和导通，另一个截止）时，因为截止的那个晶体管门对电路无影响，Y 仍为低电平；只有当 Y_1、Y_2 均为高电平（VT_{01}、VT_{02} 均截止）时，Y 才为高电平。从而实现了两个 OC 门电路输出电平的"与"逻辑功能，这种两个 OC 门输出端直接连接在一起，实现"与"逻辑的方法称为"线与"。

（2）实现电平转换。TTL 门电路电源电压为+5 V，输出高电平约为 3.4 V，输出低电平约为 0.3 V，若要求将高电平变得更高，可采用图 7-3d 所示电路，将上拉电阻 R_L 接更高电源电压，高电平输出将接近于更高电源电压，低电平输出不变，从而实现电平转换。

（3）用作驱动电路。OC 门可用作驱动电路，直接驱动发光二极管、继电器、脉冲变压器等，图 7-3e 为 OC 门驱动发光二极管电路。OC 门输出低电平时，VL 亮；OC 门输出高电平时，由于输出端晶体管截止，VL 暗。但若用非 OC 门 TTL 电路，则输出高电平约为 3.4 V，VL 仍会微微发亮。

【例 7-1】 试分析图 7-4 中各电路发光二极管工作状态。

解： 图 7-4 中各电路反相器均为 OC 门。

图 7-4a：A_1 为高电平时，Y_1 输出低电平，VL_1 亮；A_1 为低电平时，Y_1 输出高电平，内部输出端晶体管截止，VL_1 暗。

图 7-4b：A_2 为高电平时，Y_2 输出低电平，VL_2 暗；A_2 为低电平时，Y_2 输出高电平，内部输出端晶体管截止，由于未接上拉电阻，因此 VL_2 中无电流，变暗。

图 7-4c：A_3 输入低电平时，内部输出端晶体管截止。但因外接上拉电阻，R_3 中电流流进 VL_3，变亮；A_3 输入高电平时，内部输出端晶体管饱和导通，Y_3 输出低电平，R_3 中电流全部流进内部输出端晶体管，VL_3 中无电流，变暗。

4. 三态门（TSL 门）

三态（Three State Logic，TSL）门是在普通门电路的基础上，在电路中添加控制电路，它的输出状态，除了高电平、低电平外，还有第三种状态：高阻态（或称禁止态）。高阻态相当于输出端开路。图 7-5 三态门电路中，符号"▽"为三态门标志，EN（Enable）为使能端（或称输出控制端），EN 端信号电平有效时，门电路允许输出；EN 端信号电平无效时，门电路禁止输出，输出端既不是高电平，也不是低电平，呈开路状态，即高阻态。

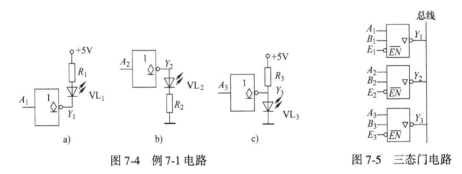

图 7-4　例 7-1 电路　　　　　图 7-5　三态门电路

三态门主要用于总线分时传送电路信号。在微机电路中，地址信号和数据信号均用总线传输，在总线上挂接许多门电路，如图 7-5 所示。在某一瞬时，总线上只允许有一个门电路的输出信号出现，其余门电路输出均呈高阻态。否则若几个门电路均允许输出，且信号电平高低不一致，将引起短路而损坏门电路器件。至于允许哪一个门电路输出，由控制端 EN 信号电平决定。例如图 7-5 中，E_1 信号电平有效，则 Y_1 输出信号出现在总线上（即总线输出 Y_1 信号）；此时 E_2、E_3 信号电平必须无效，Y_2、Y_3 与总线相当于断开。即在任一瞬时，挂接在总线上门电路的控制信号，只允许其中一个有效，其余必须无效。

需要指出的是，控制信号 EN 有效电平有正有负，视不同门电路而不同，但多数为低电平有效，常在 EN 端用一个小圆圈表示，或用 $\overline{EN}$ 表示。

【例 7-2】 已知三态门电路和输入电压波形如图 7-6 所示，试画出输出电压波形。

解：图 7-6a 为带三态门的两个与门电路，两个三态门控制信号一个为 $\overline{EN}$，另一个为 EN，控制端信号极性恒相反。当 EN 为低电平时，上方三态门电路允许输出；EN 为高电平时，下方三态门电路允许输出；两者互不影响，因此可正常工作。

$$Y = Y_1 + Y_2 = AB \cdot \overline{EN} + CD \cdot EN$$

画出输出电压 Y_1、Y_2 和 Y 波形，如图 7-6b 所示。

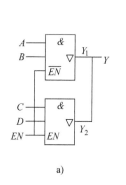 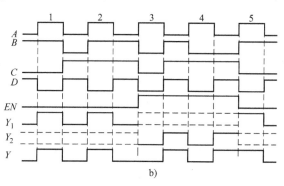

图 7-6 例 7-2 电路和波形

7.1.2 CMOS 集成门电路

CMOS 器件属单极型器件，不同于双极型 TTL 器件。CMOS 集成电路的主要特点是输入阻抗高，功耗低，工艺简单，集成度高。

1. CMOS 反相器及其特点

CMOS 电路由一个 N 沟道增强型 MOS 管和一个 P 沟道增强型 MOS 管互补组成，如图 7-7 所示，其中 V_1 为 PMOS 管，V_2 为 NMOS 管。当输入电压 u_1 为低电平时，V_1 导通，V_2 截止，u_0 输出高电平；当输入电压 u_1 为高电平时，V_1 截止，V_2 导通，u_0 输出低电平。因此，CMOS 电路具有反相功能。其主要特点如下。

（1）输入电阻高。MOS 管因其栅极与导电沟道绝缘，因而输入电阻很高，可达 10^{15} Ω，基本上不需要信号源提供电流。

（2）电压传输特性好。CMOS 反相器电压传输特性如图 7-8 所示，与 TTL 电压传输特性相比，其线性区很窄，特性曲线陡峭，且高电平趋于 V_{DD}，低电平趋于 0，因此，其电压传输特性接近于理想开关。

图 7-7 CMOS 反相器

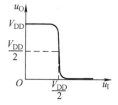

图 7-8 CMOS 反相器电压传输特性

159

（3）静态功耗低。CMOS 反相器无论输入高电平还是输入低电平，两个 MOS 管中总有一个是截止的，静态电流极小（纳安级），且线性区很窄（线性区范围越宽，功耗越大），因此功耗很低（小于 $1\,\mu\mathrm{W}$）。

（4）抗干扰能力强。CMOS 反相器的阈值电压 $U_\mathrm{TH} \approx V_\mathrm{DD}/2$，噪声容限很大，也接近于 $V_\mathrm{DD}/2$。因此，CMOS 反相器抗干扰能力强。

（5）扇出系数大。由于 CMOS 电路输入电阻高，作为负载时几乎不需要前级门提供电流。因此，CMOS 反相器前级门的扇出系数不是取决于后级门的输入电阻，而是取决于后级门的输入电容，而 CMOS 电路输入电容约为几个 pF，所以，CMOS 反相器带同类门的负载能力很强，即扇出系数很大。

（6）电源电压范围大。TTL 门电路的标准工作电压为 +5 V，要求电源电压范围为 $5(1\pm 5\%)$ V。CMOS 反相器的电源电压可为 3～18 V。

CMOS 电路也有一些缺点，例如输入端易被静电击穿、工作速度不高、输出电流较小等，但随着 CMOS 电路新工艺的发展，这些问题已逐步改善。高速工作、输出较大电流的 CMOS 产品已经问世。易静电击穿问题采用在输入端加保护二极管电路，也已被大大改善。

2. CMOS 集成门电路

CMOS 集成门电路也有多种不同系列，应用广泛的有 CMOS 4000 系列（包括 4500 系列、MC14000/MC14500 系列）和 74HC 系列（HCMOS）。MC14000 系列与 4000 系列兼容，MC14500 系列与 4500 系列兼容，前者为美国摩托罗拉公司产品。74HC 系列中：74HC 系列与 74 系列引脚兼容，但电平不兼容；74HCT 系列与 74 系列引脚、电平均兼容。近年来，74HC 系列应用广泛，有逐步取代 74LS 系列的趋势。表 7-1 为 TTL 和 CMOS 门电路输入/输出特性参数表。

表 7-1　TTL 和 CMOS 门电路输入/输出特性参数

电路 参数	TTL		CMOS	高速 CMOS	
	74 系列	74LS 系列	4000 系列	74HC 系列	74HCT 系列
$U_\mathrm{OHmin}/\mathrm{V}$	2.4	2.7	$V_\mathrm{DD}-0.05$	4.4	4.4
$U_\mathrm{OLmax}/\mathrm{V}$	0.4	0.5	0.05	0.1	0.33
$I_\mathrm{OHmax}/\mathrm{mA}$	4	4	0.4	4	4
$I_\mathrm{OLmax}/\mathrm{mA}$	16	8	0.4	4	4
$U_\mathrm{IHmin}/\mathrm{V}$	2	2	$2V_\mathrm{DD}/3$	3.15	2
$U_\mathrm{ILmax}/\mathrm{V}$	0.8	0.8	$V_\mathrm{DD}/3$	1.35	0.8
$I_\mathrm{IHmax}/\mathrm{\mu A}$	40	20	0.1	0.1	0.1
$I_\mathrm{ILmax}/\mathrm{\mu A}$	1600	400	0.1	0.1	0.1

需要说明的是，CMOS 集成门电路也有类似 TTL 的 OC 门（称为 OD 门，漏极开路）和三态门输出端，其作用与 TTL 的 OC 门、三态门相同。

特别需要指出的是，CMOS 门电路的输入端不应悬空。在 TTL 门电路中，输入端引脚悬空相当于接高电平。但在 CMOS 门电路中，输入端悬空是一个不确定因素，因此必须根据需要，接高电平（接正电源电压）或接低电平（接地）。

另外，由于输入端保护二极管电流容量有限（约为 1 mA），在可能出现较大输入电流的场合应采取保护措施，如输入端接有大电容和输入引线较长时，可在输入端串接电阻，一般为 1~10 kΩ。

3. TTL 门电路与 CMOS 门电路的连接

从表 7-1 可知，TTL 门电路与 CMOS 门电路在输入和输出高低电平上，有一定差别，称为输入输出电平不兼容。在一个数字系统中，为了使输入和输出电平兼容，一般全部用 TTL 门电路或全部用 CMOS 门电路。但有时也会碰到在一个系统中需要同时应用 TTL 和 CMOS 两种门电路的情况，这就出现了两类门电路如何连接的问题。

连接原则：前级门电路驱动后级门电路，存在着高低电平和电流负载能力是否适配的问题，驱动门电路必须提供符合负载门电路输入要求的电平和驱动电流。因此，必须同时满足下列各式：

$$\text{驱动门} \qquad \text{负载门}$$

$$U_{\text{OHmin}} \geq U_{\text{IHmin}} \tag{7-2a}$$

$$U_{\text{OLmax}} \leq U_{\text{ILmax}} \tag{7-2b}$$

$$I_{\text{OHmax}} \geq nI_{\text{IHmax}} \tag{7-2c}$$

$$I_{\text{OLmax}} \geq nI_{\text{ILmax}} \tag{7-2d}$$

其中，n 是负载门的个数。根据上述连接原则和表 7-1，可以得出：

（1）74HCT 系列门电路与 74LS 系列门电路可直接相互连接。

（2）74HC 系列门电路可以驱动 74LS 系列门电路。

（3）CMOS 4000 系列门电路可以驱动一个（不能多个）74LS 系列负载门电路。

原因是 CMOS 4000 系列 I_{OLmax}（0.4 mA）等于 74LS 系列 I_{ILmax}（0.4 mA）。若需驱动多个，可在 CMOS 门电路后增加一级 CMOS 缓冲器或用多个 CMOS 门并联使用，以增大 I_{OLmax}。

（4）74LS 系列门电路不能直接驱动 CMOS 4000 系列和 74HC 系列门电路。

原因是 74LS 系列 U_{OHmin}（2.7 V）小于 CMOS 4000 系列和 74HC 系列 U_{IHmin}（分别为 $2V_{\text{DD}}/3$ 和 3.15 V）。

解决的办法是在 TTL 门电路输出端加接上拉电阻，如图 7-9 所示。

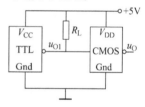

图 7-9 TTL 与 CMOS 门连接电路

7.1.3 常用集成门电路

如前所述，集成门电路主要有 54/74 系列和 CMOS 4000 系列，其引脚排列有一定规律，一般为双列直插式。若将电路芯片如图 7-10a 放置，缺口向左，按图 7-10b 正视图观察，引脚编号由小到大按逆时针排列，其中 V_{CC} 为上排最左引脚（引脚编号最大），Gnd 为下排最右引脚（引脚编号为最大编号的一半）。

集成门电路通常在一片芯片中集成多个门电路，常用集成门电路主要有以下几种形式：

（1）2 输入端 4 门电路。即每片集成电路内部有 4 个独立的功能相同的门电路，每个门

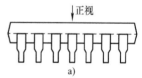

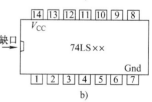

图 7-10 集成电路引脚排列图
a）侧视图 b）正视图

电路有两个输入端。

（2）3 输入端 3 门电路。即每片集成电路内部有 3 个独立的功能相同的门电路，每个门电路有 3 个输入端。

（3）4 输入端 2 门电路。即每片集成电路内部有两个独立的功能相同的门电路，每个门电路有 4 个输入端。

为便于认识和熟悉这些集成门电路，选择其中一些常用典型芯片介绍。

1. 与门和与非门

与门和与非门常用典型芯片有 2 输入端 4 与非门 74LS00、2 输入端 4 与门 74LS08、3 输入端 3 与非门 74LS10、4 输入端 2 与非门 74LS20、8 输入端与非门 74LS30 和 CMOS 2 输入端 4 与非门 CC 4011。其引脚排列如图 7-11 所示。

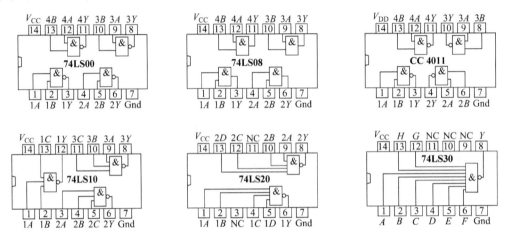

图 7-11　常用集成与门和与非门电路引脚排列图

2. 或门和或非门

或门和或非门常用典型芯片有 2 输入端 4 或非门 74LS02、2 输入端 4 或门 74LS32、3 输入端 3 或非门 74LS27 和 CMOS 2 输入端 4 或非门 CC 4001、4 输入端 2 或非门 CC 4002、3 输入端 3 或门 CC 4075。其引脚排列如图 7-12 所示。

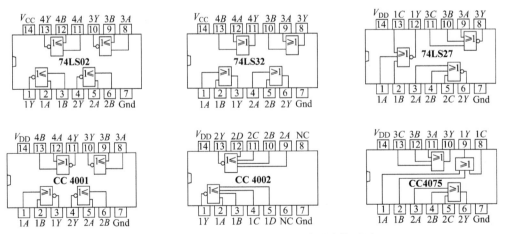

图 7-12　常用集成或门和或非门电路引脚排列图

3. 与或非门

74LS54 为 4 路与或非门，其引脚排列如图 7-13 所示。内部有 4 个与门：其中 2 个与门为 2 输入端；另 2 个与门为 3 输入端；4 个与门再输入到一个或非门。

4. 异或门和同或门

74LS86 为 2 输入端 4 异或门，其引脚排列如图 7-14 所示。CC4077 为 2 输入端 4 同或门，其引脚排列如图 7-15 所示。

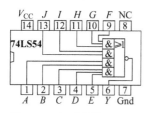

图 7-13　与或非门 74LS54

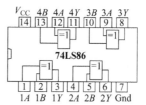

图 7-14　异或门 74LS86

5. 反相器

TTL 6 反相器 74LS04 和 CMOS 6 反相器 CC 4069 引脚排列相同，内部有 6 个非门，如图 7-16 所示。

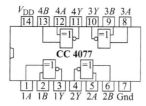

图 7-15　同或门 CC4077

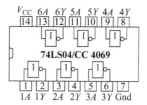

图 7-16　6 反相器

从上述列举的 74LS 系列和 CMOS 4000 系列门电路芯片，表明门电路品种繁多，应用时可根据需要选择实用芯片构成所需功能电路。

【复习思考题】

7.1　什么叫拉电流？若门电路拉电流过大，会产生什么后果？

7.2　什么叫灌电流？若门电路灌电流过大，会产生什么后果？

7.3　什么叫噪声容限？

7.4　什么叫 OC 门？画出其电路符号标志，叙述其主要功能。

7.5　什么叫 TSL 门？画出其电路符号标志，叙述其主要功能。

7.6　CMOS 反相器的主要特点是什么？

7.7　CMOS 4000 系列集成门电路的电源电压与 TTL 有什么不同？

7.8　CMOS 门电路不用的输入端能否悬空？在这一点上与 TTL 门电路有什么不同？

7.9　CMOS 门电路中，哪一种子系列逻辑电平和引脚与 74LS 系列门电路完全兼容？

7.10　74 系列和 CMOS 4000 系列集成电路的引脚排列有什么规律？

7.2　组合逻辑电路

任一时刻，若数字电路的稳态输出只取决于该时刻输入信号的组合，而与这些输入信号作用前电路原来的状态无关，则该数字电路称为组合逻辑电路（Combinational logic circuit）。

组合逻辑电路的分析，是对给定组合逻辑电路进行逻辑分析，求出其相应的输入和输出逻辑表达式，确定其逻辑功能。组合逻辑电路的设计，则是组合逻辑电路分析的逆过程，已知逻辑功能要求，设计出具体的符合该要求的组合逻辑电路。

为了便于应用，常用组合逻辑电路，通常不是由各类门电路外部连接组合，而是集成在一块芯片上，组成具有专用功能的集成组合逻辑电路。其特点是通用性强、能扩展、可控制，一般有互补信号输出端。

常用集成组合逻辑电路主要有编码器、译码器、数据选择器、数据分配器和加法器等。

7.2.1 编码器

用二进制代码表示数字、符号或某种信息的过程称为编码。能实现编码的电路称为编码器（Encoder）。编码器一般可分为普通编码器和优先编码器；按编码形式可分为二进制编码器和 BCD 编码器；按编码器编码输出位数可分为 4-2 线编码器、8-3 线编码器和 16-4 线编码器等。

1. 工作原理

为便于分析理解，以 4-2 线编码器为例。表 7-2 为 4-2 线编码器功能表。该编码器有 4 个输入端 $I_0 \sim I_3$，有两个输出端 Y_1、Y_0。当 4 个输入端 $I_0 \sim I_3$ 中有一个依次为 1（其与 3 个为 0）时，编码器依次输出 00~11。从而实现 4 个输入信号的编码。

但是，上述编码器正确实现编码需要条件。即 4 个输入端中，只允许有一个为逻辑 1。若有两个输入端为逻辑 1，输出编码将出错。为了解决这一问题，一般把编码器设计为优先编码器。

2. 优先编码器

优先编码器是将输入信号的优先顺序排队，当有两个或两个以上输入端信号同时有效时，编码器仅对其中一个优先等级最高的输入信号编码，从而避免输出编码出错。表 7-3 为 4-2 线优先编码器功能表。$I_0 \sim I_3$ 中，I_0 优先等级最高。当 I_0 为 1 时，$I_1 \sim I_3$ 不论是 1 还是 0，$Y_1 Y_0 = 00$；当 $I_0 = 0$，$I_1 = 1$ 时，I_2、I_3 不论是 1 还是 0，$Y_1 Y_0 = 01$；以此类推。

<table>
<tr><td colspan="6">表 7-2　4-2 线编码器功能表</td><td colspan="6">表 7-3　4-2 线优先编码器功能表</td></tr>
<tr><td>I_3</td><td>I_2</td><td>I_1</td><td>I_0</td><td>Y_1</td><td>Y_0</td><td>I_3</td><td>I_2</td><td>I_1</td><td>I_0</td><td>Y_1</td><td>Y_0</td></tr>
<tr><td>0</td><td>0</td><td>0</td><td>1</td><td>0</td><td>0</td><td>×</td><td>×</td><td>×</td><td>1</td><td>0</td><td>0</td></tr>
<tr><td>0</td><td>0</td><td>1</td><td>0</td><td>0</td><td>1</td><td>×</td><td>×</td><td>1</td><td>0</td><td>0</td><td>1</td></tr>
<tr><td>0</td><td>1</td><td>0</td><td>0</td><td>1</td><td>0</td><td>×</td><td>1</td><td>0</td><td>0</td><td>1</td><td>0</td></tr>
<tr><td>1</td><td>0</td><td>0</td><td>0</td><td>1</td><td>1</td><td>1</td><td>0</td><td>0</td><td>0</td><td>1</td><td>1</td></tr>
</table>

3. 8-3 线优先编码器 74LS148

74LS148 引脚图如图 7-17 所示，其功能如表 7-4 所示。

① $\overline{I_0} \sim \overline{I_7}$：输入端，低电平有效，$\overline{I_7}$ 优先等级最高。

② $\overline{EI}$：控制端，低电平有效。

③ $\overline{Y_2}$、$\overline{Y_1}$、$\overline{Y_0}$：输出端，为反码形式（000 相当于 111）。

图 7-17　74LS148 引脚图

④ EO：选通输出端。

⑤ $\overline{GS}$：扩展输出端。

从表 7-4 中看出，$\overline{EI}=1$ 时，芯片不编码；$\overline{EI}=0$ 时，芯片编码。EO 和 $\overline{GS}$ 除用于选通输出和扩展输出外，还可用于区分芯片非编码状态和无输入状态。

表 7-4 74LS148 功能表

输入端									输出端				
$\overline{EI}$	$\overline{I}_7$	$\overline{I}_6$	$\overline{I}_5$	$\overline{I}_4$	$\overline{I}_3$	$\overline{I}_2$	$\overline{I}_1$	$\overline{I}_0$	$\overline{Y}_2$	$\overline{Y}_1$	$\overline{Y}_0$	EO	$\overline{GS}$
1	×	×	×	×	×	×	×	×	1	1	1	1	1
0	1	1	1	1	1	1	1	1	1	1	1	0	1
0	0	×	×	×	×	×	×	×	0	0	0	1	0
0	1	0	×	×	×	×	×	×	0	0	1	1	0
0	1	1	0	×	×	×	×	×	0	1	0	1	0
0	1	1	1	0	×	×	×	×	0	1	1	1	0
0	1	1	1	1	0	×	×	×	1	0	0	1	0
0	1	1	1	1	1	0	×	×	1	0	1	1	0
0	1	1	1	1	1	1	0	×	1	1	0	1	0
0	1	1	1	1	1	1	1	0	1	1	1	1	0

除 74LS148 外，其他常用编码器芯片有 10-4 线 BCD 码优先编码器 74LS147、CMOS 8-3 线优先编码器 CC 4532、CMOS 10-4 线 BCD 码优先编码器 CC 40147 等。

7.2.2 译码器

将给定的二值代码转换为相应的输出信号或另一种形式二值代码的过程，称为译码。能实现译码功能的电路称为译码器(Decoder)。译码是编码的逆过程。

译码器大致可分为两大类：通用译码器和显示译码器。通用译码器又可分为变量译码器和代码变换译码器。

1. 工作原理

为便于分析理解，以 2-4 线译码器为例，表 7-5 为 2-4 线译码器功能表。该译码器有两个输入端 A_0 和 A_1，有 4 个输出端 $Y_0 \sim Y_3$。当输入编码依次为 00~11 时，输出端 $Y_0 \sim Y_3$ 依次为 1，从而实现对两个输入编码信号 4 种状态的译码。

需要说明的是，编码器和译码器的输入和输出端有相应的依存关系。对编码器来说，两个输出端最多能对 4 个输入信号编码，m 个输出端最多能对 2^m 个输入信号编码；对译码器来说，两个输入信号最多能译成 4 种输出状态，n 个输入信号最多能译成 2^n 种输出状态。

2. 3-8 线译码器 74LS138

图 7-18 为 74LS138 引脚图，表 7-6 为其功能表。74LS138 有 3 个输入端，8 个输出端，因此称为 3-8 线译码器。有 3 个门控端 G_1、$\overline{G_{2A}}$、$\overline{G_{2B}}$。当 $G_1=1$，$\overline{G_{2A}}=0$，$\overline{G_{2B}}=0$，同时有效时，芯片译码，反码输出，相应输出端低电平有效。3 个控制端只要有一个无效，芯片禁止译码，输出全 1。

表 7-5　2-4 线译码器功能表

输　入		输　　出			
A_1	A_0	Y_3	Y_2	Y_1	Y_0
0	0	0	0	0	1
0	1	0	0	1	0
1	0	0	1	0	0
1	1	1	0	0	0

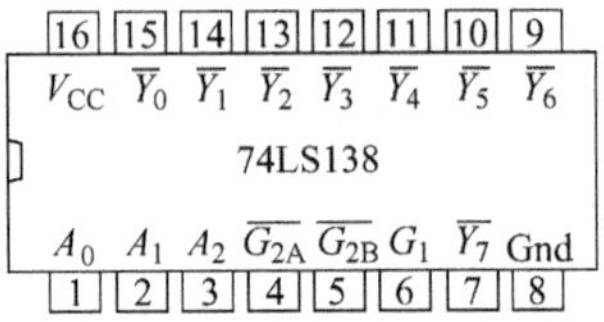

16	15	14	13	12	11	10	9
V_{CC}	$\overline{Y}_0$	$\overline{Y}_1$	$\overline{Y}_2$	$\overline{Y}_3$	$\overline{Y}_4$	$\overline{Y}_5$	$\overline{Y}_6$
			74LS138				
A_0	A_1	A_2	$\overline{G_{2A}}$	$\overline{G_{2B}}$	G_1	$\overline{Y}_7$	Gnd
1	2	3	4	5	6	7	8

图 7-18　74LS138 引脚图

表 7-6　74LS138 功能表

输　　入						输　　出							
G_1	$\overline{G_{2A}}$	$\overline{G_{2B}}$	A_2	A_1	A_0	$\overline{Y}_7$	$\overline{Y}_6$	$\overline{Y}_5$	$\overline{Y}_4$	$\overline{Y}_3$	$\overline{Y}_2$	$\overline{Y}_1$	$\overline{Y}_0$
0	×	×	×	×	×	1	1	1	1	1	1	1	1
×	1	×	×	×	×	1	1	1	1	1	1	1	1
×	×	1	×	×	×	1	1	1	1	1	1	1	1
1	0	0	0	0	0	1	1	1	1	1	1	1	0
1	0	0	0	0	1	1	1	1	1	1	1	0	1
1	0	0	0	1	0	1	1	1	1	1	0	1	1
1	0	0	0	1	1	1	1	1	1	0	1	1	1
1	0	0	1	0	0	1	1	1	0	1	1	1	1
1	0	0	1	0	1	1	1	0	1	1	1	1	1
1	0	0	1	1	0	1	0	1	1	1	1	1	1
1	0	0	1	1	1	0	1	1	1	1	1	1	1

与 74LS138 相同功能的芯片是 74LS238，其与 74LS138 的唯一区别是 $Y_0 \sim Y_7$ 输出高电平有效。除 74LS138 外，其他常用编码器芯片有双 2-4 线译码器 74LS139、4-16 线译码器 74LS154、BCD 码输入 4-10 线译码器 74LS42。CMOS 译码器除与 74LS 系列相应的 74HC 系列芯片外，还有双 2-4 线译码器 4555（反码输出）、4556（反码输出），4-16 线译码器 4514（原码输出）、4515（反码输出）和 BCD 码输出 4-10 线译码器 4028（原码输出）等。

3. 译码器应用举例

（1）译码器扩展。

【例 7-3】　试利用两片 74LS138 扩展组成 4-16 线译码器。

解：图 7-19 即为用两片 74LS138 扩展组成 4-16 线译码器。总输入为 $X_0 \sim X_3$，总输出端为 $\overline{Z}_0 \sim \overline{Z}_{15}$。

当 $X_3 = 0$ 时，芯片（Ⅰ）$\overline{G_{2B}} = 0$（$G_1 = 1$，$\overline{G_{2A}} = 0$，不参与控制），译码；芯片（Ⅱ）$G_1 = 0$，禁止译码。

当 $X_3 = 1$ 时，芯片（Ⅰ）$\overline{G_{2B}} = 1$，禁止译码；芯片（Ⅱ）$G_1 = 1$（$\overline{G_{2A}} = \overline{G_{2B}} = 0$，不参与控制），译码工作。

需要说明的是，列举本例的目的，并非真的要求用两片 74LS138 实现 4-16 线译码，主要是为了提供一种扩展思路，多片小容量译码芯片可扩展组成大容量译码电路。实现 4-16 线译码可直接运用 74LS154，其性能价格比肯定要高于两片 74LS138。

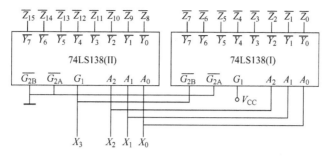

图 7-19 2 片 74LS138 扩展组成 4-16 线译码器

（2）用译码器实现组合逻辑函数。

【例 7-4】 试利用 74LS138 实现 3 人多数表决逻辑电路。

解：3 人多数表决逻辑已在 6.4.1 节中分析，真值表如表 6-4 所示，由门电路组成的逻辑电路如图 6-8、图 6-10a 和图 6-10b 所示。其逻辑最小项表达式为：

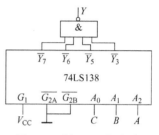

$$Y = \overline{A}BC + A\,\overline{B}C + AB\,\overline{C} + ABC = m_3 + m_5 + m_6 + m_7$$

据此，画出图 7-20 所示逻辑电路。3 人表决输入端 A、B、C 依次接 74LS138 的 A_2、A_1、A_0 端（次序不能接反）；$G_1 = 1$，$\overline{G_{2A}} = \overline{G_{2B}} = 0$，不参与控制，始终有效。当 3 人表决输入符合最小项表达式要求时，74LS138 的 $\overline{Y_3}$、$\overline{Y_5}$、$\overline{Y_6}$、$\overline{Y_7}$ 端分别有效，输出为 0，经过与非门，有 0 出 1，完成 3 人多数表决逻辑要求。

图 7-20 例 7-4 逻辑电路

从上例看出，用译码器实现组合逻辑函数，比单纯由门电路组成的逻辑电路方便得多。只需先求出组合逻辑要求的最小项表达式，将最小项 m 值相应的输出变量用一个与非门（原码输出用与门）组合，即可实现。

7.2.3 数码显示电路

数码显示通常有 LED 数码管显示和液晶显示器显示，本节研究分析 LED 数码管显示。

1. LED 数码管

LED 数码管由发光二极管（Light Emitting Diode, LED）分段组成。因其工作电压低、体积小、可靠性高、寿命长、响应速度快（<10 ns）、使用方便灵活而得到广泛应用。按其外形尺寸有多种形式，使用较多的是 0.5″；按其连接方式可分为共阴型和共阳型两类。图 7-21a 为 0.5″ 数码管外形和引脚图，共有 8 个笔段：a、b、c、d、e、f、g 组成数字 8，Dp 为小数点。图 7-21b 和图 7-21c 分别为共阴型和共阳型数码管内部连接方式。从图中看出，共阴型数码管是将所有笔段 LED 的阴极（负极）连接在一起，作为公共端 com；共阳型数码管是将所有笔段 LED 的阳极（正极）连接在一起，作为公共端 com。应用 LED 共阴型数码管时，公共端 com 接地，笔段端接高电平（串接限流电阻）时变亮，笔段端接低电平时变暗。应用 LED 共阳型数码管时，公共端 com 接 V_{CC}，笔段端接低电平（串接限流电阻）时亮，笔段端接高电平时暗。控制笔段亮或暗，可组成 0~9 数字显示，除此外，LED 数码管还可显示 A、B、C、D、E、F 等十六进制数和其他一些字符。

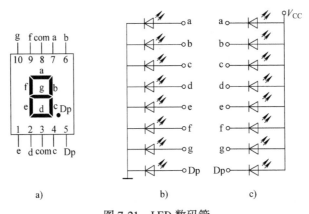

图 7-21 LED 数码管

a) 0.5LED 引脚排列 b) 共阴型 c) 共阳型

2. 七段译码显示驱动器 74LS47/48

在 74 系列和 CMOS 4000 系列电路中，7 段译码显示驱动器品种很多，功能各有差异，现以 74LS47/48 为例，分析说明译码显示驱动器的功能和应用。

图 7-22 为 74LS47/48 引脚图，表 7-7 为其功能表。74LS47 与 74LS48 的主要区别为输出有效电平不同。74LS47 是输出低电平有效，可驱动共阳 LED 数码管；74LS48 是输出高电平有效，可驱动共阴 LED 数码管。（以下分析以 74LS48 为例）

16	15	14	13	12	11	10	9
V_{CC}	Y_f	Y_g	Y_a	Y_b	Y_c	Y_d	Y_e

74LS48

A_1	A_2	$\overline{LT}$ $\overline{BI/RBO}$	$\overline{RBI}$	A_3	A_0	Gnd
1	2	3	4	5	6	7	8

图 7-22 74LS48 引脚图

表 7-7 74LS48 功能表

输入数字	输入							输出								显示数字
	$\overline{LT}$	$\overline{BI}$	$\overline{RBI}$	A_3	A_2	A_1	A_0	$\overline{RBO}$	Y_a	Y_b	Y_c	Y_d	Y_e	Y_f	Y_g	
0	0	1	×	×	×	×	×	—	1	1	1	1	1	1	1	8
×	×	0	×	×	×	×	×	—	0	0	0	0	0	0	0	全暗
×	1	—	0	0	0	0	0	0	0	0	0	0	0	0	0	全暗
0	1	1	1	0	0	0	0	—	1	1	1	1	1	1	0	0
1	1	1	1	0	0	0	1	—	0	1	1	0	0	0	0	1
2	1	1	1	0	0	1	0	—	1	1	0	1	1	0	1	2
3	1	1	1	0	0	1	1	—	1	1	1	1	0	0	1	3
4	1	1	1	0	1	0	0	—	0	1	1	0	0	1	1	4
5	1	1	1	0	1	0	1	—	1	0	1	1	0	1	1	5
6	1	1	1	0	1	1	0	—	0	0	1	1	1	1	1	6
7	1	1	1	0	1	1	1	—	1	1	1	0	0	0	0	7
8	1	1	1	1	0	0	0	—	1	1	1	1	1	1	1	8
9	1	1	1	1	0	0	1	—	1	1	1	0	0	1	1	9
10	1	1	1	1	0	1	0	—	0	0	0	1	1	0	1	⊏
11	1	1	1	1	0	1	1	—	0	0	1	1	0	0	1	⊐
12	1	1	1	1	1	0	0	—	0	1	0	0	0	1	1	⊔
13	1	1	1	1	1	0	1	—	1	0	0	1	0	1	1	⊏
14	1	1	1	1	1	1	0	—	0	0	0	1	1	1	1	⊏
15	1	1	1	1	1	1	1	—	0	0	0	0	0	0	0	全暗

（1）输入端 $A_3 \sim A_0$，二进制编码输入。

（2）输出端 $Y_a \sim Y_g$，译码字段输出。高电平有效，即 74LS48 必须配用共阴 LED 数码管。

（3）控制端。

1）$\overline{LT}$：灯测试，低电平有效。$\overline{LT}=0$ 时，笔段输出全 1。

2）$\overline{RBI}$：输入灭零控制，$\overline{RBI}=0$ 时，若原输出显示数为 0，则"0"笔段码输出低电平（即 0 不显示），同时使 $\overline{RBO}=0$；若输出显示数非 0，则正常显示。

3）$\overline{BI}/\overline{RBO}$：具有双重功能。输入时作消隐控制（$\overline{BI}$ 功能）；输出时可用于控制相邻位灭零（$\overline{RBO}$ 功能），两者关系在片内"线与"。

输入消隐控制：$\overline{BI}=0$，笔段输出全 0，显示暗。

输出灭零控制：输出灭零控制 $\overline{RBO}$ 须与输入灭零控制 $\overline{RBI}$ 配合使用。当输出显示数为 0 时，若 $\overline{RBI}=0$，则 $\overline{RBO}=0$，该 $\overline{RBO}$ 信号可用于控制相邻位灭零，可使整数高位无用 0 和小数低位无用 0 不显示。若输出显示数不为 0，或输入灭零控制 $\overline{RBI}=1$，则 $\overline{RBO}$ 无效。

74 系列 7 段译码显示驱动器有 74LS46、74LS49、74LS246、74LS247、74LS248、74LS249 等，其中 74LS246 ~ 74LS249 笔段输出中的 6、9 显示符号为 **ᕒ**、**ᕒ**。其余参数大致相同，可查阅有关技术手册。

【例 7-5】 试利用 74LS48 实现 3 位显示电路。

解：根据题意，画出 3 位显示电路，如图 7-23 所示。

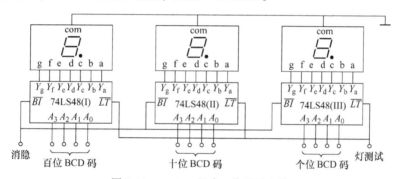

图 7-23　74LS48 组成 3 位显示电路

1）数码管采用共阴 LED 数码管，公共端 com 接地；3 位 LED 数码管笔段 a、b、c、d、e、f、g 分别接 3 位 74LS48 输出端 Y_a、Y_b、Y_c、Y_d、Y_e、Y_f、Y_g。

2）3 位 74LS48 的输入端 A_3、A_2、A_1、A_0 端分别接百位、十位和个位的 BCD 码信号，A_0 为低位端，A_3 为高位端。

3）3 位 74LS48 的 $\overline{BI}$ 端连在一起，不需闪烁显示时，可悬空；需闪烁显示时，该端可输入方波脉冲，脉冲宽度宜 100 ~ 500 ms。3 位 74LS48 的 $\overline{LT}$ 端连在一起，接低电平时，可测试 3 位 LED 数码管笔段是否完整有效以及初步判定显示电路能否正常工作。不测试时，可悬空。需要指出的是，若采用 74HC48（HCMOS TTL 电路），则 $\overline{BI}$ 和 $\overline{LT}$ 均不能悬空，正常显示时应接 V_{CC}。

3. CMOS 7 段译码显示驱动器 CC 4511

CMOS 4000 系列 7 段译码显示驱动器有 CC 4026、CC 4033、CC 4055（驱动液晶）、CC

40110(加减计数译码/驱动)、CC 4511、CC 4513、CC 4543/4544(可驱动 LED 或液晶)、CC 4547(大电流)等，有关资料可查阅技术手册。其中典型常用芯片为 CC 4511。

图 7-24 为 CC 4511 引脚图，表 7-8 为其功能表。$\overline{LT}$ 为灯测试控制端，$\overline{LT}=0$，全亮；$\overline{BI}$ 为消隐控制端，$\overline{BI}=0$，全暗；LE 为数据锁存控制端，$LE=0$，允许从 $A_3 \sim A_0$ 输入 BCD 码数据，刷新显示；$LE=1$，锁存并维持原显示状态。

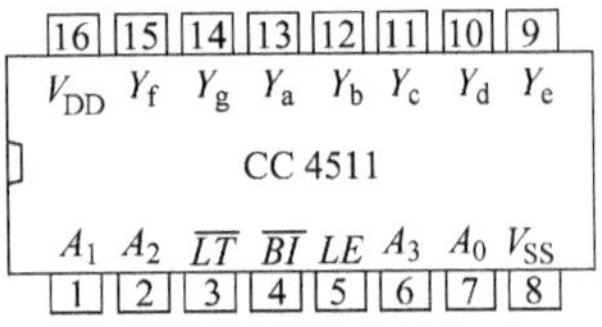

表 7-8　CC 4511 功能表

LE	$\overline{BI}$	$\overline{LT}$	A_3	A_2	A_1	A_0	显示数字
×	×	0	×	×	×	×	全亮
×	0	1	×	×	×	×	全暗
1	1	1	×	×	×	×	维持
0	1	1	0000~1001				0~9
0	1	1	1010~1111				全暗

图 7-24　CC 4511 引脚图

【例 7-6】 试用 CC 4511 组成 8 位显示电路。

解： 用 CC 4511 组成 8 位显示电路，每位 4511 需要 4 根数据线和 1 根控制线，8 位共需 40 根连线，使得电路非常复杂。为此，采用数据公共通道(称为数据总线 Data Bus)和地址译码选通，电路如图 7-25 所示。分析说明如下。

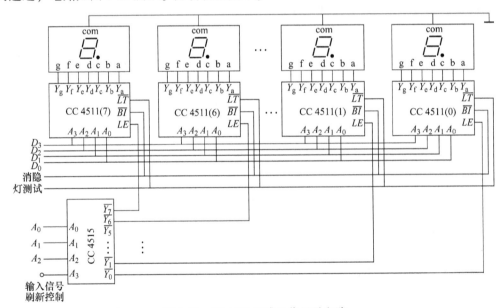

图 7-25　CC 4511 组成 8 位显示电路

1) CC 4511 数据输入端为 $A_0 \sim A_3$，将 8 位 CC 4511 的数据线相应端连在一起，即每位的 A_0 连在一起，A_1 连在一起，…；分别由数据总线 $D_0 \sim D_3$ 输入。

2) 8 位 CC 4511 数据锁存控制端 LE 由一片 CC 4515 选通。CC 4515 为 4-16 线译码器，输出端 $\overline{Y}_0 \sim \overline{Y}_{15}$ 低电平有效，取其低 8 位 $\overline{Y}_0 \sim \overline{Y}_7$，正好用于控制 8 位 CC 4511 LE 端。CC 4515 输入端 $A_0 \sim A_3$，用其 $A_0 \sim A_2$，A_3 作为输入信号控制端。当 $A_3=0$，$A_0 \sim A_2$ 依次为 000~111 时，$\overline{Y}_0 \sim \overline{Y}_7$ 依次输出为 0，依次选通 8 位 CC 4511 锁存控制端 LE，同时依次分时从 $D_0 \sim D_3$ 输入 8 位数据显示信号(BCD 码)，更新显示数据。

3）需要刷新显示时，令 CC 4515 $A_3 = 0$，$A_2 A_1 A_0 = 000$，此时 CC 4515 $\overline{Y}_0 = 0$，$\overline{Y}_1 \sim \overline{Y}_7 = 1$，选通 CC 4511(0)，然后从 $D_0 \sim D_3$ 输入第 0 位（最低位）显示数字（BCD 码），CC 4511(0) 刷新显示。

然后再从 CC 4515 输入 $A_2 A_1 A_0 = 001$，此时 CC 4515 $\overline{Y}_0 = 1$，$\overline{Y}_1 = 0$，$\overline{Y}_2 \sim \overline{Y}_7 = 1$。$\overline{Y}_0 = 1$ 使 CC 4511(0) 锁存已刷新的显示数据；$\overline{Y}_1 = 0$ 选通 CC 4511(1) LE 端，然后从 $D_0 \sim D_3$ 输入第 1 位（次低位）显示数字（BCD 码），CC 4511(1) 刷新显示。

以此类推，直至 8 位显示全部刷新。

4）刷新完毕，令 CC 4515 $A_3 = 1$，则 $\overline{Y}_0 \sim \overline{Y}_7$ 全为 1，8 位 CC 4511 均不再接收 $D_0 \sim D_3$ 端的数据输入信号，稳定锁存并显示以前输入刷新的数据。

5）8 位 CC 4511 的 $\overline{BI}$ 端（消隐控制）连在一起、$\overline{LT}$ 端连在一起，可作为闪烁显示控制和灯测试控制（均为低电平有效）。

综上所述，应用图 7-25，只需要 8 根线（4 根数据线 $D_0 \sim D_3$ 和 4 根地址控制线 $A_0 \sim A_3$），即可控制 8 位数据显示。利用数据总线传输多位显示数据，这是 CC 4511 的特点，CC 4511 常用于微机控制显示电路。

7.2.4 数据选择器和数据分配器

1. 数据选择器

能够从多路数据中选择一路进行传输的电路称为数据选择器（Multiplexer）。其原理框图如图 7-26 所示，基本功能相当于一个单刀多掷开关，通道开关切换，将输入信号 $D_0 \sim D_3$ 中的一个信号传送到输出端输出。$A_1 A_0$ 为选择控制端，当 $A_1 A_0 = 00 \sim 11$ 时，输出信号分别为 $D_0 \sim D_3$。

数据选择器有 2 选 1、4 选 1、8 选 1 和 16 选 1 等多种类型。8 选 1 数据选择器 74LS151/251 功能如表 7-9 所示，引脚图如图 7-27 所示。$D_7 \sim D_0$ 为数据输入端，$\overline{Y}$、Y 为互补数据输出端，$A_2 \sim A_0$ 为地址输入端，$\overline{ST}$ 为芯片选通端。74LS251 与 74LS151 引脚兼容，功能相同。唯一区别是 74LS251 具有三态功能，即未选通（$\overline{ST} = 1$）时，Y、$\overline{Y}$ 均呈高阻态；而 74LS151 在未选通时，Y、$\overline{Y}$ 分别输出 0、1。

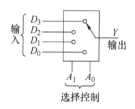

图 7-26　数据选择器原理框图

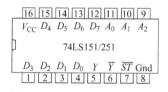

图 7-27　74LS151/251 引脚图

数据选择器的应用很广泛，除从多路数据中选择一路输出的一般应用外，主要还有下列应用（以 8 选 1 数据选择器为例）：

（1）将并行数据变为串行数据。若将顺序递增的地址码加在 $A_0 \sim A_1$ 端，将并行数据加在 $D_0 \sim D_7$ 端，则在输出端能得到一组 $D_0 \sim D_7$ 的串行数据。

（2）实现组合逻辑函数。将地址信号 $A_2 \sim A_0$ 看作输入逻辑变量，将数据输入信号 $D_7 \sim D_0$ 看作 8 个最小项的值，则 Y 端数据即为组合逻辑函数值。

表 7-9　74LS151/251 功能表

输入												输出	
$\overline{ST}$	A_2	A_1	A_0	D_7	D_6	D_5	D_4	D_3	D_2	D_1	D_0	Y	$\overline{Y}$
1	×	×	×	×	×	×	×	×	×	×	×	0/Z	1/Z
0	0	0	0	×	×	×	×	×	×	×	D_0	D_0	$\overline{D_0}$
0	0	0	1	×	×	×	×	×	×	D_1	×	D_1	$\overline{D_1}$
0	0	1	0	×	×	×	×	×	D_2	×	×	D_2	$\overline{D_2}$
0	0	1	1	×	×	×	×	D_3	×	×	×	D_3	$\overline{D_3}$
0	1	0	0	×	×	×	D_4	×	×	×	×	D_4	$\overline{D_4}$
0	1	0	1	×	×	D_5	×	×	×	×	×	D_5	$\overline{D_5}$
0	1	1	0	×	D_6	×	×	×	×	×	×	D_6	$\overline{D_6}$
0	1	1	1	D_7	×	×	×	×	×	×	×	D_7	$\overline{D_7}$

【例 7-7】　试利用 74LS151 实现 3 人多数表决逻辑电路。

解：从例 7-4 中得到 3 人表决逻辑最小项表达式为：

$$Y=\overline{A}BC+A\,\overline{B}C+AB\,\overline{C}+ABC=m_3+m_5+m_6+m_7$$

据此，画出逻辑电路如图 7-28 所示。3 人表决意见 ABC 分别接 74LS151 地址输入端 $A_2\sim A_0$（A 是高位，C 是低位），选通端 $\overline{ST}$ 接地（使芯片处于选通状态），当 ABC 分别为 011、101、110 和 111（即 $m_3m_5m_6m_7$）时，$Y=D_3$、D_5、D_6 和 D_7，即 $Y=1$。

与例 7-4 比较，可以看出，应用 74LS151 实现组合逻辑函数比 74LS138 电路更简洁。

2. 数据分配器

数据分配器能根据地址，将一路输入信号分配给相应的输出端。它的操作过程是数据选择器的逆过程，图 7-29 为其原理框图。

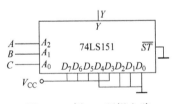

图 7-28　例 7-7 逻辑电路

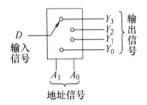

图 7-29　数据分配器原理框图

需要说明的是，数字集成电路中没有专用的数据分配器，而是使用通用译码器中的变量译码器实现数据分配。如 74LS139（2-4 译码器）、74LS138（3-8 译码器）等。

图 7-30 是 74LS138 构成的 8 路数据分配器。G_1 接 V_{CC}，$\overline{G_{2A}}$ 接地，不参与控制；输入信号 D 从门控端 $\overline{G_{2B}}$ 输入；地址信号从 $A_2\sim A_0$ 输入。例如，设 $A_2A_1A_0=000$，当 $D=0$ 时，芯片译码，相应输出端 $\overline{Y_0}=D=0$；当 $D=1$ 时，芯片禁止，输出全 1。相应输出端 $\overline{Y_0}=D=1$。

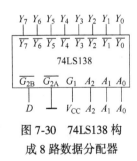

图 7-30　74LS138 构成 8 路数据分配器

3. 多路模拟开关

数据选择器只能传输数字信号。有一种模拟开关电路，既可传输数字信号，又可传输模拟信号，并且可以双向传输，即输入端和输出端可互换使用。

常用典型集成电路有 8 选 1 多路模拟开关 CC 4051，图 7-31 为其引脚图，表 7-10 为其功能表。其中 INH 为禁止输入端，$INH=1$ 禁止输入；$INH=0$，输出端 O/I 接通由 $A_2A_1A_0$ 地址确定的输入端信号 $IO_0 \sim IO_7$。正电源端 V_{CC}，V_{SS} 为数字信号地，V_{EE} 为模拟信号地。V_{EE} 为负时，CC 4051 可传输负极性的模拟信号。

由于 CC 4051 允许双向传输，因此既可用作数据选择器，又可用作数据分配器。

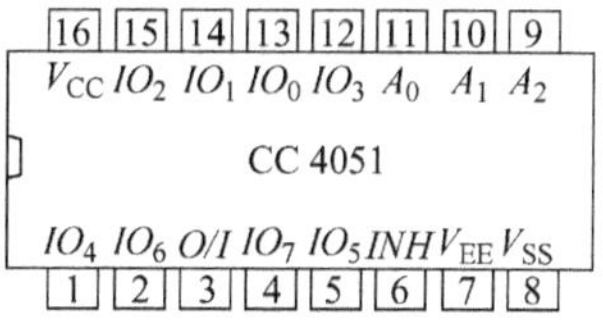

表 7-10　CC4051 功能表

INH	A_2	A_1	A_0	被选通道
1	×	×	×	无
0	0	0	0	IO_0
0	0	0	1	IO_1
0	0	1	0	IO_2
0	0	1	1	IO_3
0	1	0	0	IO_4
0	1	0	1	IO_5
0	1	1	0	IO_6
0	1	1	1	IO_7

图 7-31　CC4051 引脚图

7.2.5　数值比较器

能够比较两组二进制数据大小的数字电路称为数值比较器。

1. 数值比较器工作原理

为便于分析说明，以一位二进制数值比较器为例，输入数据为 A、B，输出数据分为三种情况：$Q_{A>B}$、$Q_{A=B}$、$Q_{A<B}$，并设满足条件时为 1，不满足条件时为 0。列出其真值表如表 7-11 所示。根据真值表可得出 3 个输出信号的逻辑函数表达式：

$$Q_{A>B} = A\overline{B}$$

$$Q_{A<B} = \overline{A}B$$

$$Q_{A=B} = \overline{A}\,\overline{B} + AB = A \odot B = \overline{A \oplus B} = \overline{A\,\overline{B} + \overline{A}B}$$

据此，画出其逻辑电路图如图 7-32 所示。

表 7-11　一位数值比较器真值表

A	B	$Q_{A>B}$	$Q_{A=B}$	$Q_{A<B}$
0	0	0	1	0
0	1	0	0	1
1	0	1	0	0
1	1	0	1	0

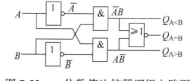

图 7-32　一位数值比较器逻辑电路图

2. 集成数值比较器 74LS85

多位二进制数据比较时，应先比较高位。高位大即大，高位小即小；若高位相等，再比较低位；依此类推。

74LS85 为 4 位数值比较器，表 7-12 为其真值表，图 7-33 为其引脚图。$A_3 \sim A_0$、$B_3 \sim B_0$ 为两个 4 位比较输入数据；$Q_{A>B}$、$Q_{A<B}$ 和 $Q_{A=B}$ 为比较结果数据输出端；$I_{A>B}$、$I_{A<B}$ 和 $I_{A=B}$ 为级联输入端，用于输入来自低位比较器的比较结果，当 $A_3 = B_3$、$A_2 = B_2$、$A_1 = B_1$、$A_0 = B_0$ 时，可根据低位比较结果判断数据大小。

表 7-12 74LS85 真值表

输　　入							输　　出		
$A_3 B_3$	$A_2 B_2$	$A_1 B_1$	$A_0 B_0$	$I_{A>B}$	$I_{A=B}$	$I_{A<B}$	$Q_{A>B}$	$Q_{A=B}$	$Q_{A<B}$
$A_3 > B_3$	×	×	×	×	×	×	1	0	0
$A_3 < B_3$	×	×	×	×	×	×	0	0	1
$A_3 = B_3$	$A_2 > B_2$	×	×	×	×	×	1	0	0
$A_3 = B_3$	$A_2 < B_2$	×	×	×	×	×	0	0	1
$A_3 = B_3$	$A_2 = B_2$	$A_1 > B_1$	×	×	×	×	1	0	0
$A_3 = B_3$	$A_2 = B_2$	$A_1 < B_1$	×	×	×	×	0	0	1
$A_3 = B_3$	$A_2 = B_2$	$A_1 = B_1$	$A_0 > B_0$	×	×	×	1	0	0
$A_3 = B_3$	$A_2 = B_2$	$A_1 = B_1$	$A_0 < B_0$	×	×	×	0	0	1
$A_3 = B_3$	$A_2 = B_2$	$A_1 = B_1$	$A_0 = B_0$	1	0	0	1	0	0
$A_3 = B_3$	$A_2 = B_2$	$A_1 = B_1$	$A_0 = B_0$	0	1	0	0	1	0
$A_3 = B_3$	$A_2 = B_2$	$A_1 = B_1$	$A_0 = B_0$	0	0	1	0	0	1

CMOS 4 位数值比较器 CC4585，具有与 74LS85 相同功能。还有 74LS682 ~ 74LS689 等为 8 位数值比较器。

3. 数值比较器级联

为了比较两个 8 位二进制数大小，可应用两片 74LS85 级联，如图 7-34 所示。芯片（Ⅰ）$I_{A>B}$、$I_{A<B}$ 接地，$I_{A=B}$ 接 V_{CC}；芯片（Ⅱ）$I_{A>B}$、$I_{A<B}$ 和 $I_{A=B}$ 分别与芯片（Ⅰ）$Q_{A>B}$、$Q_{A<B}$ 和 $Q_{A=B}$ 连接；低 4 位比较数据分别与芯片（Ⅰ）$A_0 \sim A_3$、$B_0 \sim B_3$ 相接，高 4 位比较数据分别与芯片（Ⅱ）$A_0 \sim A_3$、$B_0 \sim B_3$ 相接。当高 4 位比较数据能分出大小时，取决于高 4 位；当高 4 位比较数据完全相等时，由低 4 位比较数据确定整个 8 位数据的大小。

图 7-33　74LS85 引脚图

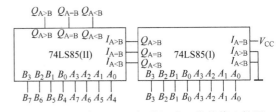

图 7-34　两片 74LS85 级联组成 8 位数值比较器

7.2.6　加法器

全加器、半加器和数值比较器、奇偶检测器等通常称为"数字运算器"，是计算机系统必不可少的单元电路。

1. 半加器(Half Adder)

(1) 定义：能够完成两个一位二进制数 A 和 B 相加的组合逻辑电路称为半加器。

(2) 真值表：半加器真值表如表 7-13 所示，其中 S 为和，C_0 为进位。

(3) 逻辑表达式：$S = A\overline{B} + \overline{A}B = A \oplus B$；$C_0 = AB$。

(4) 逻辑符号：半加器逻辑符号如图 7-35 所示。

表 7-13　半加器真值表

输　　入		输　　出	
A	B	S	C_0
0	0	0	0
0	1	1	0
1	0	1	0
1	1	0	1

图 7-35　半加器
逻辑符号

2. 全加器(Full Adder)

半加器运算仅是两个数 A、B 之间的加法运算，并未包括来自低位进位的运算。若包括低位进位就成为全加运算。

(1) 定义：两个一位二进制数 A、B 与来自低位的进位 C_I 三者相加的组合逻辑电路称为全加器。

(2) 真值表：全加器真值表如表 7-14 所示。

(3) 逻辑表达式：

$$S = \overline{A}\,\overline{B}C_I + \overline{A}B\,\overline{C_I} + A\overline{B}\,\overline{C_I} + ABC_I = (\overline{A}\,\overline{B} + AB)C_I + (\overline{A}B + A\overline{B})\overline{C_I}$$
$$= (\overline{A \oplus B})C_I + (A \oplus B)\overline{C_I} = A \oplus B \oplus C_I$$
$$C_0 = \overline{A}BC_I + A\overline{B}C_I + AB\overline{C_I} + ABC_I = (\overline{A}B + A\overline{B})C_I + AB(\overline{C_I} + C_I) = (A \oplus B)C_I + AB$$

(4) 逻辑符号：全加器的逻辑符号如图 7-36 所示。

表 7-14　全加器真值表

输　　入			输　　出	
A	B	C_I	S	C_0
0	0	0	0	0
0	0	1	1	0
0	1	0	1	0
0	1	1	0	1
1	0	0	1	0
1	0	1	0	1
1	1	0	0	1
1	1	1	1	1

图 7-36　全加器
逻辑符号

(5) 串行进位全加器。利用多个一位全加器可组成多位二进制全加器，图 7-37 为 4 位串行加法器逻辑电路。其中 $A_3 \sim A_0$、$B_3 \sim B_0$ 为两个 4 位二进制加数；其和为 $S_3 \sim S_0$；每一位的进位逐位向高位串行传送，最低位 C_I 接地，最高位进位 C_0 即为总进位。该电路属串行加法器，其优点是电路结构简单，缺点是由于串行逐级进位，完成整个运算所需时间较长。

175

（6）集成全加器。74LS283 为 4 位超前进位全加器，图 7-38 为其引脚图。$A_3 \sim A_0$、$B_3 \sim B_0$ 为两个 4 位二进制加数；$S_3 \sim S_0$ 为 4 位和输出；C_I 为来自低位的输入进位，C_O 为总的输出进位。所谓"超前进位"，是根据加法运算前的低位状态直接得到本位进位信号。因此，速度上明显快于逐级传输方法。"超前进位"可有效提高加法器的运算速度。

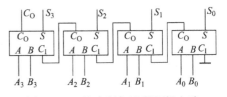

图 7-37　4 位串行加法器逻辑电路

图 7-39 为两片 74LS283 组成的 8 位二进制数加法器电路。两个 8 位二进制数的低 4 位和高 4 位分别从两片 74LS283 $A_3 \sim A_0$ 和 $B_3 \sim B_0$ 输入；芯片（Ⅰ）的输入进位 C_I 接地，输出进位 C_O 连接至芯片（Ⅱ）输入进位 C_I；低 4 位和 $S_3 \sim S_0$ 从芯片（Ⅰ）输出，高 4 位和 $S_7 \sim S_4$ 从芯片（Ⅱ）输出；输出总进位 C_O 即芯片（Ⅱ）输出进位 C_O。

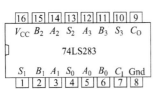

图 7-38　74LS283 引脚图

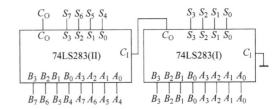

图 7-39　74LS283 组成 8 位二进制数加法器

【复习思考题】

7.11　什么叫组合逻辑电路？有什么特点？

7.12　什么叫编码器和优先编码器？

7.13　什么叫译码器？如何分类？

7.14　试述 74LS138 输入输出与控制端的关系。

7.15　什么叫共阴型和共阳型 LED 数码管？

7.16　什么叫数据选择器？什么叫数据分配器？

7.17　什么叫多路模拟开关？与数据选择器有什么区别？

7.18　全加器与半加器有何区别？

7.3　触发器

数字系统中，不但要对数字信号进行算术运算和逻辑运算，而且还需要将运算结果保存起来。能够存储一位二进制数字信号的逻辑电路称为触发器（Flip-Flop，FF）。与门电路一样，触发器也是组成各种复杂数字系统的一种基本逻辑单元，其主要特征是具有"记忆"功能。因此，触发器也称为半导体存储单元或记忆单元。

7.3.1　触发器基本概念

1. 基本 RS 触发器

（1）电路组成。图 7-40a 为由与非门组成的基本 RS 触发器。图 7-40b 为其逻辑符号。图中 Q、$\bar{Q}$ 端为输出端，逻辑电平值恒相反。Q 和 $\bar{Q}$ 端有两种稳定状态：$Q=1$、$\bar{Q}=0$ 或 $Q=$

0、$\bar{Q}=1$，所以也称为双稳态触发器。S、R 分别称为置 "1" 端和置 "0" 端。即 S 有效时，Q 端输出 "1"；R 有效时，Q 端输出 "0"。图 7-40a 中 $\bar{S}$、$\bar{R}$ 低电平有效，在图 7-40b 中以输入端小圆圈表示。基本 RS 触发器也可由或非门组成，逻辑功能基本相同。

（2）逻辑功能。在描述触发器逻辑功能时，为分析方便，触发器原来的状态称为初态，用 Q^n 表示，触发以后的状态称为次态，用 Q^{n+1} 表示。基本 RS 触发器功能表如表 7-15 所示。

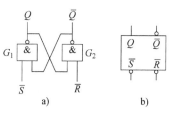

图 7-40　基本 RS 触发器
a）电路　b）逻辑符号

表 7-15　基本 RS 触发器功能表

$\bar{R}$	$\bar{S}$	Q^{n+1}
0	0	不定
0	1	0
1	0	1
1	1	Q^n

（3）功能缺陷。

1）触发时刻不能同步。

基本 RS 触发器的输出状态能跟随输入信号按一定规则相应变化。但在实际应用中，一般仅要求将输入信号 R、S 作为触发器输出状态变化的转移条件，不希望其立即变化。通常需要按一定节拍、在统一的控制脉冲作用下同步改变输出状态。

2）有不定状态。

当 $\bar{S}=0$、$\bar{R}=0$ 时，$Q^{n+1}=\overline{Q^{n+1}}=1$，违背了触发器对 Q 与 $\bar{Q}$ 互补的定义，不允许出现。且触发器具有记忆功能，即触发脉冲消失后，能保持（记忆）原来的输出状态。若 $\bar{S}=0$、$\bar{R}=0$ 触发脉冲同时消失，则要看门 G_1、G_2 传输延迟时间 t_{pd} 的长短。若 G_1 的 t_{pd1} 短，则 G_1 首先翻转，即 $Q=0$，反馈至 G_2 输入端，使 $\bar{Q}=1$；若 G_2 的 t_{pd2} 短，则使 $\bar{Q}=0$、$Q=1$。因此，$\bar{R}\,\bar{S}=00$ 同时消失（即 $\bar{R}\,\bar{S}$ 从 00→11）后的输出状态不定。

2. 基本 RS 触发器的改进

（1）钟控 RS 触发器。钟控 RS 触发器也称同步 RS 触发器，由统一的 CP 脉冲触发翻转。但钟控 RS 触发器属于电平触发，具有 "透明" 特性，存在 "空翻" 现象。即在 $CP=1$ 期间，若 RS 多次变化，Q 也随之多次变化。一般要求，在 CP 有效期间，触发器只能翻转一次。

（2）主从型 RS 触发器。主从型 RS 触发器由两个钟控 RS 触发器即主触发器 F_1 和从触发器 F_2 串接而成，在 CP 脉冲的一个周期内，输出状态只改变一次，而不会多次翻转（空翻），主从触发也称为脉冲触发。但主从型 RS 触发器仍存在 $RS=11$ 时输出状态不定的问题。

（3）JK 触发器。JK 触发器解决了上述不同步、空翻和不定状态的问题，其功能和特点将在 7.3.2 节详述。

（4）边沿触发。边沿触发能根据时钟脉冲 CP 上升沿或下降沿时刻的输入信号转换输出状态，其抗干扰能力和实用性大大提高，因而得到了广泛的应用。目前，触发器中大多采用边沿触发方式。

图 7-41 为边沿触发逻辑符号图，C 端的小 "∧" 表示动态输入，即边沿触发。无小圆圈表示上升沿触发；有小圆圈表示下降沿触发。

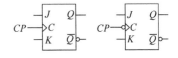

图 7-41　边沿触发
a) 上升沿触发　b) 下降沿触发

（5）初始状态的预置。触发器在实际应用中，常需要在 CP 脉冲到来之前预置输出信号。预置端 $\overline{R}_d$、$\overline{S}_d$ 电平有效时，输出状态立即按要求转换。$\overline{R}_d$、$\overline{S}_d$ 具有强置性质，即与 CP 脉冲无关，与 CP 脉冲不同步，所以称为异步置位端，权位最高。

7.3.2　JK 触发器

JK 触发器具有与 RS 触发器相同功能，且无输出不定状态。其逻辑符号如图 7-42 所示。Q、$\overline{Q}$ 为输出端；$\overline{R}_d$、$\overline{S}_d$ 为预置端，低电平触发有效；$C1$ 为时钟脉冲 CP 输入端；$1J$、$1K$ 为触发信号输入端，其中 1 表示相关联序号，写在后面表示主动信号，写在前面表示被动信号，即在 $C1$ 作用下，将 $1J$、$1K$ 信号注入触发器。在本书后续内容中，为简化图形，"1" 常省略不写。

1. JK 触发器基本特性

（1）功能表。表 7-16 为 JK 触发器功能表（CP 和预置端 $\overline{R}_d$、$\overline{S}_d$ 未列入），其与 RS 触发器的显著区别是无不定输出状态，$JK = 11$ 时，$Q^{n+1} = \overline{Q^n}$。

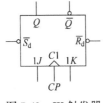

图 7-42　JK 触发器
逻辑符号

表 7-16　JK 触发器功能表

J	K	Q^{n+1}
0	0	Q^n
0	1	0
1	0	1
1	1	$\overline{Q^n}$

（2）特征方程。

$$Q^{n+1} = J\overline{Q^n} + \overline{K}Q^n \tag{7-3}$$

2. 常用 JK 触发器典型芯片介绍

（1）上升沿 JK 触发器 CC 4027。CC 4027 是 CMOS 双 JK 触发器，包含了两个相互独立的 JK 触发器，CP 上升沿触发有效，R_d、S_d 预置端高电平有效，引脚如图 7-43 所示。

（2）下降沿 JK 触发器 74LS112。74LS112 为 TTL 双 JK 触发器，包含了两个相互独立的 JK 触发器，CP 下降沿触发有效，$\overline{R}_d$、$\overline{S}_d$ 预置端低电平有效，引脚如图 7-44 所示。

图 7-43　CC 4027 引脚图　　　　　　图 7-44　74LS112 引脚图

【例 7-8】　已知边沿型 JK 触发器 CP、$\overline{R}_d$、$\overline{S}_d$、J、K 输入波形如图 7-45a 所示，试分别按上升沿触发和下降沿触发画出其输出端 Q 波形。

解：（1）上升沿触发输出波形 Q' 如图 7-45b 所示。

初始，预置端 $\overline{R}_d=0$，$Q'=0$。

1）CP_1 上升沿，$JK=10$，$Q'=1$。

2）CP_2 上升沿，$JK=00$，$Q'=1$（不变）。

3）CP_3 上升沿，$JK=11$，$Q'=0$（取反）。

4）$CP_3=1$ 期间，预置端 $\overline{S}_d=0$，$Q'=1$（强置1）。

5）CP_4 上升沿，$JK=01$，$Q'=0$。

6）$CP_4=1$ 期间，J 有一个窄脉冲，但上升沿已过，J 窄脉冲不起作用。

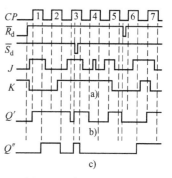

图 7-45　例 7-8 波形图

7）CP_5 上升沿，$JK=11$，$Q'=1$（取反）。

8）CP_5 后，预置端 $\overline{R}_d=0$，$Q'=0$（强置0）。

9）CP_6 上升沿，$JK=00$，$Q'=0$（不变）。

10）CP_7 上升沿，$JK=11$，$Q'=1$。

（2）下降沿触发输出波形 Q'' 如图 7-45c 所示。

初始，预置端 $\overline{R}_d=0$，$Q''=0$；

1）CP_1 下降沿，$JK=10$，$Q''=1$。

2）CP_2 下降沿，$JK=01$，$Q''=0$。

3）CP_3 期间，预置端 $\overline{S}_d=0$，$Q''=1$（强置1）。

4）CP_3 下降沿，$JK=11$，$Q''=0$（取反）。

5）$CP_4=1$ 期间，J 有一个窄脉冲，下降沿未到，J 窄脉冲不起作用。

6）CP_4 下降沿，$JK=01$，$Q''=0$（继续保持0）。

7）CP_5 下降沿，$JK=00$，$Q''=0$（不变）。

8）CP_5 后，预置端 $\overline{R}_d=0$，$Q''=0$（继续保持0）。

9）CP_6 下降沿，$JK=10$，$Q''=1$。

10）CP_7 下降沿，$JK=00$，$Q''=1$（不变）。

【例 7-9】　已知 JK 触发器电路如图 7-46a 所示，输入信号 CP 和 A 信号波形如图 7-46b 所示，设初始 $Q_1^0=Q_2^0=0$，试画出输出端 Q_1、Q_2 波形。

解：从图 7-46a 中看出：两个 JK 触发器均为下降沿触发，且 JK 状态初始相反（10 或 01）。据此，画出输出端 Q_1、Q_2 波形，如图 7-46c 所示。

① CP_1 下降沿，$J_1K_1=10$，$Q_1^1=1$；$J_2K_2=Q_1^0 \overline{Q}_1^0=01$，$Q_2^1=0$。

② CP_2 下降沿，$J_1K_1=01$，$Q_1^2=0$；$J_2K_2=Q_1^1 \overline{Q}_1^1=10$，$Q_2^2=1$。

③ CP_3 下降沿，$J_1K_1=01$，$Q_1^3=0$；$J_2K_2=Q_1^2 \overline{Q}_1^2=01$，$Q_2^3=0$。

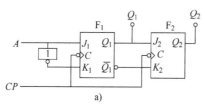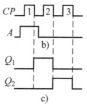

图 7-46　例 7-9 电路和波形

7.3.3 D 触发器

D 触发器只有一个信号输入端 D，实际上是将 D 反相后的 $\bar{D}$ 与原码 D 加到其内部的 RS 触发器的 RS 端，使其 RS 永远互补，从而消除它们之间的约束关系。逻辑符号如图 7-47 所示。$1D$ 端为信号输入端，$C1$ 端加 CP 脉冲，无小圆圈表示上升沿触发有效（集成 D 触发器均为上升沿触发）。$\bar{R}_d$、$\bar{S}_d$ 为预置端，有小圆圈表示低电平有效；无小圆圈表示高电平有效。Q 和 $\bar{Q}$ 端为互补输出端。

1. D 触发器的基本特性

（1）功能表。表 7-17 为 D 触发器功能表（预置端 $\bar{R}_d$、$\bar{S}_d$ 未列入），从表 7-17 中看出，CP 脉冲上升沿触发时，输出信号跟随 D 信号电平。非 CP 脉冲上升沿时刻，输出信号保持不变。

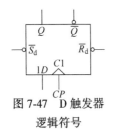

图 7-47　D 触发器
逻辑符号

表 7-17　D 触发器功能表

CP	D	Q^{n+1}
↑	0	0
↑	1	1
非↑	×	Q^n

（2）特征方程。

$$Q^{n+1} = D \tag{7-4}$$

2. 常用 D 触发器典型芯片介绍

（1）TTL D 触发器 74LS74。图 7-48 为 74LS74 引脚图，片内有两个相互独立的 D 触发器。预置端 $\bar{R}_d$、$\bar{S}_d$ 低电平有效。

（2）CMOS D 触发器 CC 4013。图 7-49 为 CC4013 引脚图，片内有两个相互独立的 D 触发器。预置端 R_d、S_d 高电平有效。

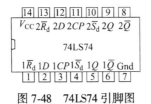

图 7-48　74LS74 引脚图

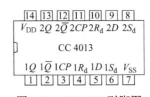

图 7-49　CC 4013 引脚图

【例 7-10】　已知 4013 输入信号 CP、R_d、S_d、D 波形如图 7-50a 所示，试画出输出端 Q 波形（设初态 $Q=1$）。

解：画出输出端 Q 波形，如图 7-50b 所示。

1）CP_1 上升沿，$D=0$，$Q=0$。

2）CP_1 期间，$S_d=1$，$Q=1$（与 CP_1 无关）。

3）CP_2 上升沿，$D=1$，$Q=1$。

4）CP_3 上升沿，$D=0$，$Q=0$；$CP_3=1$ 期间，D 变化对 Q 无影响。

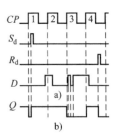

图 7-50　例 7-10 波形图

180

5）CP_4上升沿，$D=1$，$Q=1$。

6）CP_4后，$R_d=1$，$Q=0$。

3. 触发器应用

触发器是时序逻辑电路的基本逻辑单元，可组成分频器、寄存器、计数器、顺序脉冲发生器等。

（1）组成分频电路。分频电路是数字电路中的一种常用功能电路，也是构成计数器的基本部件。所谓分频是将某一频率的信号降低到其 $1/N$，称为 N 分频。若该信号频率为 f，二分频后频率为 $f/2$，三分频后频率为 $f/3$。二分频电路的功能为每来一个 CP 脉冲，触发器输出状态就翻转一次，相当于将 CP 脉冲二分频。

D 触发器构成二分频电路时，D 端须与 $\overline{Q}$ 短接，如图 7-51a 所示。JK 触发器构成二分频电路时，$J=K=1$，如图 7-51b 所示。此时，每来一个 CP 脉冲，触发器就翻转一次。其波形分别如图 7-52a、b 所示。从图 7-51 中看出，Q_1 是对 CP 的二分频，Q_2 是对 Q_1 的二分频（对 CP 是四分频）。

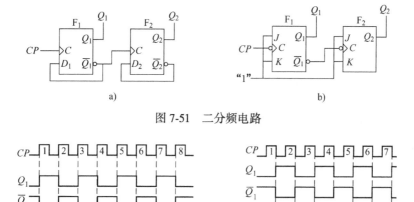

图 7-51 二分频电路

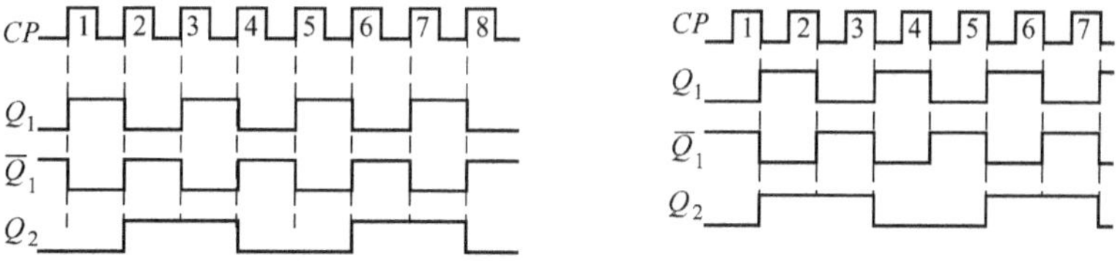

图 7-52 二分频电路波形

（2）数据缓冲。在计算机系统中，功能电路一般挂在总线上，输出信号需有一定的先后次序，或须在某种条件下才能输出。总之，这些功能电路的输出信号是不能随便输出的，其输出端需有一个数据缓冲器，这个数据缓冲器就是 D 触发器。输出信号接 D 触发器的 D 端，控制信号接 D 触发器的 CP 端，在允许输出的时候，给出一个 CP 脉冲，输出信号从 D 触发器的 Q 端或 $\overline{Q}$ 端输出。

【复习思考题】

7.19 基本 RS 触发器有什么功能缺陷？

7.20 什么叫"透明"特性？钟控 RS 触发器有什么缺点？

7.21 触发器中的预置端 $\overline{R}_d$、$\overline{S}_d$ 有什么作用？有条件吗？

7.22 什么叫边沿触发方式？

7.23 简述 JK 触发器的功能。

7.24 什么叫分频？分频电路主要有什么作用？JK 触发器和 D 触发器如何连接构成二

分频电路?

7.25 D 触发器主要有什么应用?

7.4 时序逻辑电路

数字逻辑电路按输出量与电路原来的状态有无关系可分为组合逻辑电路和时序逻辑电路。组合逻辑电路的输出仅取决于输入信号的组合,时序逻辑电路的输出则与输入信号和电路原来的输出状态均有关系。因此,时序逻辑电路具有记忆功能。触发器、寄存器和计数器等均属于时序逻辑电路。

7.4.1 寄存器

能存放一组二进制数码的逻辑电路称为寄存器。在数字电路中,寄存器一般由具有记忆功能的触发器和具有控制功能的门电路组成。寄存器按其功能可分为数码寄存器和移位寄存器。寄存器主要用于在计算机中存放数据和组成加法器、计数器等运算电路。

1. 工作原理

以图 7-53 为例,D 触发器 $F_0 \sim F_3$ 组成 4 位数码寄存器,输入信号为 $D_0 \sim D_3$,输出信号为 $Q_0 \sim Q_3$,CP 脉冲为控制信号,CP 有效(上升沿)时,输入信号 $D_0 \sim D_3$ 分别寄存至 $F_0 \sim F_3$,并从 $Q_0 \sim Q_3$ 输出。

需要注意的是,输入信号 $D_0 \sim D_3$ 必须在 CP 脉冲触发有效前输入,否则将出错。

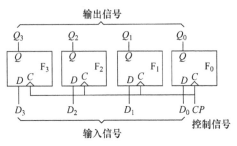

图 7-53 4 位数码寄存器

2. 集成数码寄存器

现代电子电路中,用一个个触发器组成多位数码寄存器已不多见,常用的是集成数码寄存器,即在一片集成电路中,集成 4 个、6 个、8 个甚至更多触发器,例如 74LS175(4D 触发器)、74LS174(6D 触发器)、74LS377(8D 触发器)和 74LS373(8D 锁存器)等。

(1) 8D 触发器 74LS377。图 7-54 为 74LS377 逻辑结构引脚图,内部有 8 个 D 触发器,输入端分别为 $1D \sim 8D$,输出端分别为 $1Q \sim 8Q$,共用一个时钟脉冲,上升沿触发;同时 8 个 D 触发器共用一个控制端 $\overline{G}$,低电平有效。门控端 $\overline{G}$ 的作用是在门控电平有效,且在触发脉冲作用下,允许从 D 端输入数据信号;门控电平无效时,输出状态保持不变。其功能表如表 7-18 所示。

(2) 8D 锁存器 74LS373。74LS373 为 8D 锁存器,图 7-55 为其引脚图。锁存器与触发器的区别在于触发信号的作用范围。触发器是边沿触发,在触发脉冲的上升沿锁存该时刻的 D 端信号,例如 74LS377;锁存器是电平触发,在 CP 脉冲有效期间(74LS373 是门控端 G 高电平),且输出允许($\overline{OE}$ 有效)条件下,Q 端信号随 D 端信号变化而变化,即具有钟控 RS 触发器的"透明"特性,当 CP 脉冲有效结束跳变时,锁存该时刻的 D 端信号。

$\overline{OE}$ 为输出允许(Output Enable),低电平有效,与门控端共同控制输出信号,$\overline{OE}$ 无效时,输出端呈高阻态(相当于断开),表 7-19 为 74LS373 功能表。

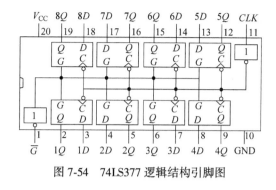

图 7-54　74LS377 逻辑结构引脚图

表 7-18　74LS377 功能表

$\overline{G}$	CLK	D	Q^{n+1}
1	×	×	Q^n
0	↑	0	0
0	↑	1	1
×	0	×	Q^n

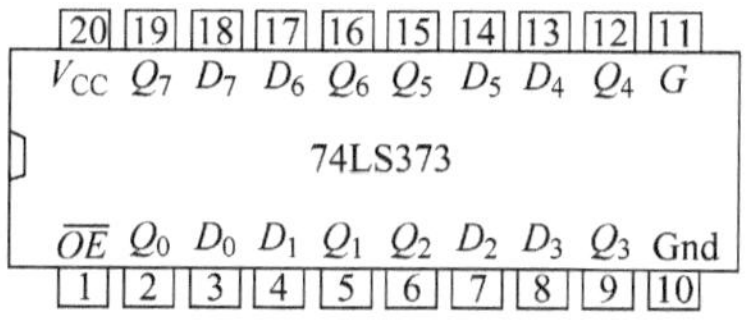

图 7-55　74LS373 引脚图

表 7-19　74LS373 功能表

G	$\overline{OE}$	D	Q^{n+1}
1	0	0	0
1	0	1	1
0	0	×	Q^n
×	1	×	Z(高阻)

8D 锁存器 74LS373 和 8D 触发器 74LS377 在单片计算机并行扩展中得到广泛应用。

3. 移位寄存器

移位寄存器除具有数码寄存功能外，还能使寄存数码逐位移动。按数据移位方向，可分为左移和右移移位寄存器，单向移位型和双向移位型。按数据形式变换，可分为串入并出型和并入串出型。

（1）用途。

1）移位寄存器是计算机系统中的一个重要部件，计算机中的各种算术运算就是由加法器和移位寄存器组成的。例如，将多位数据左移一位，相当于乘以 2 运算；右移一位，相当于除以 2 运算。

2）现代通信中数据传送主要以串行方式传送，而在计算机或智能化通信设备内部，数据则主要以并行形式传送。移位寄存器可以将并行数据转换为串行数据，也可将串行数据转换为并行数据。

（2）工作原理。图 7-56 为移位寄存器原理电路图。数据输入可以串行输入也可并行输入。

数据串行输入时，从最低位触发器 F_0 的 D 端输入，随着 CP 移位脉冲作用，串行数据依次移入 $F_0 \sim F_3$，此时，若从 $Q_3 \sim Q_0$ 输出，则为并行输出；若从 F_3 的 Q_3 端输出，则为串行输出，若在 F_3 左侧再级联更多触发器，则可组成 8 位、16 位或更多位并行数据。

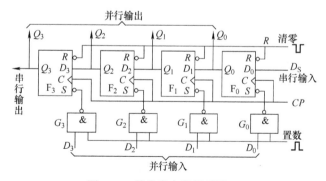

图 7-56　移位寄存器原理图

数据并行输入时，分两步接收。第一步先用清零脉冲把各触发器清 0；第二步利用置数脉冲打开 4 个与非门 $G_3 \sim G_0$，将并行数据 $D_3 \sim D_0$ 置入 4 个触发器，然后再在 CP 移位脉冲作用下，逐位从 Q_3 端串行输出。

（3）集成移位寄存器。常用集成移位寄存器，TTL 芯片主要有 74LS164、74LS165 等，CMOS 芯片主要有 CC 4014、CC 4094 等。

1）串入并出 8 位移位寄存器 74LS164。图 7-57 为 74LS164 引脚图，表 7-20 为其功能表。

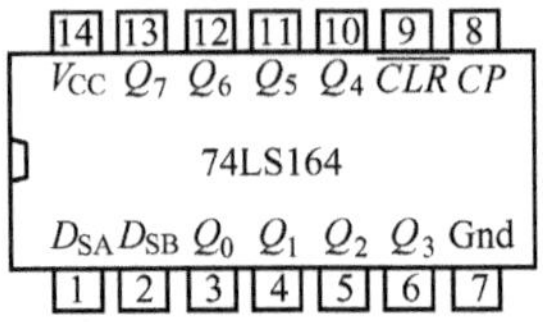

$Q_0 \sim Q_7$：并行数据输出端。

图 7-57 74LS164 引脚图

表 7-20 74LS164 功能表

$\overline{CLR}$	CP	D_{SA}	D_{SB}	Q_0	Q_1	Q_2	Q_3	Q_4	Q_5	Q_6	Q_7	功能
0	×	×	×	0	0	0	0	0	0	0	0	清 0
1	↑	1	1	1	Q_0^n	Q_1^n	Q_2^n	Q_3^n	Q_4^n	Q_5^n	Q_6^n	移位
1	↑	0	×	0	Q_0^n	Q_1^n	Q_2^n	Q_3^n	Q_4^n	Q_5^n	Q_6^n	
1	↑	×	0	0	Q_0^n	Q_1^n	Q_2^n	Q_3^n	Q_4^n	Q_5^n	Q_6^n	
1	0	×	×	Q_0^n	Q_1^n	Q_2^n	Q_3^n	Q_4^n	Q_5^n	Q_6^n	Q_7^n	保持

D_{SA}、D_{SB}：串行数据输入端；当 $D_{SA} D_{SB} = 11$ 时，移入数据为 1。

当 D_{SA}、D_{SB} 中有一个为 0 时，移入数据为 0。实际运用中，常将 D_{SA}、D_{SB} 短接，串入数据同时从 D_{SA}、D_{SB} 输入。需要注意的是，串入数据从最低位 Q_0 移入，然后依次移至 $Q_1 \sim Q_7$。

$\overline{CLR}$：并行输出数据清 0 端，低电平有效。

CP：移位脉冲输入端，上升沿触发。

2）并入串出 8 位移位寄存器 74LS165。图 7-58 为 74LS165 引脚图，表 7-21 为其功能表。

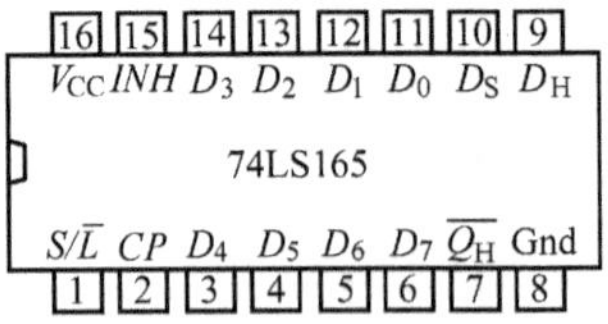

图 7-58 74LS165 引脚图

表 7-21 74LS165 功能表

$S/\overline{L}$	INH	CP	D_S	D_0	D_1	D_2	D_3	D_4	D_5	D_6	D_7	Q_0	Q_1	Q_2	Q_3	Q_4	Q_5	Q_6	Q_7	Q_H	$\overline{Q_H}$	功能
0	×	×	×	d_0	d_1	d_2	d_3	d_4	d_5	d_6	d_7	d_0	d_1	d_2	d_3	d_4	d_5	d_6	d_7	d_7	$\overline{d_7}$	置入数据
1	0	0	×	×	×	×	×	×	×	×	×	Q_0^n	Q_1^n	Q_2^n	Q_3^n	Q_4^n	Q_5^n	Q_6^n	Q_7^n	Q_7^n	$\overline{Q_7^n}$	保持
1	1	×	×	×	×	×	×	×	×	×	×	Q_0^n	Q_1^n	Q_2^n	Q_3^n	Q_4^n	Q_5^n	Q_6^n	Q_7^n	Q_7^n	$\overline{Q_7^n}$	
1	×	1	×	×	×	×	×	×	×	×	×	Q_0^n	Q_1^n	Q_2^n	Q_3^n	Q_4^n	Q_5^n	Q_6^n	Q_7^n	Q_7^n	$\overline{Q_7^n}$	
1	↑	0	0	×	×	×	×	×	×	×	×	0	Q_0^n	Q_1^n	Q_2^n	Q_3^n	Q_4^n	Q_5^n	Q_6^n	Q_6^n	$\overline{Q_6^n}$	移位
1	↑	0	1	×	×	×	×	×	×	×	×	1	Q_0^n	Q_1^n	Q_2^n	Q_3^n	Q_4^n	Q_5^n	Q_6^n	Q_6^n	$\overline{Q_6^n}$	
1	0	↑	0	×	×	×	×	×	×	×	×	0	Q_0^n	Q_1^n	Q_2^n	Q_3^n	Q_4^n	Q_5^n	Q_6^n	Q_6^n	$\overline{Q_6^n}$	
1	0	↑	1	×	×	×	×	×	×	×	×	1	Q_0^n	Q_1^n	Q_2^n	Q_3^n	Q_4^n	Q_5^n	Q_6^n	Q_6^n	$\overline{Q_6^n}$	

数据输入既可并行输入又可串行输入：串行数据输入端 D_S，并行数据输入端 $D_0 \sim D_7$。

$S/\overline{L}$ 为移位/置数控制端，$S/\overline{L}=0$，芯片从 $D_0 \sim D_7$ 置入并行数据；$S/\overline{L}=1$，芯片在时钟脉冲作用下，允许移位操作。

串行数据输出端 Q_H、$\overline{Q_H}$，且 Q_H 与 $\overline{Q_H}$ 互补。

时钟脉冲输入端有两个：CP 和 INH，功能可互换使用。一个为时钟脉冲输入（CP 功能），另一个为时钟禁止控制端（INH 功能）。当其中一个为高电平时，该端履行 INH 功能，禁止另一端时钟输入；当其中一个为低电平时，允许另一端时钟输入，时钟输入上升沿有效。

串入并出移位寄存器 74LS164 和并入串出移位寄存器 74LS165 在单片计算机串行扩展中得到广泛应用。

7.4.2 计数器

统计输入脉冲个数的过程叫作计数，能够完成计数工作的数字电路称为计数器。计数器不仅可用来对脉冲计数，而且广泛用于分频、定时、延时、顺序脉冲发生和数字运算等。

1. 计数器基本概念

计数器一般由触发器组成。计数器按计数长度可分为二进制、十进制和 N 进制计数器；按计数增减趋势可分为加法计数器、减法计数器和可逆计数器；按计数脉冲引入方式可分为异步计数器和同步计数器。

（1）电路和工作原理。现以异步二进制加法计数器为例分析计数器。

图 7-59a 为由 JK 触发器组成的异步二进制加法计数器，$JK=11$，每来一个 CP 脉冲（下降沿触发），电路就翻转计数。

图 7-59b 为由 D 触发器组成的异步二进制加法计数器，$\overline{Q}$ 端与 D 端相接，每来一个 CP 脉冲（上升沿触发），电路就翻转计数。

画出它们的时序波形分别如图 7-60a、b 所示。根据时序波形图列出异步二进制加法计数器状态转换表，如表 7-22 所示，画出状态转换图，如图 7-61 所示。从表 7-22 中得出，3 个触发器最多可构成 $2^3=8$ 种状态，即最大可构成八进制计数器，推而广之，n 个触发器最大可构成 2^n 进制计数器。

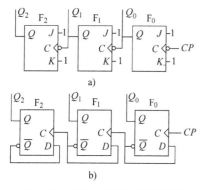

图 7-59　异步二进制加法计数器

a）由 JK 触发器组成　b）由 D 触发器组成

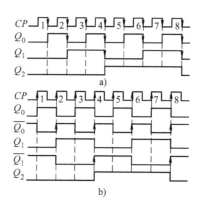

图 7-60　异步二进制加法计数器时序波形图

a）下降沿触发　b）上升沿触发

表 7-22　二进制加法计数器状态转换表

CP	Q_2	Q_1	Q_0	CP	Q_2	Q_1	Q_0
0	0	0	0	4	1	0	0
1	0	0	1	5	1	0	1
2	0	1	0	6	1	1	0
3	0	1	1	7	1	1	1

从图 7-60 中看出，Q_0 的频率只有 CP 的 $1/2$，Q_1 的频率只有 CP 的 $1/4$，Q_2 的频率只有 CP 的 $1/8$。即计数脉冲每经过一个触发器，输出信号频率就下降 $1/2$。由 n 个触发器组成的二进制加法计数器，其末级触发器输出信号频率为 CP 脉冲频率的 $1/2^n$，即实现对 CP 的 2^n 分频。

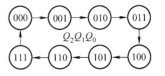

图 7-61　二进制加法计数器状态转换图

（2）异步计数器和同步计数器。异步计数器是指计数脉冲未同时加到组成计数器的所有触发器的时钟输入端，只作用于其中一些触发器的时钟输入端，各触发器翻转时刻不同步。

同步计数器是指计数脉冲同时加到各触发器的时钟输入端，在时钟脉冲触发有效时同时翻转，即各触发器翻转时刻同步。

异步计数器与同步计数器相比，有以下特点：

1）异步计数器电路结构简单；同步计数器电路结构相对稍复杂些。

2）异步计数器组成计数器的触发器的翻转时刻不同。同步计数器的翻转由时钟脉冲同时触发，翻转时刻同步。

3）异步计数器工作速度较慢。由于异步计数器后级触发器的触发脉冲需依靠前级触发器的输出，而每个触发器信号的传递均有一定的延时，因此其计数速度受到限制，工作信号频率不能太高。

同步计数器工作速度较快。这是因为 CP 脉冲同时触发同步计数器中的全部触发器，各触发器的翻转与 CP 同步，允许有较高的工作信号频率。

4）异步计数器译码时易出错。由于触发器信号传递有一定延时时间，若将计数器在延时过渡时间范围内的状态译码输出，则会产生错误（延时过渡结束稳定后，无错）。

同步计数器译码时不会出错。虽然触发器信号传递也有一定延时时间，甚至各触发器的延时时间也有快有慢，在这个延时时间范围内的过渡状态也有可能不符合要求，但由于有统一时钟 CP，可将 CP 脉冲同时控制译码，仅在翻转稳定后译码，则译码输出不会出错。

（3）N 进制计数器。除二进制计数器外，在实际应用中，常要用到十进制和任意进制计数器。

十进制计数器有 0~9 十个数码，需要 4 个触发器才能满足要求，但 4 个触发器共有 $2^4 = 16$ 种不同状态，其中 1010~1111 六种状态属冗余码（即无效码），应予剔除。因此，十进制计数器实际上是 4 位二进制计数器的改型，是按二-十进制编码（一般为 8421 BCD 码）的计数器。

N 进制计数器是在二进制和十进制计数器的基础上，运用级联法、反馈法获得的。级联法由若干个低于 N 进制的计数器串联而成。如十进制计数器由一个二进制和一个五进制串联而成，即 2×5＝10；反馈法是由一个高于 N 进制的计数器缩减而成。缩减的方法主要有反馈复位法、反馈置数法等。

2. 集成计数器

用触发器组成计数器，电路复杂且可靠性差。实际应用中，均用集成计数器。

现以 74LS160/161 为例，介绍集成计数器。74LS160/161 为同步可预置计数器，74LS160 为十进制计数器(最大计数值 10)；74LS161 为二进制计数器(最大计数值 16)。功能表如表 7-23，引脚图如图 7-62 所示。其中：

表 7-23　74LS160/161 功能表

$\overline{CLR}$	$\overline{LD}$	CP	CT_T	CT_P	功　能
0	×	×	×	×	清零
1	0	↑	×	×	置数
1	1	↑	1	1	计数
1	1	×	0	×	保持
1	1	×	×	0	保持

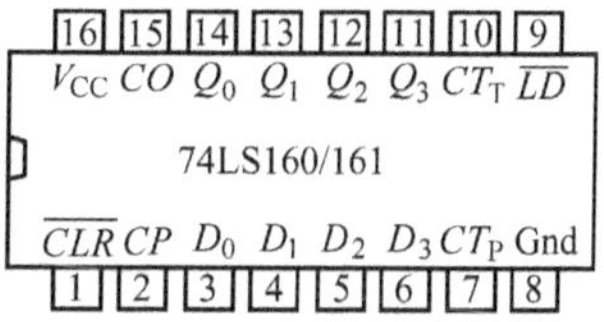

图 7-62　74LS160/161 引脚图

$\overline{CLR}$：异步清零端，低电平有效。$\overline{CLR}＝0$ 时，$Q_3Q_2Q_1Q_0＝0000$。

$\overline{LD}$：同步置数端，低电平有效。$\overline{LD}＝0$ 时，在 CP 上升沿，将并行数据 $D_3D_2D_1D_0$ 置入片内触发器，并从 Q_3、Q_2、Q_1、Q_0 端分别输出，即 $Q_3Q_2Q_1Q_0＝D_3D_2D_1D_0$。

CT_T、CT_P：计数允许控制端。$CT_T \cdot CT_P＝1$ 时允许计数；$CT_T \cdot CT_P＝0$ 时禁止计数，保持输出原状态。CT_T、CT_P 可用于级联时超前进位控制。

$D_3 \sim D_0$：预置数据输入端。

$Q_3 \sim Q_0$：计数输出端。

CO：进位输出端。

CP：时钟脉冲输入端，上升沿触发。

利用 74LS160/161 可以很方便地组成 N 进制计数器(N 须小于最大计数值)。

【例 7-11】　试利用 74LS161 构成十二进制(M12)计数器。

解：利用 74LS161 构成十二进制计数器，可有多种方法，现举例说明如下：

(1) 反馈置数法。图 7-63a 为 74LS161 利用反馈置数法构成十二进制计数器，其计数至 1011 时，$Q_3Q_1Q_0$ 通过与非门全 1 出 0，置数端 $\overline{LD}＝0$，重新置入 $Q_3Q_2Q_1Q_0＝D_3D_2D_1D_0＝0000$。该电路状态转换图如图 7-63b 所示。

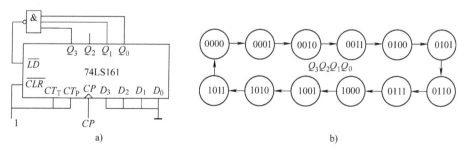

图 7-63　反馈置数法构成 M12 计数器

a) 电路图　b) 状态转换图

（2）反馈复位法。图 7-64a 为 74LS161 利用反馈复位法构成十二进制计数器，计数至 1100 时，Q_3Q_2 通过与非门全 1 出 0，复位端 $\overline{CLR}=0$，复位 $Q_3Q_2Q_1Q_0=0000$，该电路状态转换图如图 7-64b 所示。

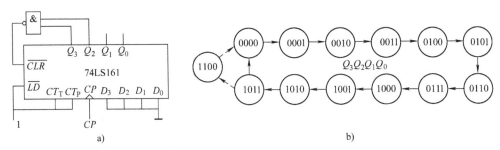

图 7-64　反馈复位法构成 M12 计数器

a）电路图　b）状态转换图

图 7-64a 与图 7-63a 有什么不同？为什么图 7-63a 是计数到 1011，而图 7-64a 要计数到 1100？图 7-63a 是反馈到同步置位端 $\overline{LD}$，而同步置位的条件是要有 CP 脉冲，因此计数至 1011 后，需等待至下一 CP 上升沿，才能置数 0000。而图 7-64a 是反馈到异步复位端 $\overline{CLR}$，异步复位是不需要 CP 脉冲的，电路计数至 1100 瞬间，即能产生复位信号，1100 存在时间约几纳秒，因此实际上 1100 状态是不会出现的。但是在要求较高的场合，这类电路仍有可能出错，应采用 RC 滤波电路吸收该干扰窄脉冲。

（3）进位信号置位法。需要说明的是，对 N 进制计数器的广义理解，并不仅是计数 0→N，只要有 N 种独立的状态，计满 N 个计数脉冲后，状态能复位循环的时序电路均称为模 N 计数器，或称为 N 进制计数器。

图 7-65a 为 74LS161 利用进位信号 CO 置位，构成 M12 计数器。进位信号产生于 1111，数据输入端接成 0100，计数从 0100 开始，至 1111 时，触发 74LS161 重新置位 0100，则从 0100→1111 共有 12 种状态构成 M12 计数器，其状态转换图如图 7-65b 所示。

集成计数器品种繁多，应用方便。读者可参阅有关技术资料。

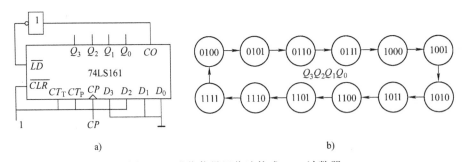

图 7-65　进位信号置位法构成 M12 计数器

a）电路图　b）状态转换图

3. 计数器应用举例

计数器主要用于计数、分频。此外，还常用于测量脉冲频率和脉冲宽度（或周期），组成定时电路、数字钟和顺序脉冲发生器等。

（1）测量脉冲频率。脉冲频率测量示意电路框图如图 7-66 所示。被测脉冲从与门的一个输入端输入，取样脉冲从与门的另一个输入端输入。无取样脉冲时，与门关；有取样脉冲时，与门开，被测脉冲进入计数器计数，若取样脉冲的宽度 T_W 已知，则被测脉冲的频率 $f = N/T_W$。若将取样脉冲的宽度 T_W 设定为 1 s，0.1 s，0.01 s，…，则被测脉冲的频率就为 N，$10N$，$100N$，…，可经过译码直接显示出来。

取样脉冲的产生可用石英晶体（精度高）振荡器振荡产生，并经十进制计数器逐级分频而得，例 100 kHz 晶体振荡器，10 分频后为 10 kHz（$T = 0.1$ ms），再 10 分频（$T = 1$ ms），再 10 分频（$T = 10$ ms），…。

（2）测量脉冲宽度。测量脉冲宽度的方法与测量脉冲频率类似，但被测脉冲代替了取样脉冲的位置，而与门的另一个输入端输入单位时钟脉冲（频率较高），如图 7-67 所示。设单位时钟脉冲的周期为 T_0，则被测脉冲宽度 $T_W = NT_0$。例如，若 $T_0 = 1$ μs，则 $T_W = N$ μs。

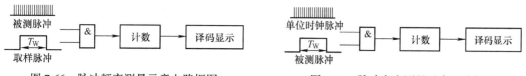

图 7-66　脉冲频率测量示意电路框图　　　　图 7-67　脉冲宽度测量示意电路框图

（3）组成定时电路和数字钟。若已知 CP 脉冲周期 T_0，则计数 N 个 CP 脉冲就可得到 $t = NT_0$ 的定时时间。单片机中的定时器就是根据这一原理设计的。精确的定时电路经计数器计数还可组成数字钟，其框图如图 7-68 所示。秒和分显示位分别为 6×10 计数，而时计数除驱动时译码显示外，还应有 M24 计数器，计数满 24，产生一个复位脉冲，使时计数器清 0。

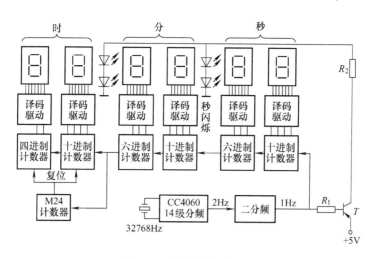

图 7-68　数字钟电路框图

秒基准信号由 CC 4060 和二分频电路组成。除作为秒个位十进制计数器的 CP 脉冲外，同时可作为秒闪烁冒号（用两个发光二极管串联组成）驱动信号。

CC 4060 为 14 级二进制串行计数器/分频器，其引脚图如图 7-69 所示，CC 4060 由两部分组成，一部分是 14 级分频器，另一部分是振荡器，如图 7-70 所示。振荡器需外接 RC 网络（或石英晶体），振荡频率 $f_0 \approx 1/2.2RC$（详细分析参阅 8.2.2 节）。CC 4060 采用双列直插

DIP16 封装，引脚较少，其中 Q_1、Q_2、Q_3 及 Q_{11} 没有相应输出引脚，因此，输出的分频系数只有 $2^4 \sim 2^{10}$ 及 $2^{12} \sim 2^{14}$，分别从 $Q_4 \sim Q_{10}$ 及 $Q_{12} \sim Q_{14}$ 输出。

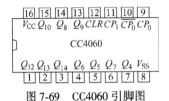

图 7-69 CC4060 引脚图

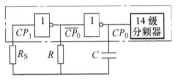

图 7-70 CC4060 振荡器结构框图

由 CC 4060 组成的精确秒信号电路如图 7-71 所示。电路选用 32768 Hz 晶体振荡器，各种电子钟、电子表和计算机内部时钟均用此晶体振荡器，只要晶体振荡器频率精确，电路振荡稳定，分频后秒信号就精确。32768 Hz 经 2^{14} 分频后为 2 Hz，再经过一个由 D 触发器组成二分频电路，就得到 1 Hz 秒脉冲，D 触发器选用 74HC74（双 D 触发器），以与 CMOS 电平匹配，74HC74 输出最大电流可达 4 mA，正好用于驱动发光二极管，不需另加驱动电路。晶体振荡电路采用典型应用电路，其中 R_F 为直流负反馈电阻，一般取 2 MΩ

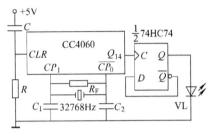

图 7-71 CC4060 组成秒信号电路

左右，使 CC 4060 内部与非门工作于传输特性的线性转折区；C_1、C_2 用于稳定振荡，一般取几十皮法；RC 组成上电复位电路，在接通电源瞬间产生一个微分脉冲，使 CC 4060 输出清 0，RC 一般取 10 kΩ/10 μF。

（4）产生顺序脉冲。在数字系统中常需要一些串行周期性信号，在每个循环周期中，1 和 0 数码按一定规则顺序排列，这种信号称为序列脉冲信号。若每个循环周期中，1 的个数只有一个，则称为顺序脉冲信号。

能产生顺序脉冲的电路称为顺序脉冲发生器，顺序脉冲发生器一般由计数器和译码器组成。CC 4017 为 CMOS 十进制计数/分频器，其内部由计数器和译码器两部分电路组成，即兼有计数和译码功能，能实现对输入 CP 脉冲的信号分配，是一种应用广泛的数字集成电路。图 7-72 为其引脚图，图 7-73 为其时序波形图，表 7-24 为其功能表。

图 7-72 CC 4017 引脚图

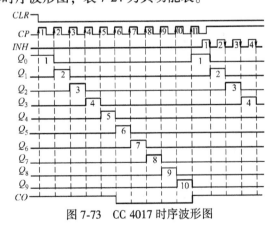

图 7-73 CC 4017 时序波形图

表 7-24 CC 4017 功能表

输 入			输 出	
CLR	CP	INH	$Q_0 \sim Q_9$	CO
1	×	×	$Q_0 = 1$	—
0	↑	0	计数	$Q_0 \sim Q_4 = 1$ 时，$CO = 1$；$Q_5 \sim Q_9 = 1$ 时，$CO = 0$；
0	1	↓		
0	0	×	保持	
0	×	1		
0	↓	×		
0	×	↑		

CC 4017 有 2 个 *CP* 脉冲输入端：*CP* 和 *INH*，类似于 7.4.1 中介绍的 74LS165。当 *CP* 端输入时钟脉冲时，*INH* 端应接低电平；此时时钟脉冲上升沿触发计数；当从 *INH* 端输入时钟脉冲时，*CP* 端应接高电平，此时时钟脉冲下降沿触发计数。或者说：当需要上升沿触发时，时钟脉冲应从 *CP* 端输入，*INH* 端接低电平；当需要下降沿触发时，时钟脉冲应从 *INH* 端接输入，*CP* 端应接高电平。另外，在 *CP* 端低电平期间或 *INH* 端高电平期间，时钟脉冲从另一时钟端输入均不会触发计数；*CP* 端输入的下降沿和 *INH* 端输入的上升沿也不会触发计数。

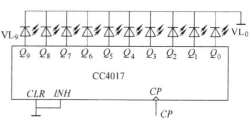

图 7-74 循环灯电路

图 7-74 为应用 CC4017 实现的循环灯电路，在 *CP* 脉冲作用下，$VL_0 \sim VL_9$ 依次点亮，每次亮一个，不断循环(注意 *CP* 脉冲频率不要太高，以视觉能辨别为宜，否则 10 个 LED 灯相当于全部点亮)。

【复习思考题】

7.26 什么叫时序逻辑电路？有什么特点？

7.27 寄存器输入信号的输入时刻有什么要求？

7.28 8D 触发器与 8D 锁存器有什么区别？

7.29 移位寄存器主要有什么用途？

7.30 简述移位寄存器数据输入/输出形式。

7.31 集成计数器中，欲使计数器输出端为 0 有几种方法？

7.32 集成计数器中，如何理解清 0 异步同步、置位异步同步？

7.33 图 7-63 与图 7-64 电路的状态转换图有什么区别？

7.34 如何从广义上理解模 *N* 进制计数器？

7.5 半导体存储器

存储器是一种能存储二进制数据的器件。存储器按其材料组成主要可分为磁存储器和半导体存储器。磁存储器的主要特点是存储容量大，但读写速度较慢。早期的磁存储器是磁心存储器，后来有磁带、磁盘存储器，目前微机系统仍在应用的硬盘就属于磁盘存储器。半导体存储器是由半导体存储单元组成的存储器，读写速度快，但存储容量相对较小，随着半导体存储器技术的快速发展，半导体存储器的容量越来越大。本节分析研究半导体存储器。

1. 存储器的主要技术指标

（1）存储容量。能够存储二进制数码 1 或 0 的电路称为存储单元，一个存储器中有大量的存储单元。存储容量即存储器含有存储单元的数量。存储容量通常用位(bit)或字节(Byte，缩写为大写字母 B)表示。位是构成二进制数码的基本单元，通常 8 位组成 1 字节，由一个或多个字节组成一个字(Word)。因此，存储器存储容量的表示方式有两种：

一种是按位存储单元数表示。例如，存储器有 32 768 个位存储单元，存储容量可表示为 32 Kbit。其中 1 Kbit = 1024 bit，1024 bit×32 = 32768 bit。

另一种是按字节单元数表示。例如，存储器有 32 768 个位存储单元，可表示为 4 KB，

$(4×1024×8)$ bit $=32768$ bit。

（2）存取周期。连续两次读（写）操作间隔的最短时间称为存取周期。存取周期表明了读写存储器的工作速度，不同类型的存储器存取周期相差很大。快的约纳秒级，慢的约几十毫秒。

2. 存储器结构

图 7-75 为存储器结构示意图，存储器主要由地址寄存器、地址译码器、存储单元矩阵、数据缓冲器和控制电路组成，与外部电路的连接有地址线、数据线和控制线。

（1）存储单元地址。由于存储器有大量的存储单元，因此，每一存储单元有一个相应的编码，称为存储单元地址。8 位地址编码可区分 $2^8 = 256$ 个存储单元，n 位地址编码可区分 2^n 个存储单元。

（2）地址寄存器和地址译码器。地址寄存器和地址译码器的作用是寄存 n 位地址并将其译码为选通相应存储单元的信号。由于存储器中存储单元的数量

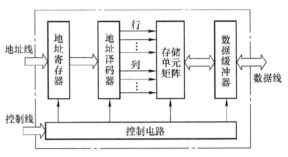

图 7-75 存储器结构示意图

很多，选通 $2^8 = 256$ 个存储单元需要 256 条选通线，选通 $2^{16} = 65536$ 个存储单元需要 65536 条选通线，这是难以想象的。事实上地址译码器输出的选通信号线分为行线和列线。例如，16 条行线和 16 条列线能选通 $2^{16} = 65536$ 个存储单元。

（3）存储单元矩阵。存储单元矩阵就是存储单元按序组成的矩阵，是存储二进制数据的实体。

（4）数据缓冲器。存储器输入/输出数据须通过数据缓冲寄存器，数据缓冲器是三态的。输入（写）时，输入数据存放在数据缓冲寄存器内，待地址选通和控制条件满足时，才能写入相应存储单元。输出（读）时，待控制条件满足，数据线"空"（其他挂在数据线上的器件停止向数据线输出数据，对数据线呈高阻态）时，才能将输出数据放到数据线上，否则会发生"撞车"（高低电平数据短路）。

（5）控制电路。控制电路是产生存储器操作各种节拍脉冲信号的电路。主要包括片选控制 CE（Chip Enable），输入（写）允许 WE（Write Enable）和输出（读）允许 OE（Output Enable）信号。控制电平为低电平时用 $\overline{CE}$、$\overline{WE}$、$\overline{OE}$ 表示。

3. 存储器的读/写操作

（1）存储器写操作步骤。

1）写存储器的主器件将地址编码信号放在地址线上，同时使存储器片选控制信号 CE 有效。

2）存储器地址译码器根据地址信号选通相应存储单元。

3）主器件将写入数据信号放在数据线上，同时使存储器输入允许信号 WE 有效。

4）存储器将数据线上的数据写入已选通的存储单元。

（2）存储器读操作步骤。

1）读存储器的主器件将地址编码信号放在地址线上，同时使存储器片选控制信号 CE 有效。

2）存储器地址译码器根据地址信号选通相应存储单元，同时将被选通存储单元与数据

缓冲器接通，被选通存储单元数据被复制进入数据缓冲器暂存（此时数据缓冲器对数据线呈高阻态）。

3）主器件使存储器输出允许信号 OE 有效，存储器数据缓冲器中的数据被放在数据线上。

4）主器件从数据线上读入数据。

4. 半导体存储器的分类

半导体存储器按其使用功能可分为两大类。

（1）只读存储器（Read Only Memory, ROM）。ROM 一般用来存放固定的程序和常数，如微机的管理程序、监控程序、汇编程序以及各种常数、表格等。其特点是信息写入后，能长期保存，不会因断电而丢失，并要求使用时，信息（程序和常数）不能被改写。所谓"只读"，是指不能随机写入。当然并非完全不能写入，若完全不能写入，则读出的内容从何而来？要对 ROM 写入必须在特定条件下才能完成写入操作。

（2）随机存取存储器（Random Access Memory, RAM）。RAM 主要用于存放各种现场的输入/输出数据和中间运算结果。其特点是能随机读出或写入，读写速度快（能跟上微机快速操作）、方便（不需特定条件）。缺点是断电后，被存储的信息丢失，不能保存。

5. 只读存储器（ROM）

ROM 分类概况如图 7-76 所示。

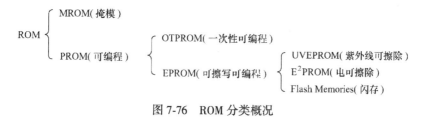

图 7-76　ROM 分类概况

按用户能否编程可分为掩模 ROM（Mask ROM, MROM）和可编程 ROM（Programmable ROM, PROM）。可编程 ROM 又可分为一次性可编程 ROM（One Time Programmable ROM, OTP ROM）和可擦写可编程 ROM（Erasable Programmable ROM, EPROM）。可擦写可编程 ROM 又可分为紫外线可擦除 EPROM（Ultra-Violet EPROM, UVEPROM）和电可擦除 EPROM（Electrically EPROM, EEPROM 或 E^2PROM）以及近年来应用极其广泛的闪存（Flash Memories）。

（1）掩模 ROM（Mask ROM）。掩模 ROM 的特点是用户无法自行写入，必须委托生产厂商在制造芯片时一次性写入。显然，掩模 ROM 适用于大批量成熟产品。掩模 ROM 价格低廉，性能稳定可靠。

（2）一次性可编程 ROM（OTP ROM）。OTP ROM 的特点是用户可自行一次性编程，但一次性编程后不能修改，因此，OTP ROM 也仅适用于成熟产品，不能作为试制产品应用。OTP ROM 价格低廉，性能稳定可靠，是当前 ROM 应用主流品种之一。

（3）紫外线可擦除 EPROM（UV EPROM）。UV EPROM 在封装上有一个圆形透明石英玻璃窗，强紫外线照射一定时间后，存储单元处于 1 状态。写入 0 时，加编程电压 V_{PP}，早期 UV EPROM 芯片 $V_{PP} = 21\,V$，后来降至 12.5 V，约经过 50 ms，才能完成写入 0（存储 1 时不写入)。数据写入后，透明玻璃窗应贴上不透明的保护层，否则在正常光线照射下，雪崩注入浮栅中的电荷也会慢慢泄漏，从而丢失写入 UVEPROM 的数据信息。

UV EPROM 可多次(1000 次以上)擦写，但擦写均不方便，擦除时需专用的 UV EPROM 擦除器(产生强紫外线)；写入时需编程电源 V_{PP}(电压高)，写入时间也很长，不能在线改写(读 UV EPROM 很快，小于 250 ns，可在线读)；且 UV EPROM 价格较贵。在十几年之前，UV EPROM 曾经是 ROM 应用主流品种，目前已让位于价廉、擦写方便的 Flash Memories。

需要说明的是，在多数有关技术资料中，常将 UV EPROM 简称为 EPROM。

(4) 电可擦除 EPROM(E^2PROM)。UV EPROM 擦除时需强紫外线，且需整片擦除，不能按字节擦写，写入速度很慢，因此应用极不方便。E^2PROM 擦除时不需紫外线，且可按字节擦写其中一部分，写入速度较快，应用相对方便，但价格比 UV EPROM 稍贵。

(5) 快闪存储器(Flash Memories)。Flash Memories 也属于 E^2PROM，其内部结构与 E^2PROM 相类似，擦写速度比 E^2PROM 快得多，擦写电压也降至 5 V，已达到可以在线随机读写应用状态，擦写次数达 10 万次以上，且价格低廉。因此，目前已成为 ROM 应用主流品种之一(另两种是 MaskROM 和 OTPROM)，应用广泛，甚至有逐步取代硬盘和 RAM 的趋势。

6. 随机存取存储器(RAM)

随机存取存储器的主要特点是读写方便，且速度快，能在线随机读写。但断电后，信息丢失，不能保存。

按存储信息的方式，RAM 可以分成静态 RAM(Static RAM，SRAM)和动态 RAM(Dynamic RAM，DRAM)。

(1) 静态 RAM。静态 RAM 的优点是读写速度快，缺点是电路较复杂，因此集成后，存储容量较小。

(2) 动态 RAM。动态 RAM 的优点是电路简单，便于大规模集成，存储容量大，成本低；缺点是需要刷新操作。动态 RAM 主要用于当前计算机的内存。

(3) RAM 6264 芯片简介。6264 是 CMOS 静态 RAM，存储容量 8 K×8 位，存取时间小于 200 ns，电源电压+5 V。表 7-25 为 6264 工作方式功能表，图 7-77 为其引脚图。$A_0 \sim A_{12}$ 为 13 位地址输入端，可选通 $2^{13}=8192=1024\times8B=8$ KB，每字节 8 位，8 K×8 bit =64 Kbit。因此 6264 后二位数字代表了它的存储容量。$I/O_0 \sim I/O_7$ 为 8 位数据输入/输出端；$\overline{CE_1}$、CE_2 为片选端。$\overline{CE_1}$ 低电平有效；CE_2 高电平有效；$\overline{CE_1}$、CE_2 全部有效时，存储芯片才能工作；$\overline{OE}$ 为输出允许，低电平有效；$R/\overline{W}$ 为读/写控制端，$R/\overline{W}=1$，读；$R/\overline{W}=0$，写；NC 为空脚；V_{CC}、Gnd 为正电源和接地端。

表 7-25　6264 工作方式功能表

工作状态	$\overline{CE_1}$	CE_2	$\overline{OE}$	$R/\overline{W}$	I/O
读	0	1	0	1	输出数据
写	0	1	×	0	输入数据
维持	1	×	×	×	高阻
	×	0	×	×	
输出禁止	0	1	1	1	高阻

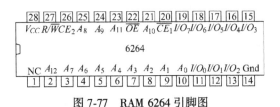

图 7-77　RAM 6264 引脚图

【复习思考题】

7.35 简述存储器容量用位或字节表示的区别。

7.36 存储器主要有哪些组成部分？简述其作用。

7.37 存储器数据输出为什么需要数据缓冲器？

7.38 存储器控制使能端，CE、OE、WE 各代表什么含义？

7.39 简述存储器读/写操作步骤。

7.40 什么叫 ROM？什么叫 RAM？各有什么特点和用途？

7.41 简述 ROM 分类概况及其特点。

7.42 简述 RAM 分类概况及其特点。

7.6 习题

7-1 已知 74LS 系列三输入端与非门电路如图 7-78 所示，其中两个输入端分别接输入信号 A、B，另一个输入端为多余引脚。试分析电路中多余引脚的接法是否正确。

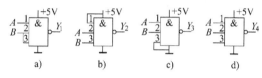

图 7-78 习题 7-1 电路

7-2 已知发光二极管驱动电路如图 7-79 所示，图中反相器为 74LS04，设 LED 正向电压降为 1.7 V，电流大于 1 mA 时发光，最大电流为 10 mA，$V_{CC} = 5$ V，试分析 R_1、R_2 的阻值范围。

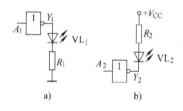

图 7-79 习题 7-2 电路

7-3 已知三态门电路和输入电压波形如图 7-80 所示，试画出输出电压波形。

7-4 已知 TTL74LS 系列门电路如图 7-81 所示，试写出输出端 Y 的逻辑表达式。

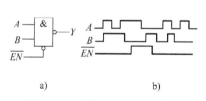

图 7-80 习题 7-3 电路和波形

图 7-81 习题 7-4 电路

7-5 若图 7-78 中与非门改成 74HC 系列或 CMOS 4000 系列，试判断电路接法是否正确。

7-6 已知 CMOS 三态门电路和输入波形如图 7-82 所示，试写出 Y_1 和 Y_2 的逻辑表达式，并画出 Y_1、Y_2 波形。

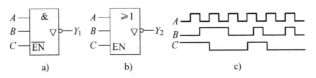

图 7-82 习题 7-6 电路和波形

7-7 已知逻辑电路如图 7-83 所示，试分析其逻辑功能。

7-8 试分析图 7-84 所示电路逻辑功能。

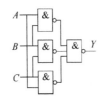

图 7-83 习题 7-7 逻辑电路

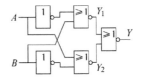

图 7-84 习题 7-8 逻辑电路

7-9 试应用 74LS138 和门电路实现逻辑函数：$F=ABC+\overline{A}BC+A\,\overline{B}\,\overline{C}$。

7-10 已知逻辑电路如图 7-85 所示，试写出 F_1F_2 最简与或表达式。

7-11 试用一片 74LS47 和一位共阳 LED 数码管组成译码显示电路。要求：

（1）按图 7-86 在面包板上连接电路。

（2）$\overline{LT}=0$（接地），$\overline{BI}=1$（接+5V），观察显示情况。

（3）$\overline{LT}=\overline{BI}=\overline{RBI}=1$，$A_3\sim A_0$ 依次接 $0000\sim1111$，观察显示情况，并填写表 7-26。

（4）若需使数字显示闪烁，应如何处理？

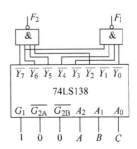

图 7-85 习题 7-10 逻辑电路

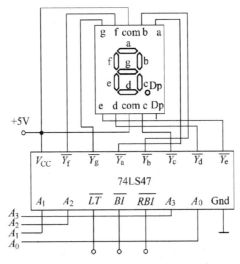

图 7-86 一位 74LS47 译码显示电路

表 7-26 习题 7-11 数据表

A_3	A_2	A_1	A_0	显 示 字 符	A_3	A_2	A_1	A_0	显 示 字 符
0	0	0	0		1	0	0	0	
0	0	0	1		1	0	0	1	
0	0	1	0		1	0	1	0	
0	0	1	1		1	0	1	1	
0	1	0	0		1	1	0	0	
0	1	0	1		1	1	0	1	
0	1	1	0		1	1	1	0	
0	1	1	1		1	1	1	1	

7-12　三人多数表决实验。试分别按图 7-87 和图 7-88 两种方法在面包板上连接电路。表决输入端接 +5 V 表示赞成,接地表示否决(每一输入端不能悬空,悬空表示接高电平)。表决通过,表决指示灯亮;否则灯暗。观察表决实验结果是否符合要求。

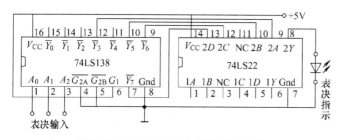
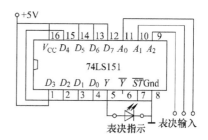

图 7-87　74LS138 三人多数表决电路　　　图 7-88　74LS151 三人多数表决电路

7-13　已知上升沿 JK 触发器 CP、J、K 波形如图 7-89 所示,试画出其输出端 Q 波形(设初态 $Q=0$)。

7-14　已知下降沿 JK 触发器 CP、J、K 波形如图 7-90 所示,试画出其输出端 Q 波形(设初态 $Q=0$)。

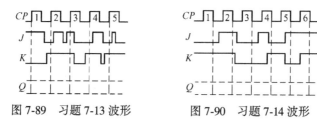

图 7-89　习题 7-13 波形　　　　　图 7-90　习题 7-14 波形

7-15　已知 D 触发器 CP、$\overline{R}_d$、$\overline{S}_d$ 和 D 波形如图 7-91 所示,试画出其输出端 Q 波形(设初态 $Q=0$)。

7-16　已知 D 触发器电路如图 7-92 所示,CP 波形如图 7-93 所示,试画出 Q_1、Q_2 波形(设初态 $Q_1^0=Q_2^0=0$)。

7-17　已知电路如图 7-94 所示,CP 脉冲如图 7-95 所示,试画出 Q 端波形(设 $Q_1 \sim Q_6$ 初态均为 0)。

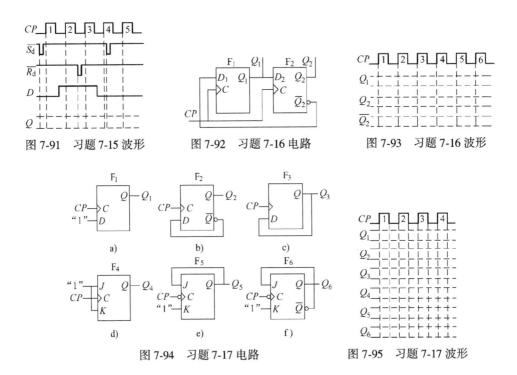

图 7-91 习题 7-15 波形　　　图 7-92 习题 7-16 电路　　　图 7-93 习题 7-16 波形

图 7-94 习题 7-17 电路　　　图 7-95 习题 7-17 波形

7-18 已知电路如图 7-96 所示，试求 Q_1、Q_2、Q_3 和 Q_4 表达式。

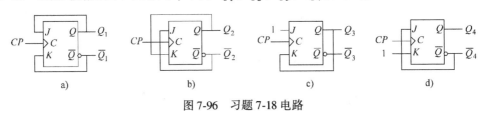

图 7-96 习题 7-18 电路

7-19 已知实验电路如图 7-97 所示，Y_A、Y_B 为双踪示波器的信号输入端，试画出示波器显示的波形。

7-20 某同学用图 7-98a 所示集成电路组成电路，并从示波器上观察到该电路波形如图 7-98b 所示，试画出电路的连线图。

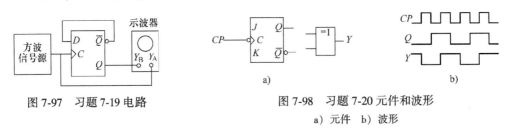

图 7-97 习题 7-19 电路　　　图 7-98 习题 7-20 元件和波形
a) 元件　b) 波形

7-21 已知由 74LS161 组成的 2421 BCD 码和余 3 BCD 码的计数器如图 7-99 所示，试列出其状态转换表和状态转换图。

7-22 已知某存储器共有下列数量的位存储单元，试分别用位存储单元和字节存储单元（1 字节 = 8 位）表示其存储容量。

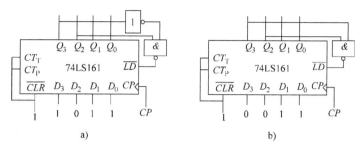

图 7-99 2421、余 3 BCD 码电路

a) 2421 BCD 码 b) 余 3 BCD 码

(1) 512；(2) 8192；(3) 65536；(4) 262144。

7-23 已知下列存储器的存储容量，试计算其位存储单元数量。

(1) 16 K 位(bit)；(2) 4 K 字节(Byte)；(3) 128 K 位(bit)；(4) 256 字节(Byte)。

7-24 数据同题 7-22，试计算能区分(选通)上述字节存储单元的地址线根数。

7-25 已知下列存储器地址线根数，试计算其能选通的最大字节存储单元数。

(1) 5；(2) 8；(3) 11；(4) 13；

第8章 振荡与信号转换电路

【本章要点】

- 正弦波振荡器基本概念
- *RC* 串并联正弦振荡电路
- *LC* 正弦振荡电路
- 由集成运放组成的多谐振荡电路
- 由门电路组成的多谐振荡电路
- 由施密特触发器组成的多谐振荡电路
- 石英晶体振荡器
- 单稳态触发器
- 555 集成定时器及其应用
- 数模转换和模数转换的基本概念

在没有外加激励的条件下，能自动产生一定波形输出信号的装置或电路，称为振荡器。振荡器和放大器都是能量转换装置，它们都能将电源中的能量转换为有一定要求的能量输出。其区别在于放大器需要外加激励，而振荡器不需要外加激励，振荡器产生的信号是"自激"的。因此，也称为自激振荡器。按照产生信号的波形是否正弦波，振荡器可分为正弦波振荡器和非正弦波振荡器。

8.1 正弦波振荡电路

8.1.1 正弦振荡基本概念

正弦波振荡器和非正弦波振荡器虽然都有一定的振荡频率，但根据傅里叶级数分析，正弦波振荡器产生的信号是单一频率的正弦波，而非正弦波振荡器产生的信号是由一系列不同频率的正弦波合成的。

1. 自激振荡条件

在 4.3 节中，已知在负反馈电路中，若 $\dot{A}\dot{F} = -1$，将产生自激振荡，实际上是负反馈变成了正反馈。在负反馈电路中，线路连接方式是负反馈，由于某种原因产生附加相移而形成正反馈。在正弦波振荡电路中，线路连接方式是正反馈，因此产生自激振荡的条件为

$$\dot{A}\dot{F} = 1 \tag{8-1}$$

式(8-1)又可分解为振幅平衡条件和相位平衡条件：

$$|\dot{A}\dot{F}| = 1 \tag{8-1a}$$

$$\varphi_a + \varphi_f = 2n\pi, \quad (n = 0, 1, 2, 3, \dots) \tag{8-1b}$$

2. 正弦振荡电路组成

在起振初始阶段，由于扰动信号很微小，仅满足 $|\dot A\dot F|=1$ 是不够的，必须 $|\dot A\dot F|>1$，才能使输出信号逐渐由小变大，使电路起振。但若保持 $|\dot A\dot F|>1$，最终会进入放大电路的非线性区，致使输出波形变坏。因此，必须有稳幅环节，让振荡电路从 $|\dot A\dot F|>1$ 过渡到 $|\dot A\dot F|=1$，使输出幅度稳定。根据上述要求，正弦波振荡器的组成应有 4 部分：放大电路、正反馈网络、选频网络和稳幅环节。

3. 正弦振荡电路分类

正弦波振荡器按照选频网络不同，可分为 RC 正弦波振荡器、LC 正弦波振荡器和石英晶体正弦波振荡器。

8.1.2 RC 正弦波振荡电路

RC 正弦波振荡电路可分为 RC 串并联正弦振荡电路、RC 移相式正弦振荡电路和双 T 网络正弦振荡电路，本书介绍 RC 串并联正弦振荡电路。

1. RC 串并联网络的频率特性

图 8-1 为 RC 串并联网络，$Z_1=R+\dfrac{1}{j\omega C}$；$Z_2=R/\!/\dfrac{1}{j\omega C}$。则 RC 串

并联网络的传递函数（即用作反馈时的反馈系数）$\dot F_u$ 为

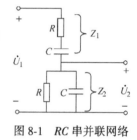

$$\dot F_u=\frac{\dot U_2}{\dot U_1}=\frac{Z_2}{Z_1+Z_2}=\frac{R/\!/\dfrac{1}{j\omega C}}{\left(R+\dfrac{1}{j\omega C}\right)+\left(R/\!/\dfrac{1}{j\omega C}\right)}=\frac{1}{3+j\left(\omega RC-\dfrac{1}{\omega RC}\right)}$$

图 8-1　RC 串并联网络

令 $\omega_0=\dfrac{1}{RC}$，则：

$$\dot F_u=\frac{1}{3+j\left(\dfrac{\omega}{\omega_0}-\dfrac{\omega_0}{\omega}\right)} \tag{8-2}$$

其幅频特性和相频特性分别为

$$|\dot F_u|=\frac{1}{\sqrt{3^2+\left(\dfrac{\omega}{\omega_0}-\dfrac{\omega_0}{\omega}\right)^2}} \tag{8-2a}$$

$$\varphi_f=\arctan\frac{(\omega/\omega_0)-(\omega_0/\omega)}{3} \tag{8-2b}$$

由式(8-2a)及式(8-2b)分析可知：

1）当 $\omega=\omega_0$ 时，$|\dot F_u|=1/3$，$\varphi_f=0$；

2）当 $\omega\ll\omega_0$ 时，$|\dot F_u|\to0$，$\varphi_f\to+90°$；

3）当 $\omega\gg\omega_0$ 时，$|\dot F_u|\to0$，$\varphi_f\to-90°$；

RC 串并联网络的幅频特性曲线和相频特性曲线如图 8-2 所示。图中表明，当 $\omega=\omega_0$ 即 $f=f_0=1/2\pi RC$ 时，传递函数 $|\dot F_u|$ 最大（即 U_2 最大），且相移 φ_f 为 0（即输入电压 $\dot U_1$ 与输出电压 $\dot U_2$ 同相），对于偏离 f_0 的其他频率信号，输出电压衰减很快，且与输入电压有一定相位差。

2. RC 串并联正弦振荡电路

（1）电路组成。

RC 串并联正弦振荡电路，如图 8-3a 所示，其中集成运放为振荡器的放大电路；RC 串并联网络既作为正反馈网络($f=f_0$ 时，$\varphi_f=0$，正反馈），又具有选频作用（只有 f_0 满足相位平衡条件，其余频率均不满足）；负反馈支路 R_f、R_1 组成稳幅环节。

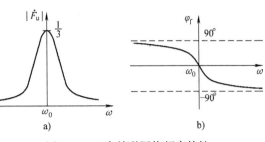

图 8-2　RC 串并联网络频率特性
a）幅频特性　b）相频特性

图 8-3a 也可画成图 8-3b 形式，因此 RC 串并联正弦振荡电路也称为 RC 桥式振荡电路或文氏电桥（Wien Bridge）振荡器。

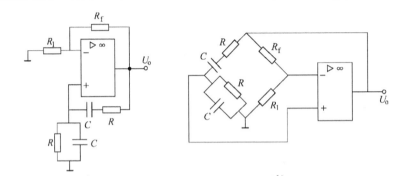

图 8-3　RC 串并联正弦振荡电路
a）一般画法　b）桥式画法

（2）振荡频率。

$$f_0 = \frac{1}{2\pi RC} \tag{8-3}$$

（3）起振条件。

正弦振荡电路的起振条件是 $|\dot{A}\dot{F}|>1$，因 f_0 时，$F=1/3$，则必须 $A>3$。根据集成运放同相输入电压增益 $A=1+\dfrac{R_f}{R_1}$，则必须满足 $R_f>2R_1$。

（4）稳幅措施。

起振时 $A>3$，稳定工作时应 $A=3$。因此，通常 R_f 采用具有负温度系数的热敏电阻，起振时 R_f 因温度较低阻值较大，此时 $A>3$；随着振幅增大，R_f 温度升高，阻值降低，至 $A=3$，达到稳幅目的。

（5）特点。

1）电路结构简单，易起振。

2）频率调节方便。由于 RC 串并联正弦振荡电路要求串联支路中的 R 及 C 与并联支路中的 R 及 C 分别相等，一般采用 C 固定，R 用同轴电位器，调节 R 即可调节振荡频率。

（6）用途。

由于选频网络中的 R 及 C 均不能过小。R 小，使放大电路负载加重；C 小，易受寄生电

202

容影响，使f_0不稳定。因此，RC串并联正弦振荡电路一般适用于产生较低频率($f_0 < 1\text{MHz}$)的场合。

8.1.3 LC 正弦波振荡电路

LC正弦振荡电路由LC并联谐振回路作为选频网络，可以分为变压器反馈式，电感三点式和电容三点式 3 种。

LC并联回路的谐振特性已在 2.4.2 节中分析，由于LC并联谐振回路在谐振($f = f_0$)时阻抗最大，若用电流源激励，则其两端电压最大，且电压电流相位差为 0。因此，可利用LC并联回路作选频网络，组成正弦波振荡电路。

1. 变压器反馈式 LC 正弦振荡电路

（1）电路组成。图 8-4 为变压器反馈式LC正弦振荡电路，变压器一次绕组L(严格来讲，包括二次绕组L_1反射到一次的等效电抗)与电容C组成LC并联谐振回路，作为集电极负载，由于LC并联回路谐振时，阻抗最大，因此，只有谐振频率f_0的信号电压最大，其余偏离f_0的信号衰减很大。M为一次绕组L与二次绕组L_1的互感系数。按图中同名端，一次绕组L_1反馈极性应为正反馈，满足正弦振荡的相位平衡条件，而放大器件晶体管 VT 很易满足振幅平衡条件。

（2）谐振频率。

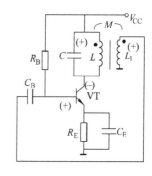

图 8-4 变压器反馈式
LC 正弦振荡电路

$$f_0 = \frac{1}{2\pi\sqrt{LC}} \tag{8-4}$$

（3）起振参数选择。根据有关分析，增大晶体管β值，增大晶体管静态工作电流(r_{be}小)，增大并联谐振回路Q值(增大L,减小C,减小变压器绕组损耗电阻R)，适当选取L、L_1的耦合程度(互感系数M不能太大,也不能太小)，有利于电路起振。

（4）特点。

1）电路结构简单。

2）易起振(容易满足起振条件)。

3）输出幅度大(并联谐振Z_0大，增益高;无R_c,动态范围大)。

4）频率调节方便(一般调L磁心)。

5）调节频率时输出幅度变化不大(不影响电路增益和静态工作点)。

6）频率稳定性较差。

变压器反馈式正弦振荡电路一般适用于振荡频率不太高的场合，如中短波段。

【例 8-1】 已知外差式中波收音机本振电路为变压器反馈式正弦振荡电路，如图 8-5 所示，$L_2 = 190\,\mu\text{H}$，试计算当电容C_3从最小值调至最大值时，电路振荡频率的范围。

解：LC振荡回路中等效电容为C_2、C_3并联后与

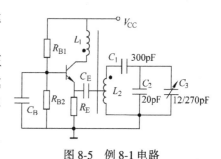

图 8-5 例 8-1 电路

C_1串联，$\dfrac{1}{C}=\dfrac{1}{C_1}+\dfrac{1}{C_2+C_3}$，$C_3$的调节范围为 $12\sim270\,\text{pF}$，因此等效电容 $C=28.9\sim147.5\,\text{pF}$，电

路振荡频率 $f_0=\dfrac{1}{2\pi\sqrt{LC}}$，振荡频率范围为 $950\sim2148\,\text{kHz}$。

2. 电感三点式正弦振荡电路

（1）电路组成。电感三点式正弦振荡电路又称哈
特莱（Hartley）振荡器，其电路如图 8-6 所示。之所以
称为电感三点式，是因为电感绕组的 3 个引出端与晶
体管 3 个电极分别相连接。一端与晶体管集电极连接；
中间抽头接 V_{CC} 相当于交流接地，通过电容 C_E 与发射
极连接；另一端通过电容 C_B 与基极连接（C_B、C_E 对振荡
信号可视作交流短路）。

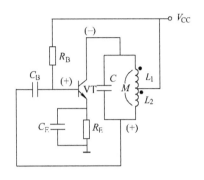

图 8-6　电感三点式正弦振荡电路

根据瞬时极性法判断，图 8-6 电路满足振荡相位
平衡条件，也很易满足振幅平衡条件。

（2）振荡频率。

$$f_0=\frac{1}{2\pi\sqrt{LC}}=\frac{1}{2\pi\sqrt{(L_1+L_2+2M)\,C}} \qquad (8\text{-}5)$$

式中，$L=L_1+L_2+2M$。L_1、L_2 为两个互感绕组顺向串联，M 为 L_1、L_2 间互感系数。

（3）起振参数选择。根据有关分析，增大晶体管 β，增大晶体管静态工作电流（r_{be} 小），
适当选取 L_1、L_2 比值有利于电路起振。

（4）特点。

1）容易起振。

2）频率调节方便且范围较宽（采用可调电容）。

3）调节频率不影响反馈系数。

4）波形较差（反馈绕组 L_2 对高次谐波感抗大，反馈电压中含有幅度较大的高次谐波分量）。
电感三点式正弦振荡电路适用于振荡频率几十兆赫兹以下，对波形要求不高的场合。

3. 电容三点式正弦振荡电路

（1）电路组成。电容三点式正弦振荡电路又称为考毕
兹（Colpitts）振荡器，其电路如图 8-7 所示，之所以称为电
容三点式，是因为两个电容串联，对外引出的 3 个端点与
晶体管 3 个电极相连接，C_1 一端通过电容 C_C 接集电极，C_2
一端通过电容 C_B 接基极，C_1、C_2 的连接端通过电容 C_E 接
发射极。（C_C、C_B、C_E 对振荡信号均可视作交流短路），L_C 为
高频扼流圈，提供晶体管 VT 静态集电极电流通路，对振
荡信号可视作交流开路。L_C 也可用直流电阻 R_C 替代，但用
R_C 有两个缺点：一是减小电路输出动态范围，二是等效并
联在振荡回路两端，将使回路等效谐振阻抗减小，降低
Q 值。

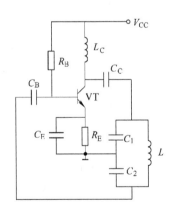

图 8-7　电容三点式正弦
振荡电路

根据瞬时极性法判断，图 8-7 电路满足振荡相位平衡

条件，也很易满足振幅平衡条件。

（2）振荡频率。

$$f_0 = \frac{1}{2\pi\sqrt{LC}} = \frac{1}{2\pi\sqrt{L\dfrac{C_1 C_2}{C_1+C_2}}} \tag{8-6}$$

注意式中 C 为 C_1、C_2 串联后等效电容。

（3）起振参数选择。根据有关分析，增大晶体管 β，增大晶体管静态工作电流，适当选取 C_1、C_2 比值有利于电路起振。

（4）特点。

1）输出波形好（反馈电压取自 C_2，C_2 对高次谐波容抗小，反馈电压中含有高次谐波分量小）。

2）振荡频率可做到 100 MHz 以上（C_1、C_2 容量可选得很小）。

3）频率调节不便（若通过调节电容来调节频率，反馈系数随之变化，将影响振荡器工作状态）。

电容三点式正弦振荡电路适用于频率固定的高频振荡器。

4. 三点式振荡器的组成原则

三点式正弦振荡器，谐振回路的结构有时较复杂，可能不单是一个纯电感或纯电容，而是由 LC 串联、并联或混联组成，这时就较难判断其能否组成三点式振荡器及其特性。但是三点式振荡器的谐振回路组成有其规律和原则。三点式振荡器一般形式（交流通路）如图 8-8 所示。X_{be}、X_{ce}、X_{cb} 分别为连接在晶体管 3 个电极之间的电抗元件，其组成原则为：X_{be}、X_{ce} 必须为同性电抗元件，且 X_{cb} 必须与其性质相反。即若 X_{be}、X_{ce} 呈感性，则 X_{cb} 必须呈容性；若 X_{be}、X_{ce} 呈容性，则 X_{cb} 必须呈感性；且 X_{be}、X_{ce} 电抗性质不能相反，才有可能满足相位平衡条件。

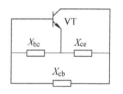

图 8-8　三点式振荡器
一般形式（交流通路）

【例 8-2】　已知电路如图 8-9 所示，试判断这些电路能否产生正弦波振荡？并说明理由。

解：判断电路能否产生正弦波振荡应按能否满足振幅平衡条件和相位平衡条件。

（1）振幅平衡条件，主要看晶体管放大电路能否正常工作，能否工作在放大工作状态（静态工作点是否合适），若能工作在放大区，则一般认为能满足振幅平衡和起振条件。

（2）相位平衡条件，主要看能否构成正反馈，一般用瞬时极性法（参阅 4.3.1 节），这里涉及共射（输入输出反相）和共基（输入输出同相）电路，但不会影响判断电路正负反馈的结论。

（3）若为三点式正弦振荡电路，则可先判断是否符合三点式振荡电路的组成原则，若符合，再按上述（1）（2）继续判断。

图 8-9a：不能。用瞬时极性法判断，符合相位平衡条件。该电路属共基电路，按共基电路判断，设射极瞬时极性为（+），集电极与其同相为（+），反馈极性相同为正反馈，符合相位平衡条件；若按共射电路（有时未看清或对共射共基概念不清引起）判断，设基极瞬时极性为（+），发射极跟随极性为（+），集电极反相极性为（−），反馈到射极极性相反为正反馈，也符合相位平衡条件。因此，即使看错电路组态，并不影响正负反馈的判别。图 8-9a 不能

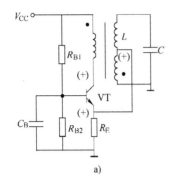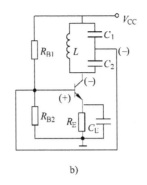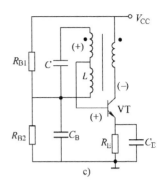

图 8-9　例 8-2 电路

组成正弦振荡的原因是不满足振幅平衡条件，电路静态工作点不合适，发射极接绕组 L 后接地，直流电压为 0，不可以。但若在反馈支路中串联一个电容，隔断直流地电位，则电路能产生正弦波振荡。

图 8-9b：不能。该电路属共射组态，设基极瞬时极性为正，集电极为负，反馈端电容 C_1 上电压极性为负，构成负反馈，不满足相位平衡条件。需要说明的是，如何理解反馈至输入端的极性？初学者有的理解为 C_2 上的正极性，有的理解为 C_1 上的负极性，现用图 8-10a 加以分析说明，首先接 V_{CC} 相当于交流接地，所谓瞬时极性是指对交流地电位而言，集电极的负极性是对地负极性，电容极板上极性如图 8-10a 所示，反馈至输入端的电压是 C_1 上的电压，不是 C_2 上的电压，因此反馈极性应为负极性。

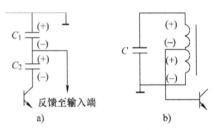

图 8-10　反馈正负极性判断
a）电容　b）电感

图 8-9c：能。该电路属共射组态，设基极瞬时极性为（+），集电极为（−），同名端极性为（+），反馈绕组的一端通过电容 C_B 接地，相当于交流接地，绕组上电压极性如图 8-10b 所示，反馈至基极的极性为正，满足相位平衡条件。

【复习思考题】

8.1　自激振荡的条件是什么？为什么与负反馈中的表达式不一样？

8.2　正弦波振荡器由哪几个部分组成？

8.3　简述 RC 串并联网络的频率特性。

8.4　简述文氏电桥振荡器的特点和用途。

8.5　LC 并联谐振回路在正弦振荡电路中有何作用？

8.6　主要有哪些因素影响变压器反馈式正弦振荡器的起振，应如何选择？

8.7　计算电感三点式振荡器时，L 应如何计算？

8.8　叙述比较电感三点式和电容三点式振荡器的主要特点区别。

8.9　影响电感三点式和电容三点式振荡器起振的主要因素有哪些？如何选择？

8.10　三点式振荡器谐振回路的电抗元件的组成原则是什么？

8.2　多谐振荡电路

多谐振荡器也称为方波（矩形波）发生器，之所以称为"多谐"，源自于傅里叶级数理论，周期性方波展开后，谐波分量很多，即"多谐"。多谐振荡器无稳定状态，只有两个暂稳态，在高电平和低电平之间来回振荡。可由集成运放构成，也可由数字电路中的门电路或其他电路构成。

8.2.1　由集成运放组成的多谐振荡电路

图 8-11a 为由集成运放组成的多谐振荡器。

1. 工作原理

多谐振荡器实际是一个滞回电压比较器，基准电压 U_{REF} 由输出电压经 R_1、R_2 分压而得，输入电压由输出电压经 R_f 向电容 C 充放电而得，不需外界输入，因此是一个自激振荡器。

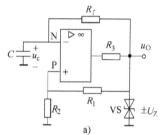

$u_P = \dfrac{u_0 R_2}{R_1+R_2} = \dfrac{\pm U_Z R_2}{R_1+R_2}$，高低阈值电压分别为 $\dfrac{+U_Z R_2}{R_1+R_2}$ 和 $\dfrac{-U_Z R_2}{R_1+R_2}$。

1）设开机瞬间 $u_C=0$，$u_0=+U_Z$，u_0 通过 R_f 向电容 C 充电，u_C 上升，其波形如图 8-11b 中的 t_1 段。

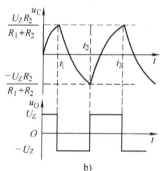

2）当电容两端电压 u_C 上升至正阈值电压 $\dfrac{+U_Z R_2}{R_1+R_2}$ 时，由集成运放组成的滞回电压比较器翻转，u_0 输出低电平 $-U_Z$。

3）$u_0=-U_Z$ 后，发生两个变化：一是基准电压变化，即 $u_P = \dfrac{-U_Z R_2}{R_1+R_2}$；二是电容 C 开始通过 R_f 向 u_0 放电，其波形如图 8-11b 中的 $t_1 t_2$ 段。

图 8-11　多谐振荡器
a）电路　b）波形

4）当电容两端电压下降至负阈值电压 $\dfrac{-U_Z R_2}{R_1+R_2}$ 时，滞回比较器再次翻转，u_0 输出高电平 $+U_Z$。

5）$u_0=+U_Z$ 后，再次发生两个变化：一是 $U_{REF}=u_P=\dfrac{+U_Z R_2}{R_1+R_2}$；二是电容 C 开始充电，其波形图 8-11b 中 $t_2 t_3$ 段。

6）如此反复变换，u_0 输出方波，如图 8-11b 所示。

2. 振荡周期

可以证明，图 8-11a 所示电路的振荡周期：

$$T = 2R_f C \ln\left(1+\frac{2R_2}{R_1}\right) \tag{8-7}$$

3. 矩形波发生器

矩形波与方波相比，是高、低电平所占时间不等。高电平时间 t_{on} 与周期 T 的比值称为占空比，用 q 表示：

$$q = \frac{t_{on}}{T} \tag{8-8}$$

改变电容 C 充放电时间常数，可使方波变为矩形波，如图 8-12 所示。电容 C 的充电时间常数取决于 $R_{f1}C$，放电时间常数取决于 $R_{f2}C$，调节 R_{f1}、R_{f2}，即可调节矩形波占空比。

【例 8-3】 已知矩形波发生器如图 8-12 所示，$R_1 = 10\,\mathrm{k\Omega}$，$R_2 = 20\,\mathrm{k\Omega}$，$R_{f1} = 30\,\mathrm{k\Omega}$，$R_{f2} = 40\,\mathrm{k\Omega}$，$C = 0.01\,\mathrm{\mu F}$，试求矩形波周期和占空比。

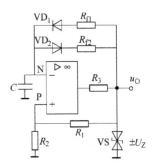

图 8-12 矩形波发生器

解：矩形波周期：

$$T = R_{f1}C\ln\left(1+\frac{2R_2}{R_1}\right) + R_{f2}C\ln\left(1+\frac{2R_2}{R_1}\right) = (R_{f1}+R_{f2})C\ln\left(1+\frac{2R_2}{R_1}\right)$$

$$= (30+40)\times10^3\times0.01\times10^{-6}\times\ln\left(1+\frac{2\times20}{10}\right)\,\mathrm{s} = 2.13\,\mathrm{ms}$$

占空比：$q = \dfrac{t_{on}}{T} = \dfrac{R_{f1}}{R_{f1}+R_{f2}} = \dfrac{30}{30+40} = \dfrac{3}{7} = 0.43$

8.2.2 由门电路组成的多谐振荡电路

1. 电路组成和工作原理

由门电路组成的多谐振荡器如图 8-13 所示。

（1）暂稳态 I。设接通电源瞬间 u_I 为 0，则 u_{O1} 为高电平，u_O 为低电平。

（2）暂稳态 II。因 u_{O1} 输出高电平，u_O 输出低电平，则 u_{O1} 通过 R 向 C 充电，u_I 电平逐渐上升，上升至门 G_1 阈值电压 U_{TH}，门 G_1 翻转，u_{O1} 输出低电平，u_O 输出高电平，由于电容两端电压不能突变，$u_I = u_C + u_O$，产生一个正微分脉冲，形成正反馈，使 u_O 输出波形上升沿很陡峭。

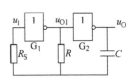

图 8-13 门电路组成
多谐振荡器

（3）返回暂稳态 I。因 u_{O1} 输出低电平，电容 C 上的电压随即通过 R 放电，u_I 电平从正微分脉冲逐渐下降，下降至门 G_1 阈值电压 U_{TH}，门 G_1 再次翻转，u_{O1} 输出高电平，u_O 输出低电平。

（4）不断循环。如此反复，不断循环，u_O 输出方波。多谐振荡器时序波形图如图 8-14 所示。需要指出的是，图 8-13 电路若由 TTL 门电路组成，则 $t_{W1} \neq t_{W2}$，输出不是方波；若由 CMOS 门电路组成，则因 $U_{TH} = V_{DD}/2$，$t_{W1} = t_{W2}$，输出是方波。

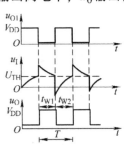

图 8-14 多谐振荡器
时序波形

2. 参数计算

（1）振荡周期。图 8-13 电路的振荡周期与门电路 U_{OH}、U_{TH} 和 RC 参数有关。一般可按下式估算：

$$T \approx 2RC\ln 3 \approx 2.2RC \tag{8-9}$$

（2）R_S 的作用和取值范围。R_S 的作用是避免电容 C 上的瞬间正负微分脉冲电压损坏门 G_1；同时使电容放电几乎不经过门 G_1 的输入端，避免门 G_1 对振荡频率带来影响，即提高电路振荡频率的稳定性。因此，要求 $R_S \gg R$，一般取 $R_S = (5 \sim 10)R$。但 R_S 也不可太大，R_S 与 G_1 门的输入电容构成的时间常数将影响电路振荡频率的提高。

3. 可控型多谐振荡器

在自动控制系统中，常需要能控制多谐振荡器的起振和停振，图 8-15 即为可控型多谐振荡器。其中图 8-15a 由与非门组成，控制端输入高电平振荡，输入低电平停振；图 8-15b 由或非门组成，控制端输入低电平振荡，输入高电平停振。

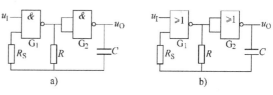

图 8-15　可控型多谐振荡器

a) 输入高电平振荡　b) 输入低电平振荡

4. 占空比和振荡频率可调的多谐振荡器

门电路组成的多谐振荡器的振荡频率为 $f \approx 1/2.2RC$，调节 R 及 C 均能调节其振荡频率，一般调 R。

占空比的定义是输出脉冲波的高电平持续时间与脉冲波周期之比，即占空比 $q = t_W/T$。对方波而言，$q = 50\%$，即方波的高电平时间与低电平时间相等。但在数字系统中，常需各种不同占空比的矩形波。根据对多谐振荡器的分析，输出脉冲波的高电平时间与 RC 放电时间有关，低电平时间与 RC 充电时间有关。因此，只要调节多谐振荡器的充放电时间比例，即可调节其输出脉冲波的占空比。

图 8-16 电路即为占空比和振荡频率可调的多谐振荡器，调节 RP_1 可调振荡频率，调节 RP_2 可调占空比。图中串入的两个二极管提供了电容 C 充电和放电的不同通路，设 RP_2 被调节触点分为 RP_2' 和 RP_2''，则充电通路为 $G_1 \rightarrow RP_1 \rightarrow VD_2 \rightarrow RP_2'' \rightarrow C$，放电通路为 $C \rightarrow RP_2' \rightarrow VD_1 \rightarrow RP_1 \rightarrow G_1$，调节 RP_2 即调节了充电和放电时不同的时间常数，从而调节了输出脉冲波的占空比。

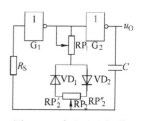

图 8-16　占空比和振荡频率可调的多谐振荡器

图 8-16 电路的振荡频率：

$$f = \frac{1}{t_{W1} + t_{W2}} = \frac{1}{1.1(2R_{RP_1} + R_{RP_2})C} \qquad (8\text{-}10)$$

占空比调节范围：

$$q = \frac{t_{W1}}{t_{W1} + t_{W2}} = \frac{R_{RP_1}}{2R_{RP_1} + R_{RP_2}} \sim \frac{R_{RP_1} + R_{RP_2}}{2R_{RP_1} + R_{RP_2}} \qquad (8\text{-}11)$$

式（8-11）表示，调节 R_{RP_2}（R_{RP_2}'、R_{RP_2}'' 比例变化，R_{RP_2} 总值不变）对振荡频率无影响，调节 R_{RP_1} 主要对振荡频率有影响，对占空比也有一定影响。

【例 8-4】已知电路如图 8-16 所示，$R_S = 100\,k\Omega$，$R_{RP_1} = 33\,k\Omega$，$R_{RP_2} = 47\,k\Omega$，$C = 1\,nF$，试求电路振荡频率可调范围。若 R_{RP_1} 调至 $10\,k\Omega$，试求占空比可调范围。

解： $f_{min} = \dfrac{1}{1.1(2R_{RP_1} + R_{RP_2})C} = \dfrac{1}{1.1 \times (66 + 47) \times 10^3 \times 1 \times 10^{-9}}\,Hz = 8.05\,kHz$

$f_{max} = \dfrac{1}{1.1R_{RP_2}C} = \dfrac{1}{1.1 \times 47 \times 10^3 \times 1 \times 10^{-9}}\,Hz = 19.3\,kHz$

电路振荡频率调节范围 $8.05 \sim 19.3 \ \mathrm{kHz}$。

$$q=\frac{t_{\mathrm{W1}}}{t_{\mathrm{W1}}+t_{\mathrm{W2}}}=\frac{R_{\mathrm{RP_1}}}{2R_{\mathrm{RP_1}}+R_{\mathrm{RP_2}}} \sim \frac{R_{\mathrm{RP_1}}+R_{\mathrm{RP_2}}}{2R_{\mathrm{RP_1}}+R_{\mathrm{RP_2}}}=\frac{10}{2\times10+47} \sim \frac{10+47}{2\times10+47}=0.149 \sim 0.851$$

电路占空比调节范围 $0.149 \sim 0.851$。

5. 施密特触发器组成的多谐振荡器

（1）施密特触发器概述。具有两个阈值电压的触发器称为施密特触发器（Schmitt Trigger）。

需要指出的是，施密特触发器因最初译名为"触发器"而一直沿用下来，与 7.3 节中 Flip-Flop 触发器是性质完全不同的两种电路。其电压传输特性如图 8-17 所示。其中，图 8-17a 为同相输出时的特性曲线，当 u_{I} 从 0 逐渐增大时，u_{O} 沿特性曲线 *abcde* 路径运行，须当 $u_{\mathrm{I}}>U_{\mathrm{TH+}}$ 时，触发器翻转；当 u_{I} 逐渐减小时，u_{O} 沿特性曲线 *edfba* 路径运行，须当 $u_{\mathrm{I}}<U_{\mathrm{TH-}}$ 时，触发器翻转。图 8-17b 为反相输出时的特性曲线，u_{I} 增大时，u_{O} 沿 *abcde* 路径运行；u_{I} 减小时沿 *edfba* 路径运行。即触发器具有两个阈值电压 $U_{\mathrm{TH+}}$ 和 $U_{\mathrm{TH-}}$，这种特性类似于磁滞回线，因此施密特特性也称为滞回特性、回差特性。

施密特触发器属于电平触发，其状态维持依赖于外加触发信号的维持。为与其他电路区别，施密特触发器标有施密特符号"$\Box$"标志，如图 8-18 所示。

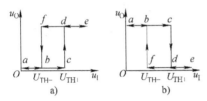

图 8-17　施密特触发器电压传输特性

a）同相输出　b）反相输出

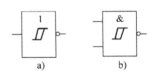

图 8-18　施密特门电路符号

a）施密特反相器　b）施密特与非门

（2）施密特触发器组成多谐振荡器。由于施密特触发器有两个阈值电压，所以可以很方便地构成多谐振荡器。图 8-19a 即为施密特触发器组成的多谐振荡器。设接通电源瞬间 u_{O} 输出高电平，即通过 R 向 C 充电，充至 $U_{\mathrm{TH+}}$，施密特触发器翻转，u_{O} 输出低电平；电容 C 上的电压通过 R 放电，放至 $U_{\mathrm{TH-}}$，施密特触发器再次翻转，u_{O} 输出高电平。如此反复，不断循环，u_{O} 输出连续方波。

图 8-19b 为施密特触发器组成的可控多谐振荡器，因由与非门组成，故控制端输入高电平有效可控。图 8-19c 为振荡频率和占空比可调的施密特触发器组成的多谐振荡器，调节 $\mathrm{RP_1}$ 可调节振荡频率；调节 $\mathrm{RP_2}$ 可调节输出脉冲波占空比。

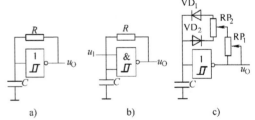

图 8-19　施密特触发器组成的多谐振荡器

a）基本电路　b）可控电路

c）振荡频率和占空比可调电路

由于各类施密特触发器两个阈值电压 $U_{\mathrm{TH+}}$ 和 $U_{\mathrm{TH-}}$ 参数分散性较大，因此振荡频率难于准确计算。一般，由 TTL74LS 系列施密特触发器组成的多谐振荡器，振荡周期可按下式估算：

$$T \approx 1.1RC \tag{8-12}$$

由 CMOS 施密特触发器组成的多谐振荡器，振荡周期可按下式估算：

$$T \approx 0.81RC \tag{8-13}$$

【例 8-5】 试用 CC 40106 设计一个振荡频率为 $100\,kHz$ 的方波发生器。

解： CC 40106 是 CMOS 6 施密特反相器，施密特触发器组成的方波发生器如图 8-19a 所示。取 $C = 1\,nF$，则：

$$R = \frac{T}{0.81C} = \frac{1}{0.81fC} = \frac{1}{0.81 \times 100 \times 10^3 \times 1 \times 10^{-9}}\,\Omega = 12.3\,k\Omega$$

【复习思考题】

8.11 简述多谐振荡器"多谐"的含义。

8.12 如何将方波发生器改为矩形波发生器？

8.13 图 8-13 电路中的 R_s 有什么作用？取值范围有否限制？

8.14 如何使多谐振荡器的振荡可控？

8.15 为什么一个施密特触发器门电路就能组成多谐振荡器？

8.3 石英晶体振荡电路

8.3.1 石英晶体正弦振荡电路

正弦波振荡电路是产生单一频率的振荡器，频率越纯，稳定度越高，正弦波形越好。而频率稳定度与谐振回路的 Q 值有关，Q 值越大，谐振曲线越尖锐，频率稳定度越高。但是一般 LC 谐振回路的 Q 值只有几百，而石英晶体的 Q 值可达 $10^4 \sim 10^6$，因此在要求频率稳定度高的场合，常采用石英晶体组成谐振回路。

1. 石英晶体基本特性

石英晶体主要成分是二氧化硅，具有稳定的物理化学性能。从一块晶体按一定方位角切割下来的薄片，称为石英晶片，在晶片的两面涂上银层引出电极外壳封装，便构成石英晶体谐振器，其电路符号如图 8-20a 所示。

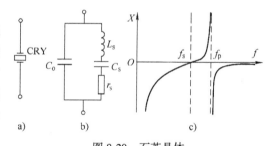

图 8-20 石英晶体

a）电路符号 b）等效电路 c）电抗特性

（1）等效电路。石英晶体两极若施加交变电压，晶片会产生机械变形振动，同时晶片的机械变形振动又会产生交变电场，当外加交变电压的频率与晶片固有振荡频率相等时，会产生压电谐振。压电谐振与 LC 回路谐振十分相似，其等效电路如图 8-20b 所示。

其中 C_o 表示晶片极板间静电电容，约几～几十皮法；L_s 和 C_s 分别模拟晶片振动时的惯性和弹性，r_s 模拟晶片振动时的摩擦损耗。一般 L_s 很大，约 $10^{-3} \sim 10^2\,H$；C_s 很小，仅 $10^{-2} \sim 10^{-1}\,pF$；r_s 也很小，因此石英晶体的 Q 值很大。

（2）电抗特性。石英晶体的电抗特性如图 8-20c 所示，它有 3 个电抗特性区域：两个容性区和一个感性区，并有两个谐振频率 f_s 和 f_p，f_s 称为串联谐振频率，是利用 L_s 与 C_s 串联谐振；f_p 称为并联谐振频率，是利用 L_s 与 C_o 并联谐振。

$$f_s = \frac{1}{2\pi\sqrt{L_s C_s}} \tag{8-14}$$

$$f_p = \frac{1}{2\pi\sqrt{L_s \dfrac{C_s C_o}{C_s + C_o}}} = \frac{1}{2\pi\sqrt{L_s C_s}}\sqrt{1 + \frac{C_s}{C_o}} = f_s\sqrt{1 + \frac{C_s}{C_o}} \approx f_s \tag{8-15}$$

由于 $C_s \ll C_o$，因此 f_s 与 f_p 很接近。一般来讲，石英晶体主要工作在感性区，即 $f_s < f < f_p$。

（3）石英晶体稳频原因。

1）石英晶体物理化学性质十分稳定，外界因素对其影响很小。

2）石英晶体 Q 值极高。

3）石英晶体的工作频率被限制在 $f_s \sim f_p$ 范围内，该范围内的电抗特性极其陡峭，石英晶体对频率变化自动调整的灵敏度极高。

4）石英晶体接入系数极小，外电路与谐振回路的耦合很弱，影响很小。

2. 石英晶体正弦振荡电路

利用石英晶体组成正弦振荡电路一般有两种形式：并联型和串联型。

（1）并联型晶体振荡电路。并联型晶体振荡电路及其等效电路如图 8-21 所示，石英晶体支路呈感性，电路属电容三点式振荡电路。

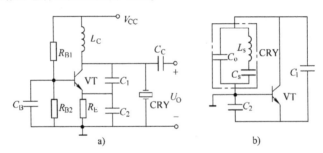

图 8-21　并联型石英晶体振荡电路

a）电路　b）等效电路

$f_0 = f_s\sqrt{1 + \dfrac{C_s}{C_o'}} \approx f_s$，其中 $C_o' = C_o + \dfrac{C_1 C_2}{C_1 + C_2}$，因 $C_s \ll C_o < C_o'$，电路振荡频率仍接近并取决于石英晶体串联谐振频率 f_s。

（2）串联型晶体振荡电路。串联型晶体振荡电路如图 8-22 所示，用瞬时极性法可判断电路属正反馈，其中石英晶体串联谐振频率 f_s，晶体阻抗最小，且为纯阻，反馈最强，电路振荡频率即为石英晶体串联谐振频率 f_s。

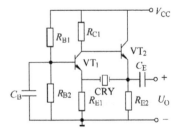

图 8-22　串联型石英晶体振荡电路

8.3.2　石英晶体多谐振荡电路

由 RC 元件和门电路组成的多谐振荡器的振荡频率稳定度还不够高，一致性还不够好，主要原因是RC元件的数值以及门电路阈值电压U_{TH}易受温度、电源电压和其他因素的影响，在振荡频率稳定度和一致性要求高的场合不太适用。石英晶体物理化学性质十分稳定，Q值很高，晶体参数的一致性也相当好。因此，用石英晶体和门电路组成的多谐振荡器频率稳定性非常高。

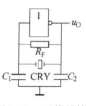

图 8-23　石英晶体多谐振荡器

石英晶体与门电路组成多谐振荡器时，可由二级反相器或一级反相器组成，现代电子技术普遍以一级反相器与石英晶体组成，如图 8-23 所示。振荡频率取决于石英晶体的振荡频率，R_F为直流负反馈电阻，使反相器静态工作点位于线性放大区。R_F不宜过小或过大，过小使反相器损耗过大；过大使反相器脱离线性放大区，R_F一般取 $1 \sim 10\,\mathrm{M\Omega}$。在单片机和具有自振荡功能的集成电路芯片中，反相器和 R_F已集成在芯片内部，对外仅引出两个端点，只需接晶体振荡器和电容 $C_1 C_2$即可，C_1、C_2起稳定振荡的作用，一般取 $10 \sim 100\,\mathrm{pF}$。

【复习思考题】

8.16　石英晶体有几个谐振频率？有何关系？

8.17　石英晶体频率稳定度高的原因是什么？

8.18　图 8-24 石英晶体多谐振荡电路中的 R_F、C_1、C_2有什么作用？

8.4　单稳态触发电路

7.3 节中 Flip-Flop 触发器具有两个稳定状态，两个稳定状态能在一定条件下由 CP脉冲触发而相互转换，因此这种触发器称为双稳态触发器。单稳态触发器只有一个稳定状态，除此外，还有一个暂稳定状态。在外来触发信号作用下，能从稳态翻转到暂稳态，经过一段时间，无须外界触发，能自动翻转，恢复原来的稳定状态，因此称为单稳态触发器。

单稳态电路的主要技术参数为暂稳脉宽时间 t_W，按电路组成可分为微分型和积分型，可以由分列元器件构成，也可由门电路构成，但实际应用多为集成单稳态电路。

1. 集成单稳态电路

集成单稳电路品种很多，现列举两种常用典型单稳电路。

（1）74LS121。

74LS121 为不可重触发微分型 TTL 集成单稳电路，图 8-24a 为其引脚图，图 8-24b 为逻辑符号图，其功能可用图 8-24c 和表 8-1 说明。

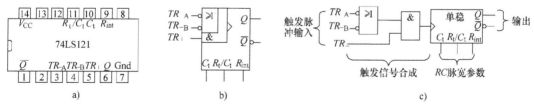

图 8-24　集成单稳态电路 74LS121

a）引脚图　b）逻辑符号图　c）逻辑电路功能框图

表 8-1　74LS121 功能表

TR_{-A}	TR_{-B}	TR_+	Q	$\overline{Q}$	功能	TR_{-A}	TR_{-B}	TR_+	Q	$\overline{Q}$	功能
0	×	1	0	1		1	↓	1	⊓	⊔	
×	0	1	0	1	稳态	↓	1	1	⊓	⊔	
×	×	0	0	1		↓	↓	1	⊓	⊔	翻转
1	1	×	0	1		0	×	↑	⊓	⊔	
						×	0	↑	⊓	⊔	

1）触发脉冲。74LS121 有两种触发方式，可以上升沿触发，也可下降沿触发。

① 上升沿触发时，触发脉冲应从 TR_+ 端输入，且 TR_{-A} 和 TR_{-B} 中至少有一个为低电平。

② 下降沿触发时，触发脉冲可从 TR_{-A} 或 TR_{-B} 或同时从 TR_{-A}、TR_{-B} 端输入，但 TR_+ 及 TR_{-A}、TR_{-B} 中未输入触发脉冲的端口应为高电平。

③ 无边沿触发脉冲或边沿不符合要求时，74LS121 保持稳态。

2）定时元器件 RC 连接方式。74LS121 内部集成有定时电阻 $R_{int} = 2\,k\Omega$，因此 74LS121 组成单稳电路中，微分定时元器件 RC 有两种连接方式。图 8-25a 为利用片内定时电阻 R_{int}，图 8-25b 为外接定时元器件 RC。

Q 端输出暂稳脉冲宽度可用下式估算。

$$t_W \approx RC\ \ln 2 \approx 0.693RC \qquad (8\text{-}16)$$

3）可重触发和不可重触发。单稳态电路输出暂稳态脉冲返回稳态后有一个恢复过程，即若电容 C 两端电压放电尚未结束时，再次输入触发脉冲无效，这种类型称为不可重触发，如图 8-26a 所示。若再次触发与电容 C 是否放电完毕无关，则称为可重触发。可重触发单稳电路再次被触发时，使输出暂稳脉冲再继续延迟一个 t_W，如图 8-26b 所示。

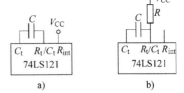

图 8-25　74LS121 RC 元件连接
a）利用片内定时电阻　b）外接电阻 R

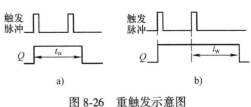

图 8-26　重触发示意图
a）不可重触发　b）可重触发

（2）CC 4098。CC 4098 为 CMOS 可重触发双单稳态集成电路，内部有两个独立的单稳态触发器，图 8-27a 为其引脚图，图 8-27b 为定时元件 RC 连接方式。CC 4098 可上升沿触发，也可下降沿触发，其功能表如表 8-2 所示。上升沿触发时，触发脉冲须从 TR_+ 输入，且 TR_- 为高电平；下降沿触发时，触发脉冲须从 TR_- 输入，且 TR_+ 为低电平。

表 8-2　CC 4098 功能表

TR_+	TR_-	$\overline{R}$	Q	$\overline{Q}$	功能
×	×	0	0	1	复位
↑	0	1	Q	$\overline{Q}$	不变
↑	1	1	⊓	⊔	翻转
0	↓	1	⊓	⊔	翻转
1	↓	1	Q	$\overline{Q}$	不变

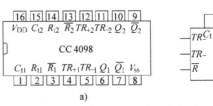

图 8-27　CMOS 单稳态电路 CC 4098
a）引脚图　b）定时元件 RC 连接方式

各类单稳态电路的暂稳脉宽除与 RC 参数有关外，还与该电路的 U_{IL}、U_{IH}、U_{TH} 等参数有关，各种不同参数的门电路不尽相同，可按式(8-16)估算，但应知道实际输出的暂稳脉宽与按式(8-16)计算的数值有一定误差。

2. 单稳态触发器的应用

单稳态电路用途很广，主要可用于脉冲整形、展宽、延时和定时等场合。

（1）脉冲整形。单稳态电路可以将各种幅度不等、宽度不等、前后沿不规则、平顶有毛刺的脉冲波形整形。当输入不规则脉冲符合触发条件达到触发电平 U_{TH} 时，单稳电路输出幅度一定、宽度相同、前后沿陡峭、平顶规则的矩形脉冲，如图8-28所示。

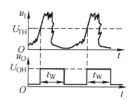

图 8-28 单稳态电路脉冲整形示意图

（2）脉冲展宽。用 CC 4098 展宽脉冲的电路如图8-29所示，脉宽 $t_W \approx 0.693RC$。

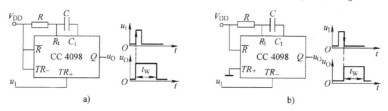

a)

b)

图 8-29 单稳态电路用于脉冲展宽

a）上升沿触发 b）下降沿触发

（3）脉冲延时。用 CC 4098 实现脉冲延时的电路如图8-30所示。脉冲延时时间 $t_{W1} \approx 0.693R_1C_1$，输出脉冲宽度 $t_{W2} \approx 0.693R_2C_2$。

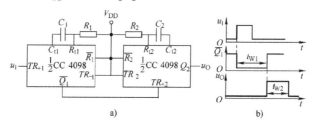

a)

b)

图 8-30 单稳态电路用于脉冲延时

a）电路 b）波形

（4）脉冲定时。在数字系统中，常需要有一个一定宽度的矩形脉冲去控制门电路的开启和关闭，如 7.4.2 节图7-66 中的取样脉冲，这个有一定宽度（定时）的矩形脉冲可由单稳态电路产生，在图8-31中，单稳态电路输出的 u_B 脉冲，控制与门的开启和关闭。在 u_B 高电平期间，允许 u_A 端脉冲通过；在 u_B 低电平期间，禁止 u_A 端脉冲通过。

【复习思考题】

8.19 何谓双稳态、单稳态和无稳态电路？

8.20 何谓单稳态电路的可重触发和不可重触发？

8.21 单稳态电路主要有哪些用途？

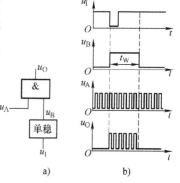

图 8-31 单稳态电路定时作用

a）原理图 b）波形图

8.5 555定时器

555定时器又称为时基电路，外部加上少量阻容元件，即能构成多种脉冲电路，而且价格低廉、性能优良，在工业自动控制、家用电器和电子玩具等许多领域得到了广泛应用。

8.5.1 555定时器概述

1. 分类

（1）按照内部器件分，555定时器可分为双极型（BJT）和单极型（CMOS）。双极型555主要特点是输出电流大，达200mA以上，可直接驱动大电流执行器件，如继电器等。单极型555主要特点是功耗低，输入阻抗高，输出电流较小（$I_0 < 4\,\text{mA}$）。

（2）按片内定时器电路个数，可分为单定时器和双定时器。双定时器即在一块集成电路内部，集成了两个独立的555定时电路。

表8-3为555集成定时器分类，其中，556为双极型双定时器集成电路，7556为CMOS双定时器集成电路。图8-32为集成定时器555（7555）和556（7556）引脚图。

表8-3 555定时器分类

	单电路	双电路
双极型	555	556
单极型	7555	7556

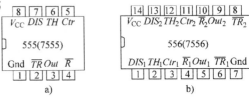

图8-32 555集成定时器引脚图
a）单定时器 b）双定时器

2. 电路组成

555电路因其内部有3个5kΩ电阻而得名，图8-33为其内部逻辑电路图，主要由3部分组成。

① 输入级：两个电压比较器 $A_1 A_2$。

② 中间级：G_1、G_2 组成 RS 触发器。

③ 输出级：缓冲驱动门 G_3 和放电管 VT。

555电路引脚名称和功能如下。

TH：高触发端。

$\overline{TR}$：低触发端。

Ctr：控制电压端。

DIS：放电端。

Out：输出端。

$\overline{R}$：清零端（复位）。

V_{CC}、Gnd：电源和接地端。

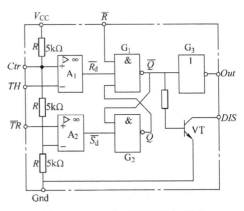

图8-33 555定时器原理电路图

3. 工作原理

555 定时器输入级电阻链 3 个电阻均为 5 kΩ，将电源电压分压为 $2V_{CC}/3$ 和 $V_{CC}/3$，分别接电压比较器 A_1 的同相输入端和 A_2 的反相输入端。控制电压端 Ctr 端若输入控制电压，可改变电压比较器的基准电压，因此可分为两种情况分析。

（1）Ctr 端不输入控制电压（经一小电容接地）。

1）TH 端输入电压 $U_{TH} > 2V_{CC}/3$，A_1 输出端 $\overline{R_d} = 0$；$\overline{TR}$ 端输入电压 $U_{TR} > V_{CC}/3$，A_2 输出端 $\overline{S_d} = 1$；触发器输出 $Q = 0$，$\overline{Q} = 1$，VT 导通，$U_{Out} = 1$。

2）$U_{TH} < 2V_{CC}/3$，$\overline{R_d} = 1$；$U_{TR} > V_{CC}/3$，$\overline{S_d} = 1$；触发器输出保持不变。

3）$U_{TH} < 2V_{CC}/3$，$\overline{R_d} = 1$；$U_{TR} < V_{CC}/3$，$\overline{S_d} = 0$；触发器输出 $Q = 1$，$\overline{Q} = 0$，VT 截止，$U_{Out} = 0$。

综上所述，555 定时器是将触发电压（分别从高触发端 TH 和低触发端 $\overline{TR}$ 输入）与 $2V_{CC}/3$ 和 $V_{CC}/3$ 比较：均大，则输出低电平，放电管 VT 导通；均小，则输出高电平，放电管 VT 截止；介于二者之间，则输出和放电管 VT 状态均不变。555 定时器功能如表 8-4 所示。

（2）Ctr 端输入控制电压 U_{REF}，则 TH 端与 U_{REF} 比较，$\overline{TR}$ 端与 $U_{REF}/2$ 比较，比较方法和结果与表 8-4 相似。

表 8-4 555 定时器功能表

输　入			输　出	
复位端 $\overline{R}$	高触发端 TH	低触发端 $\overline{TR}$	输出端 Out	放电管 VT
0	×	×	0	导通
1	$> 2V_{CC}/3$	$> V_{CC}/3$	0	导通
1	$< 2V_{CC}/3$	$> V_{CC}/3$	不变	不变
1	$< 2V_{CC}/3$	$< V_{CC}/3$	1	截止

8.5.2　555 定时器应用

555 定时器应用十分广泛，现择其典型应用电路分析如下。

1. 构成施密特触发器

555 定时器构成施密特触发器如图 8-34 所示。输入触发电压接 TH 和 $\overline{TR}$，直接与 $2V_{CC}/3$ 和 $V_{CC}/3$ 比较，即 $2V_{CC}/3$ 和 $V_{CC}/3$ 作为施密特触发器的两个阈值电压 U_{TH+} 和 U_{TH-}。

2. 构成单稳态电路

555 定时器构成单稳态电路如图 8-35a 所示。该单稳态电路稳态应为 u_0 低电平，u_I 为高电平，此时放电管 VT 导通，TH 端电压 $U_{TH} = u_C = 0$。当 u_I 输入一个低电平触发脉冲时，满足 $U_{TH} < 2V_{CC}/3$、$U_{TR} < V_{CC}/3$ 条件，u_0 输出高电平，且放电管 VT 截止。V_{CC} 通过 R 向 C 充电，充至 $U_{TH} \geqslant 2V_{CC}/3$ 时，电路翻转，u_0 输出低电平，恢复稳态。其波形图如图 8-35b 所示。暂稳脉宽可按下式估算：

$$t_W = RC \ln 3 \tag{8-17}$$

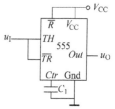

图 8-34　555 定时器构成施密特触发器

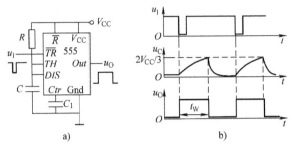

图 8-35 555 定时器构成单稳电路

a) 电路 b) 波形

需要指出的是，由 555 定时器构成的单稳态电路，其输入负脉冲脉宽应小于输出暂稳脉宽。否则该电路在逻辑上仅相当于一个反相器，输入和输出脉宽相同。

【例 8-6】 试用 555 定时器构成单稳态电路，暂稳脉宽 1 ms。

解： 电路如图 8-35 所示，555 定时器构成单稳态电路时 $t_W = RC \ln3$，取 $C_1 = C = 0.01\ \mu F$，则

$$R = \frac{t_W}{C\ln3} = \frac{1\times10^{-3}}{0.01\times10^{-6}\times\ln3}\Omega = 91\ k\Omega$$

3. 构成多谐振荡器

555 定时器构成多谐振荡器电路如图 8-36a 所示，设初态 u_0 为高电平，则放电管 VT 截止。V_{CC} 通过 R_1R_2 向 C 充电，充电至 $2V_{CC}/3$，电路翻转，u_0 输出低电平，放电管 VT 导通，电容 C 通过 R_2 向 T 放电，放电至 $V_{CC}/3$，电路再次翻转，u_0 输出低电平，放电管 VT 截止。电容 C 上的电压反复在 $V_{CC}/3$ 与 $2V_{CC}/3$ 之间充电、放电，u_0 输出矩形脉冲波，如图 8-36b 所示。振荡脉宽可按下式估算：

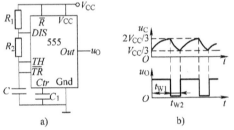

图 8-36 555 定时器构成多谐振荡器

a) 电路 b) 波形

$$t_{W1} = (R_1 + R_2)C\ln2 \tag{8-18a}$$

$$t_{W2} = R_2 C\ln2 \tag{8-18b}$$

脉冲周期：

$$T = t_{W1} + t_{W2} = (R_1 + 2R_2)C\ln2 \tag{8-18}$$

由 555 定时器构成的占空比可调的多谐振荡器电路如图 8-37 所示，充电时，仅通过 R_1、VD_1 向 C 充电，$t_{W1} = R_1 C\ln2$；放电时，电容 C 通过 VD_2、R_2 向 DIS 端放电，$t_{W2} = R_2 C\ln2$，占空比

$$q = \frac{R_1}{R_1 + R_2}\circ$$

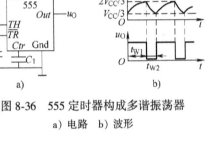

图 8-37 占空比可调
多谐振荡器

【例 8-7】 试用 555 定时器组成周期为 1 ms，占空比为 30% 的矩形波发生器。（取 $C = 0.01\ \mu F$）

解： 电路如图 8-37 所示，$T = t_{W1} + t_{W2} = R_1 C\ln2 + R_2 C\ln2 = (R_1 + R_2)C\ln2$，解得：

$$(R_1+R_2) = \frac{T}{C\ln2} = \frac{1\times10^{-3}}{0.01\times10^{-6}\times\ln2}\,\Omega = 144.3\,\mathrm{k\Omega}$$

$$q = \frac{t_{W1}}{T} = \frac{R_1}{R_1+R_2} = 0.3$$

$$R_1 = 0.3(R_1+R_2) = 0.3\times144.3\,\mathrm{k\Omega} = 43.3\,\mathrm{k\Omega}$$

$$R_2 = (R_1+R_2)-R_1 = (144.3-43.3)\,\mathrm{k\Omega} = 101\,\mathrm{k\Omega}$$

4. 构成间隙振荡器

555 定时器构成的间隙振荡器电路如图 8-38a 所示。一般可由双 555 电路组成，555（Ⅰ）输出接 555（Ⅱ）$\overline{R}$ 端，控制 555（Ⅱ）振荡，555（Ⅰ）输出高电平时，555（Ⅱ）振荡；555（Ⅰ）输出低电平时，555（Ⅱ）停振。且要求 555（Ⅰ）中的 R_1、R_2、C_1 形成的振荡频率较低，555（Ⅱ）中的 R_3、R_4、C_3 形成的振荡频率较高。输出间歇振荡波如图 8-38b 所示。这种形式电路应用很广，例如若 555（Ⅰ）的振荡频率为 1Hz，555（Ⅱ）的振荡频率为音频，（设为 800Hz），且输出端接扬声器时，就可听到间隙嘟嘟声。又如若 555（Ⅱ）的输出端接红外发光二极管，则可构成红外线间歇发射电路等。

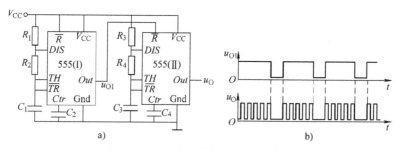

图 8-38　555 定时器构成间隙振荡器

【复习思考题】

8.22　简述 555 定时器中的 "555" 成名由来。

8.23　555 定时器有哪几种品种？各有什么特点？

8.24　555 定时器的主要功能是什么？

8.25　试述 555 定时器 *Ctr* 端功能。

8.26　试述 555 定时器清零端 $\overline{R}$ 功能。

8.27　试述 555 定时器的典型应用。

8.6　数-模转换和模-数转换电路

数字电路和计算机只能处理数字信号，不能处理模拟信号。但实际的物理量，大多是模拟量，例如温度、压力、位移、音频信号和视频信号等，若要对它们处理，必须将它们转换为相应的数字信号，才能处理。处理完毕，有的需要恢复它们的模拟特性，有的需要转换为模拟信号后控制执行元件。例如，人们是听不懂和看不懂数字化的音频信号和视频信号的，必须将它们转换为人们能听得到和看得到的模拟音频信号的模拟视频信号。又例如，有些执行元件(如电动机)是需要模拟信号(模拟电压)去驱动和控制。因此，数-模转换和模-数转换在现代电子技术和现代计算机智能化、自动化控制中是必不可少的。

8.6.1 数-模转换和模-数转换基本概念

1. 定义

（1）数-模转换。将数字信号转换为相应的模拟信号称为数-模转换或 D-A 转换或 DAC（Digital to Analog Conversion）。

（2）模-数转换。将模拟信号转换为相应的数字信号称为模-数转换或 A-D 转换或 ADC（Analog to Digital Conversion）。

2. 数字信号与相应模拟信号之间的量化关系

无论是数模转换还是模数转换都有一个基本要求，即转换后的结果（量化关系）相对于基准值是对应的、唯一的。

设模拟电压为 U_A，基准电压为 U_{REF}，n 位数字量为 $D = \sum_{i=0}^{n-1} D_i \times 2^i$，其中 D_i 为组成数字量的第 i 位二进制数字，则它们之间的对应关系为

$$U_A = U_{REF} \times D/2^n = U_{REF} \times \sum_{i=0}^{n-1} D_i \times 2^i/2^n \tag{8-19}$$

例如，若 $U_{REF} = 5\,V$，8 位数字量 $D = 10000000B = 128$，$2^8 = 100000000 = 256$，则

$$U_A = U_{REF} \times D/2^n = 5\,V \times 128/256 = 2.5\,V$$

【例 8-8】 已知 $U_{REF} = 10V$，8 位数字量 $D = 10100000B$，试求其相应模拟电压 U_A。

解：$D = 10100000B = 160$，$2^8 = 100000000B = 256$

$$U_A = U_{REF} \times D/2^n = 10\,V \times 160/256 = 6.25\,V$$

【例 8-9】 已知 $U_{REF} = 5\,V$，模拟电压 $U_A = 3\,V$，试求其相应的 10 位数字电压 D。

解：$D = 2^n \times U_A/U_{REF} = 2^{10} \times 3/5 = 614.4 \approx 1001100110.011B \approx 1001100110B$

需要说明的是，无论是数-模转换还是模-数转换，转换结果都有可能出现无限二进制小数或无限十进制小数，此时可根据精度要求按四舍五入原则取其相应近似数。

8.6.2 数-模转换电路

将数字信号转换为相应的模拟信号称为数-模转换。

1. 主要技术指标

（1）分辨率。D-A 转换器的最小输出电压与最大输出电压之比称为分辨率。若数-模转换器转换位数为 n，则其分辨率为 $1/(2^n-1)$，由于 D-A 转换器的分辨率取决于转换位数 n，因此常用 n 直接表示分辨率。位数 n 越大，分辨率越高。

（2）转换精度。D-A 转换器的输出实际值与理论值之差称为转换精度。转换精度是一种综合误差，反映了 D-A 转换器的整体最大误差，一般较难准确衡量，它与 D-A 转换器的分辨率、非线性转换误差、比例系数误差和温度系数等参数有关。而这些参数与基准电压 U_{REF} 的稳定、运放的零漂、模拟电子开关的导通电压降、导通电阻和电阻网络中电阻的误差等因素有关。

（3）温度系数。D-A 转换器是半导体电子电路，不可避免地受温度变化的影响。D-A 转换器的温度系数定义为满刻度输出条件下，温度每变化 1℃，输出变化的百分比。

（4）建立时间。D-A 转换器输入数字量后，输出模拟量达到稳定值需要一定时间，称为建立时间。建立时间即完成一次 D-A 转换所需时间，也称为转换时间。现代 D-A 转换器的建立时间一般很短，小于 1 μs。

2. 数-模转换的基本原理

数-模转换的基本原理是将 n 位数字量逐位转换为相应的模拟量并求和，其相应关系按式(8-19)。由于数字量不是连续的，其转换后模拟量随时间变化的曲线自然也不是光滑的，而是成阶梯状，如图 8-39 所示。但只要时间坐标的最小分度 ΔT 和模拟量坐标的最小分度 $\Delta U(1\text{LSB})$ 足够小，从宏观上看，模拟量曲线仍可看作是连续光滑的。

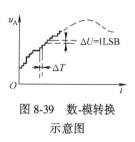

图 8-39　数-模转换示意图

3. 数-模转换器的分类及其特点

数-模转换器的种类较多，按转换方式可分为权电阻网络型、T 形电阻网络、倒 T 形电阻网络、权电流型网络和权电容型网络等；按数字量输入位数可分为 8 位、10 位、12 位等。

权电阻型 D-A 转换器电路结构简单，各位同时转换，转换速度很快。但权电阻网络中电阻阻值的取值范围较复杂，不易做得很精确，不便于集成，因此实际应用很少。

T 形和倒 T 形电阻网络 D-A 转换器电阻网络取值品种少，容易提高精度，便于集成。且内部模拟电子开关切换时，不会产生暂态过程，不会引起输出端动态误差，可提高 D-A 转换速度。

权电流型网络 D-A 转换器的结构与倒 T 形电阻网络 D-A 转换器相类似，用权电流源网络代替倒 T 形电阻网络，可减小由于模拟电子开关导通时电压降大小不一而引起的非线性误差，从而提高 D-A 转换精度。

4. 集成数-模转换器 DAC0832 简介

集成 D-A 转换器的品种很多，现以目前应用较广泛的典型 D-A 芯片 DAC0832 为例分析介绍。

（1）主要特性。DAC 0832 是 CMOS 8 位倒 T 形电流输出 D-A 转换器，主要特性如下。

- 分辨率：8 位。
- 电流建立时间：1 μs。
- 逻辑电平输入：与 TTL 电平兼容。
- 工作方式：双缓冲、单缓冲和直通方式。
- 电源电压：+5～+15 V。
- 功耗：20 mW。
- 非线性误差：0.002FSR（FSR：Full Scale Range，满量程）。

（2）引脚名称与功能。DAC 0832 引脚图和逻辑框图如图 8-40 所示，其各项功能如下。

- $DI_7 \sim DI_0$：8 位二进制数据输入端，TTL 电平。
- ILE：输入数据锁存允许，高电平有效。
- $\overline{CS}$：片选，低电平有效。
- $\overline{WR}_1$、$\overline{WR}_2$：写选通信号，低电平有效。
- $\overline{XFER}$：数据传送控制信号，低电平有效。

 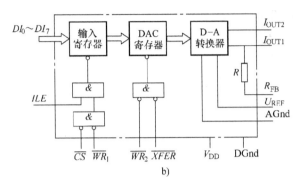

图 8-40　DAC 0832 引脚和逻辑框图

a) 引脚图　b) 逻辑框图

- I_{OUT1}、I_{OUT2}：电流输出端。当输入数据全 0 时，$I_{OUT1} = 0$；当输入数据全 1 时，I_{OUT1} 最大；$I_{OUT1} + I_{OUT2} =$ 常数。
- R_{FB}：反馈电阻输入端。R_{FB} 与 I_{OUT1} 之间在片内接有反馈电阻 $R = 15 \, k\Omega$，外接反馈电阻 R_F 可与其串联。
- U_{REF}：基准电压输入端，基准电压范围 $-10 \sim +10 \, V$。
- V_{DD}：正电源端，$+5 \sim +15 \, V$。
- DGnd、AGnd：数字接地端和模拟接地端。为减小误差和干扰，数字地和模拟地可分别接地。

8 位数字输入信号从 $DI_7 \sim DI_0$ 进入输入寄存器缓冲寄存，ILE、$\overline{CS}$、$\overline{WR_1}$ 控制输入寄存器选通，同时有效时，允许 $DI_7 \sim DI_0$ 进入 DAC 寄存器；$\overline{WR_2}$、$\overline{XFER}$ 控制 DAC 寄存器选通，同时有效时，允许 $DI_7 \sim DI_0$ 进入 D-A 转换器进行 D-A 转换。

（3）典型应用电路。DAC 0832 最具特色的是有 3 种输入工作方式。

1）直通方式。直通方式是 5 个选通端全部接成有效状态，输入数字信号能直接进入 D-A 转换器进行转换。如图 8-41 所示，5 个选通端均接成有效状态，因此 8 位数字信号可直接进入 D-A 转换器进行 D-A 转换，此种工作方式一般用于无微机控制的 D-A 转换。DAC 0832 的输出信号为电流信号，从 I_{OUT1} 和 I_{OUT2} 端输出，$I_{OUT1} + I_{OUT2}$ 为常数。欲将 D-A 转换电流信号变换为相应的电压信号，

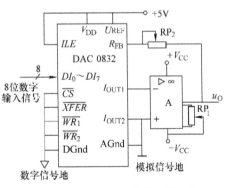

图 8-41　DAC 0832 典型应用电路

可外接集成运放。一般 I_{OUT2} 接地，I_{OUT1} 接集成运放反相输入端，负反馈电阻 RP_2 接至 R_{FB} 端，与 DAC 0832 片内负反馈电阻 $R(15 k\Omega)$ 串接，共同构成负反馈回路。调节 RP_2 可调节集成运放电压放大倍数；RP_1 为集成运放调零电位器，因此 RP_1、RP_2 可用于校准刻度，RP_1 用于调零、RP_2 用于调满刻度。图 8-41 中，U_{REF} 接 5 V，此时 u_O 满量程输出为 $-5 \, V$；若 U_{REF} 接 $-5 \, V$，则 u_O 满量程输出为 $+5 \, V$。为减小干扰，提高精度，DAC 0832 分别设有数字地 DGnd 和模拟地 AGnd，可分别接数字信号输入地和模拟信号输出地。

2）单缓冲方式。单缓冲方式是 5 个选通端一次性选通，被选通后才能进入 D-A 转换器

222

进行转换。

3）双缓冲方式。双缓冲方式是 5 个选通端分两次选通，先选通输入寄存器，后选通 DAC 寄存器。主要用于多路 D-A 转换信号同时输出。例如智能示波器，要求 X 轴信号和 Y 轴信号同步输出（否则会形成光电偏移）。此时可用两片 DAC 0832 分别担任 X 轴信号和 Y 轴信号的 D-A 转换，如图 8-42 所示。先送出 X 轴数字信号（此时 $1^\#0832$ $\overline{CS}$ 有效），后送出 Y 轴数字信号（此时 $2^\#0832$ $\overline{CS}$ 有效），由于两片 DAC 0832 的 ILE、$\overline{WR_1}$

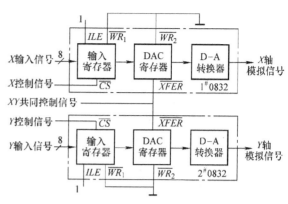

图 8-42　DAC0832 双缓冲工作方式示意图

和 $\overline{CS}$ 均有效，两路数字信号分别进入各自的 DAC 寄存器等待，最后发出 $\overline{XFER}$ 有效信号，因该信号同时控制两片芯片中的 DAC 寄存器的输出选通，因此，X 轴数字信号和 Y 轴数字信号同时从各自的 DAC 寄存器传送到 D-A 转换器，同时进行 D-A 转换并同时输出。

8.6.3　模-数转换电路

将模拟信号转换为相应的数字信号称为模-数转换。

1. 模-数转换器的组成

图 8-43 为模-数转换器的组成框图，由采样、保持、量化和编码 4 部分组成，这也是 A-D 转换的过程和步骤。通常采样和保持是同时完成的；量化和编码有的也合在一起。

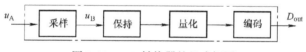

图 8-43　A-D 转换器的组成框图

（1）采样和保持。由于模拟信号是随时间连续变化的，欲对其某一时刻的信号 A-D，首先须对其该时刻的数值进行采样。周期性 A-D 转换需要对输入模拟信号进行周期性采样，如图 8-44 所示。u_A 为输入模拟信号，u_S 为采样脉冲，u_B 为采样输出信号。采样以后，连续变化的输入模拟信号已变换为离散信号。显然，只要采样脉冲 u_S 的频率足够高，采样输出信号就不会失真。根据采样定理，需满足 $f_S \geq 2f_{Imax}$。其中，f_S 是采样脉冲频率，f_{Imax} 是输入模拟信号频率中的最高频率，一般取 $f_S = (3 \sim 5)f_{Imax}$。

因 A-D 转换需要一定时间，故采样输出信号在 A-D 转换期间应保持不变，否则 A-D 转换将出错。采样和保持通畅同时完成，最简单的采样保持电路如图 8-45 所示，MOS 管 V 为采样门；高质量的电容 C 为保持元件；高输入阻抗的运放 A 作为电压跟随器起缓冲隔离和增强负载能力的作用；u_S 为采样脉冲，控制 MOS 管 V 的导通或关断。

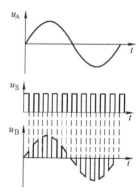

图 8-44　采样示意图

（2）量化和编码。任何一个数字量都是以最小基准单位量的整数倍来表示的。所谓量化，就是把采样信号表示为这个最小基准单位量的整数倍。这个最小基准单位量称为量化单位。量化级越多，与模拟量所对应的数字量的位数就越多；反之，量化级越少，与模拟量所对应的数字量的位数就越少。量化后的信号数值用二进制代码表示，即 A-D 转换器的输出信号。

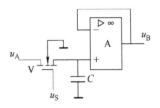

图 8-45　采样保持电路

2. 模-数转换器的主要参数

（1）分辨率。使输出数字量变化 1 最低有效位（Least Significant Bit，LSB）所需要输入模拟量的变化量，称为分辨率。其含义与 D-A 转换的分辨率相同，通常仍用位数表示，位数越多，分辨率越高。

（2）量化误差。量化误差因 A-D 转换器位数有限而引起，若位数无限多，则量化误差→0。因此量化误差与分辨率有相应关系，分辨率高的 A-D 转换器具有较小的量化误差。

（3）转换精度。A-D 转换器的转换精度是一种综合性误差，与 A-D 转换器的分辨率、量化误差、非线性误差等有关。主要因素是分辨率，因此位数越多，转换精度越高。

（4）转换时间。完成一次 A-D 所需的时间称为转换时间。各类 A-D 转换器的转换时间有很大差别，取决于 A-D 转换的类型和转换位数。速度最快的达到纳秒级，慢的约几百毫秒。直接 A-D 型快，间接 A-D 型慢。其中并联比较型 A-D 最快，约几十纳秒；逐次渐近式 A-D 其次，约几十微秒；双积分型 A-D 最慢，约几十至几百毫秒。

【例 8-10】　已知 $U_{REF} = 5V$，试求 8 位 A-D 转换器的最小分辨率电压 U_{LSB}（近似值取 3 位有效数字）。若要求最小分辨率电压 $U_{LSB} = 0.01\ V$ 以上，则 A-D 转换器的位数至少应有几位？

解： $U_{LSB} = U_{REF}/(2^n - 1) = 5/(2^8 - 1)\ V = (5/255)\ V \approx 0.0196\ V$

$$n = \log_2\left(\frac{R_{REF}}{R_{LSB}} + 1\right) = \log_2\left(\frac{5}{0.01} + 1\right) = 8.97$$，因此，A-D 转换器的位数至少应有 9 位。

3. 模-数转换器的分类

A-D 转换器按信号转换形式可分为直接 A-D 型和间接 A-D 型。间接 A-D 型是先将模拟信号转换为其他形式信号，然后再转换为数字信号。

直接 A-D 有并联比较型、反馈比较型、逐次渐近比较型，其中逐次渐近比较型应用较广泛。

间接 A-D 有单积分型、双积分型和 V-F 变换型，其中以双积分型应用较为广泛。

按 A-D 转换后数字信号的输出形式，可分为并行 A-D 和串行 A-D。近年来，在微型计算机控制系统中，串行 A-D 逐渐占据主导地位。

4. 逐次渐近比较型 A-D 转换器

（1）电路组成。逐次渐近比较型 A-D 转换器逻辑框图如图 8-46 所示。电路有移位寄存器、D-A 转换器、控制电路和电压比较器组成。移位寄存器的作用有两个：一是逐次产生数字比较量 D'_{OUT}；二是输出 A-D 转换结果 D_{OUT}。D-A 转换器的作用是将比较数字量 D'_{OUT} 转换为模拟量 u_{D-A}。电压比较器的作用是比较模拟输入

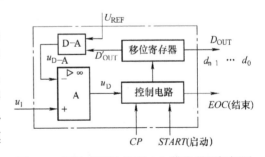

图 8-46　逐次渐近比较型 A-D 转换器逻辑框图

电压 u_I 和模拟比较电压 u_{D-A}，若 $u_I > u_{D-A}$，则 $u_D = 1$；若 $u_I < u_{D-A}$，则 $u_D = 0$。控制电路的作用是产生各种时序脉冲和控制信号。

（2）工作原理。为便于理解和简化分析过程，以 4 位 A-D 为例分析转换过程。设 $U_{REF} = 6\text{ V}$，$u_I = 4\text{ V}$，则 A-D 转换后，理论上的 4 位 A-D 值：$D_{OUT} = 1010(3.75\text{ V})$ 或 $1011(4.125\text{ V})$。

1）$START$ 信号有效时转换开始，移位寄存器输出第一次数字比较量 $D'_{OUT} = U_{REF}/2 = 1000$。

2）D-A 转换器根据基准电压 U_{REF} 大小将 $D'_{OUT} = 1000$ 转换为模拟电压 $u_{D-A} = 3\text{ V}$。

3）电压比较器第一次比较 $u_I(4\text{ V})$ 与 $u_{D-A}(3\text{ V})$，因 $u_I > u_{D-A}$，因此 $u_D = 1$。

4）控制电路根据 $u_D = 1$ 控制移位寄存器，一是移出最高位 A-D 值：$d_3 = 1$。二是输出第二次数字比较量：$D'_{OUT} = 1100$。

5）D-A 转换器再次将 $D'_{OUT} = 1100$ 转换为模拟电压 $u_{D-A} = 4.5\text{ V}$。

6）电压比较器第二次比较 $u_I(4\text{ V})$ 与 $u_{D-A}(4.5\text{ V})$，因 $u_I < u_{D-A}$，因此 $u_D = 0$。

7）控制电路根据 $u_D = 0$ 控制移位寄存器，一是移出本位 A-D 值：$d_2 = 0$。二是输出第三次数字比较量：$D'_{OUT} = 1010$。

8）D-A 转换器再次将 $D'_{OUT} = 1010$ 转换为模拟电压 $u_{D-A} = 3.75\text{ V}$。

9）电压比较器第三次比较 $u_I(4\text{ V})$ 与 $u_{D-A}(3.75\text{ V})$，因 $u_I > u_{D-A}$，因此 $u_D = 1$。

10）控制电路根据 $u_D = 1$ 控制移位寄存器，一是移出本位 A-D 值：$d_1 = 1$。二是输出第四次数字比较量：$D'_{OUT} = 1011$。

11）D-A 转换器再次将 $D'_{OUT} = 1011$ 转换为模拟电压 $u_{D-A} = 4.125\text{ V}$。

12）电压比较器第四次比较 $u_I(4\text{ V})$ 与 $u_{D-A}(4.125\text{ V})$，因 $u_I < u_{D-A}$。因此 $u_D = 0$。

13）控制电路控制移位寄存器，移出本位 A-D 值：$d_0 = 0$。但是由于该位为 A-D 转换的最低位，控制电路还需要作尾数处理，一般是再进行一位比较，根据比较结果四舍五入。因此本次转换的结果为 $d_3 d_2 d_1 d_0 = 1011$。

上述比较过程相当于用天平去称量一个未知量，每次使用的砝码一个比一个重量少一半。多了，最轻的砝码换一个重量少一半的砝码；少了，再加一个重量比最轻的砝码少一半的砝码。逐次渐近比较，最后得到一个最接近未知量的近似值。

（3）特点。

1）转换速度快。

2）转换精度高。

5. 双积分型 A-D 转换器

（1）电路组成。双积分型 A-D 转换器也称为 V-T 变换 A-D 转换器，先将输入模拟电压积分转换为时间参数，再转换为数字量，因此属间接 A-D 转换器。其逻辑框图如图 8-47 所示。电路由积分器、比较器、控制电路和计数器组成。

（2）工作原理。

1）转换前准备：控制电路发出控制信号，使模拟电子开关 S_2 闭合，C 短路，$u_C = 0$，$u_D = 0$；同时计数器清 0。

2）第一次积分：转换开始，控制电路控制 S_2 断开，S_1 接通 u_1，积分器积分（C 充电）。$u_C < 0$，$u_D = 1$，控制电路启动对 CP 脉冲计数。若计数器位长 n，计满 2^n 个 CP 脉冲后，计数器复位为 0，同时触发控制电路，令控制电路使模拟电子开关 S_1 接通 $-U_{REF}$。

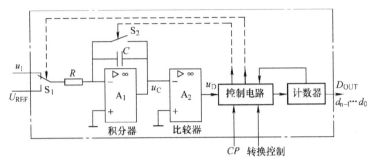

图 8-47 双积分型 A-D 转换器逻辑框图

3）第二次积分：因基准电压 U_{REF} 为负值，因此相对于第一次积分是反向积分(或可称 C 放电)，同时计数器又开始从 0 计数。直到反向积分使 $u_C = 0$，$u_D = 1$，计数器停止计数，计数器的二进制计数值即为 A-D 转换值。因 $U_{REF} > u_I$，反向积分回到 0 的时间比第一次积分时间要短，且该时间与输入模拟电压 u_I 成比例。

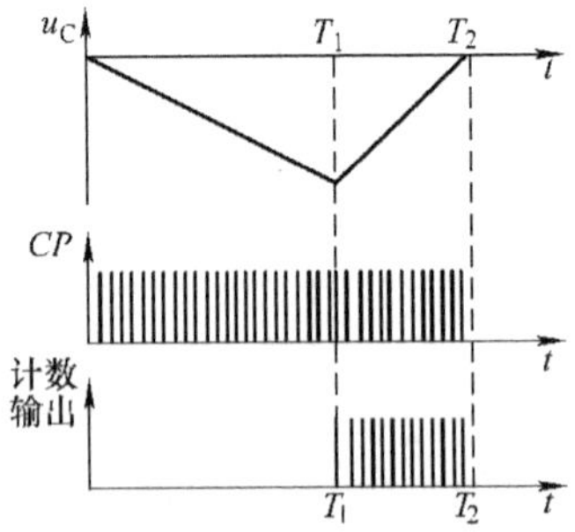

u_C 波形、CP 脉冲、计数输出脉冲如图 8-48 所示。

第一次积分：$u_{C1} = -\dfrac{1}{RC} \displaystyle\int_0^{T_1} u_I \mathrm{d}t = -\dfrac{T_1}{RC} u_I$

图 8-48　A-D 积分示意图

第二次积分：$u_{C2} = -\dfrac{1}{RC} \displaystyle\int_{T_1}^{T_2} (-U_{REF}) \mathrm{d}t = \dfrac{T_2 - T_1}{RC} U_{REF}$

两次积分之和为 0，即 $u_{C1} + u_{C2} = 0$，$\dfrac{T_1}{RC} u_I = \dfrac{T_2 - T_1}{RC} U_{REF}$，$u_I = \dfrac{T_2 - T_1}{T_1} U_{REF}$，其中 $T_1 = 2^n T_{CP}$，T_2

$-T_1 = N T_{CP}$，代入得：$N = \dfrac{2^n u_I}{U_{REF}}$，$N$ 即为 u_I A-D 转换后的输出数字量。

（3）特点。

1）不需要 D-A 转换器，电路结构简单。

2）转换不受 RC 参数精度影响，抗干扰能力强，精度高。

3）因需要二次积分，转换速度较慢。

常用集成双积分型 A-D 转换器有 ICL7106/7107、MC14433 等，可以方便地构成 $3\dfrac{1}{2}$ 位数字电压表，限于篇幅，不予展开介绍。

6. 集成模-数转换器 ADC 0809 简介

集成模-数转换器的品种很多，现以目前应用较广泛的典型芯片 8 通道 8 位 CMOS 逐次渐近比较型 A-D 转换器 ADC 0809 为例分析介绍。

（1）特性。

• 分辨率：8 位。

• 最大不可调误差：±1LSB。

• 单电源：+5 V。

• 输入模拟电压：8 路，0~+5 V。

226

- 输出电平：三态，与 TTL 电平兼容。
- 功耗：15 mW。
- 时钟频率：10~1280 kHz。
- 转换时间：64 时钟周期。

（2）引脚名称和功能。

ADC 0809 引脚图和逻辑框图如图 8-49 所示，其功能分析介绍如下所述。

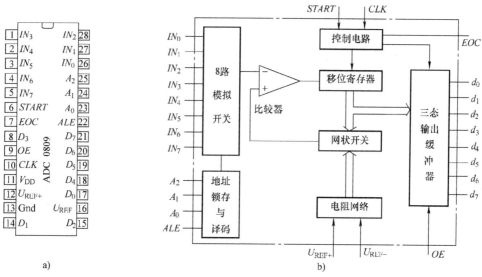

图 8-49　ADC 0809 引脚图和逻辑框图
a）引脚图　b）逻辑框图

- $IN_0 \sim IN_7$：8 路模拟信号输入端。
- $A_2 A_1 A_0$：3 位地址码输入端。
- ALE：地址锁存允许控制端，高电平有效。ALE 有效时，锁存 $A_2 A_1 A_0$ 三位地址码，并通过片内译码器译码选通 8 路模拟信号中相应一路的模拟信号进入比较器进行 A-D 转换。
- CLK：时钟脉冲输入端。A-D 转换时间与时钟周期成正比，约需 64 个时钟周期，时钟频率越低，A-D 转换速度越慢。当 CLK 为 640 kHz 时，A-D 转换时间为 100 μs。
- $d_0 \sim d_7$：A-D 转换输出的 8 位数字信号。
- START：A-D 转换启动信号，高电平有效。
- EOC：A-D 转换结束信号，高电平有效。
- OE：A-D 转换输出允许信号，高电平有效。OE 低电平时，ADC 0809 输出端呈高阻态。

（3）典型应用。ADC 0809 一般用于有单片机控制的 A-D 转换，具体应用已超出本书范围，读者可参阅单片机类书籍。

【复习思考题】

8.28　什么叫 D-A 转换和 A-D 转换？

8.29　举例说明为什么需要 A-D 和 D-A 转换。

8.30 写出并说明 n 位数字信号和模拟信号相互转化时对应的量化关系表达式。

8.31 简述 D-A 转换分辨率的定义，并写出其计算公式。

8.32 为什么 D-A 转换分辨率常用转换位数来表达？

8.33 D-A 转换精度与分辨率有什么区别？有何关系？

8.34 D-A 转换时间一般为多少？

8.35 A-D 转换为什么要对模拟信号采样和保持？

8.36 为保障采样值不失真，采样频率应如何选择？

8.37 什么叫量化和量化误差？

8.38 A-D 转换的转换精度与分辨率有什么关系？

8.39 简述 A-D 转换的分类概况。

8.40 双积分型 A-D 转换器对哪两种信号积分？

8.41 与逐次渐近比较型相比，双积分型 A-D 转换器有什么特点？

8.7 习题

8-1 已知文氏电桥和集成运放如图 8-50 所示，(1)欲组成 RC 桥式振荡电路，电路应如何连接？(2)正确连接后，试求电路振荡频率；(3)电路起振和维持振荡的条件；(4)要使振荡稳定，$R_1 R_2$ 应选用什么元件？

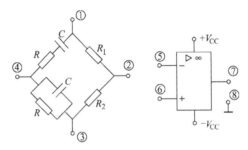

图 8-50 习题 8-1 电路

8-2 电路如图 8-51 所示，求：

(1) 试判断图中各电路能否产生正弦振荡，并说明理由。(图中 C_B、C_E、C_C、C_L 均为旁路或隔直耦合电容，L_C 为高频扼流圈)

(2) 图 8-51e、f 中 L_C 有什么作用？

(3) 试写出图 8-51e、g、h 谐振频率表达式。

8-3 图 8-52 为由集成运放组成三点式振荡器原理电路，为满足相位平衡条件，试在集成运放框内填入同相和反相输入端标志(+-号)。

8-4 已知电路如图 8-53 所示，$R_S = 100\,\text{k}\Omega$，$R = 22\,\text{k}\Omega$，$R_{RP} = 47\,\text{k}\Omega$，$C = 1\,\text{nF}$，试求电路振荡频率的范围。

8-5 电路如图 8-54 所示，$R = 33\,\text{k}\Omega$，$R_{RP} = 47\,\text{k}\Omega$，$C = 1\,\text{nF}$，试求：

(1) 简述电路名称；(2) RP 所起的作用；(3) 调节范围。

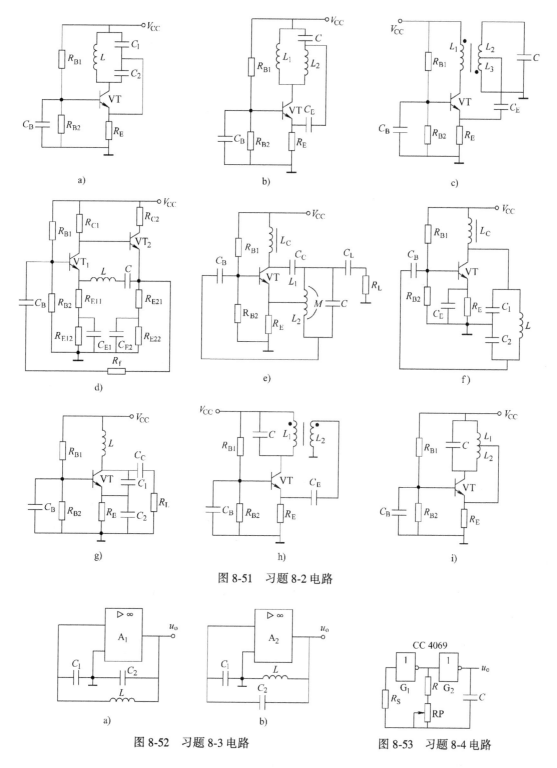

图 8-51 习题 8-2 电路

图 8-52 习题 8-3 电路

图 8-53 习题 8-4 电路

8-6 已知电路如图 8-55 所示，$R_1 = R_2 = 47\ \text{k}\Omega$，$R_{S1} = R_{S2} = 200\ \text{k}\Omega$，$C_1 = 10\ \mu\text{F}$，$C_2 = 10\ \text{nF}$，HA 为压电蜂鸣器，试分析电路功能。

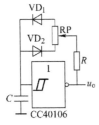

图 8-54 习题 8-5 电路

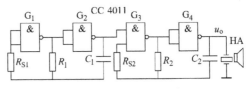

图 8-55 习题 8-6 电路

8-7 试用 555 定时器设计一个振荡频率为 10 kHz 的矩形波发生器。

8-8 条件同上题,要求方波发生器。

8-9 路灯照明自控电路如图 8-56 所示,图中 R_0 为光敏电阻,受光照时电阻很小,无光照时电阻很大,J 为继电器,试分析其工作原理。

8-10 已知触摸式台灯控制电路如图 8-57 所示,触摸 A 极板灯亮,触摸 B 极板灯灭,试分析其工作原理。

8-11 图 8-58 所示电路为由 555 组成的门铃电路(R_1 较小,且 $R_1 \ll R_2$),按下按钮 S;扬声器将发出嘟嘟声,试分析电路工作原理。

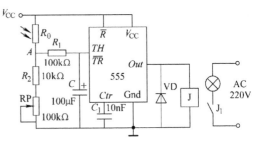

图 8-56 习题 8-9 电路

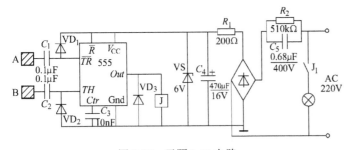

图 8-57 习题 8-10 电路

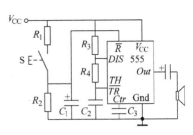

图 8-58 习题 8-11 电路

8-12 已知负电压发生电路如图 8-59 所示,试分析电路工作原理。

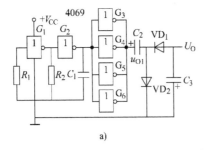

a)

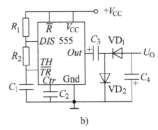

b)

图 8-59 习题 8-12 电路

8-13 已知防盗报警电路如图 8-60 所示,细导线 ab 装在门窗等处,若盗贼破门窗而入,ab 线被扯断,扬声器将发出报警嘟声,试分析电路工作原理。

8-14 已知楼道延时灯控制电路如图 8-61 所示，S 为按钮开关，J 为继电器，J_1 为继电器常开触点，试分析电路工作原理，并计算延时时间。

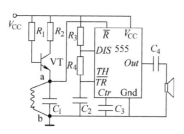

图 8-60 习题 8-13 电路

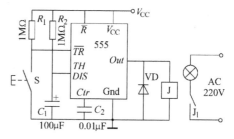

图 8-61 习题 8-14 电路

8-15 已知下列数字量，试将其转换为相应的模拟量（近似值取 3 位有效数字）。

（1）$D_1 = 10101100B$，$U_{REF1} = 10\ V$。

（2）$D_2 = 11001011B$，$U_{REF2} = 5\ V$。

（3）$D_3 = 1001101011B$，$U_{REF3} = 10\ V$。

（4）$D_4 = 0110011101B$，$U_{REF4} = 5\ V$。

8-16 已知下列模拟电压，试将其转换为相应 8 位数字量。

（1）$U_{A1} = 7.5\ V$，$U_{REF} = 10\ V$。

（2）$U_{A2} = 4.2\ V$，$U_{REF} = 5\ V$。

8-17 已知下列模拟电压，试将其转换为相应的 10 位数字量。

（1）$U_{A1} = 7\ V$，$U_{REF} = 10\ V$。

（2）$U_{A2} = 2.2\ V$，$U_{REF} = 5\ V$。

8-18 试分别计算 8 位、10 位、12 位 D-A 转换器的分辨率。

8-19 若要求 D-A 转换的分辨率达到下列要求，试选择 D-A 转换器的位数。

（1）5‰ （2）0.5‰ （3）0.05‰。

8-20 基准电压为下列数值时，试求 8 位 A-D 转换器的最小分辨率电压 U_{LSB}（近似值取 3 位有效数字）。

（1）9 V （2）12 V

参 考 文 献

[1] 张志良. 电工基础[M]. 北京：机械工业出版社，2010.

[2] 张志良. 电工基础学习指导与习题解答[M]. 北京：机械工业出版社，2010.

[3] 张志良. 模拟电子技术基础[M]. 北京：机械工业出版社，2006.

[4] 张志良. 模拟电子学习指导与习题解答[M]. 北京：机械工业出版社，2006.

[5] 张志良. 数字电子技术基础[M]. 北京：机械工业出版社，2007.

[6] 张志良. 数字电子技术学习指导与习题解答[M]. 北京：机械工业出版社，2007.

[7] 张志良. 电子技术基础[M]. 北京：机械工业出版社，2009.

[8] 张志良. 单片机原理与控制技术——双解汇编和 C51[M]. 3 版. 北京：机械工业出版社，2013.

[9] 张志良. 单片机学习指导及习题解答——双解汇编和 C51[M]. 2 版. 北京：机械工业出版社，2013.

[10] 张志良. 单片机应用项目式教程[M]. 北京：机械工业出版社，2014.

[11] 张志良. 80C51 单片机实验实训 100 例[M]. 北京：北京航空航天大学出版社，2015.

[12] 张志良. 80C51 单片机仿真设计实例教程——基于 Keil C 和 Proteus[M]. 北京：清华大学出版社，2016.

[13] 张志良. 80C51 单片机实用教程——基于 Keil C 和 Proteus[M]. 北京：高等教育出版社，2016.